安徽师范大学文学院学术文库（第二辑）

杨树森
逻辑学研究论集

YANG SHUSEN LUOJIXUE YANJIU LUNJI

杨树森 著

安徽师范大学出版社
·芜湖·

责任编辑:胡志恒　刘　佳
装帧设计:丁奕奕　欧阳显根

图书在版编目(CIP)数据

杨树森逻辑学研究论集/杨树森著．—芜湖:安徽师范大学出版社,2016.12
(2017.11重印)
(安徽师范大学文学院学术文库．第二辑)
ISBN 978-7-5676-2675-1

Ⅰ．①杨… Ⅱ．①杨… Ⅲ．①逻辑学－文集 Ⅳ．①B81-53

中国版本图书馆CIP数据核字(2016)第253393号

本书由安徽高校省级学科建设重大项目资助出版

杨树森逻辑学研究论集

杨树森　著

出版发行:安徽师范大学出版社
　　　　芜湖市九华南路189号安徽师范大学花津校区　　邮政编码:241002
网　　　址:http://www.ahnupress.com/
发 行 部:0553-3883578 5910327 5910310(传真)　　E-mail:asdcbsfxb@126.com
印　　　刷:虎彩印艺股份有限公司
版　　　次:2016年12月第1版
印　　　次:2017年11月第2次印刷
开　　　本:700 mm×1000 mm　1/16
印　　　张:19
字　　　数:300千字
书　　　号:ISBN 978-7-5676-2675-1
定　　　价:54.00元

总　序

　　安徽师范大学文学院的前身是1928年建立的省立安徽大学中国文学系，是安徽省高校办学历史最悠久的四个院系之一。1945年9月更名为国立安徽大学中文系，1949年12月更名为安徽大学中文系，1954年2月更名为安徽师范学院中文系，1958年更名为合肥师范学院中文系，1972年12月更名为安徽师范大学中文系，1994年10月更名为安徽师范大学文学院。这里人才荟萃，刘文典、陈望道、郁达夫、朱湘、苏雪林、朱光潜、周予同、潘重规、宗志黄、张煦侯、卫仲璠、宛敏灏、张涤华、祖保泉、余恕诚等著名学者都曾在此工作过，他们高尚的师德、杰出的学术成就凝固成了我院的优良传统，培养出了一大批出类拔萃的各类人才。

　　文学院现设有汉语言文学、汉语言、秘书学、汉语国际教育等4个本科专业，文学研究所、语言研究所、古籍整理研究所、美育与审美文化研究所、艺术文化学研究中心等5个研究所（中心）。拥有中国语言文学博士后科研流动站，中国语言文学一级学科博士点，中国语言文学、艺术学理论两个一级学科硕士学位点；设有中国古代文学等10个硕士学位二级学科授权点和学科教学（语文）、汉语国际教育两个专业学位点；有1个安徽省A类重点学科（中国语言文学），3个安徽省B类重点学科(中国古代文学、汉语言文字学、中国现当代文学)；1个国家级特色专业建设点(汉语言文学专业)，1个国家级教学团队（中国古代文学），两门国家级精品课程（文学理论、大学语文），1个省级刊物(《学语文》)。

　　文学院师资科研力量雄厚，现有在岗专任教师82人，其中教授28人，副教授35人，博士55人。2010年以来，本学科共主持省部级以上科研项目100项，其中国家社科基金项目28项（含重大招标项目1项），获得省部级以上奖励9项。教师中，有国家首届教学名师

1人，享受国务院特殊津贴12人，皖江学者3人，二级教授8人，5人入选省级学术和技术带头人，6人入选省级学术和技术带头人后备人选。

走过八十多年的风雨征程，目前中文学科方向齐全，拥有很多相对稳定、特色鲜明的研究领域。唐诗研究、古代文论研究、儿童语言习得研究、古典文献研究、宋辽金文学研究、词学研究、当代文学现象研究、古典诗歌接受史研究、梵汉对音研究、句法语义接口研究等在全国居于领先地位或在学术界有较大影响。特别是李商隐研究的系列成果已成为传世经典，国务院学位委员会委员、北京大学教授袁行霈先生说，本学科的李商隐研究，直接推动了《中国文学史》的改写。

经过几代人的薪火相传，中文学科养成了严谨扎实的学术传统，培育了开拓创新的学术精神，打造了精诚合作的学术团队，形成了理论研究与服务社会相结合、扎根传统与关注当下相结合、立足本位与学科交融相结合、历代书面文献与当代口传文献并重的学科特色。

21世纪以来，随着老一辈学者相继退休，中文学科逐渐进入了新老交替的时期，如何继承、弘扬老一辈学者的学术传统，如何开启中文学科的新篇章，成了摆在我们面前的迫切任务。基于这一初衷，我们特编选了这套丛书，名之为"安徽师范大学文学院学术文库"，计划做成开放式丛书，一直出版下去。我们认为，对过去的学术成果进行阶段性归纳汇集，很有必要，也很有意义，可以向学界整体推介我院的学术研究，展现学术影响力。

关心文学院发展的朋友常常问我们："你们自己说师大文学院历史悠久，底蕴深厚，有什么可以证明呢？"是啊，校址几经变迁，由安庆至芜湖至合肥，最终落户芜湖；校园面貌日新月异，载有历史积淀的老建筑也已被悉数推倒重建，物化的记忆只能在发黄的老照片中去追寻。能证明我们悠久历史的，能说明我们深厚底蕴的，唯有前辈学者留下的字字珠玑的精彩华章。为此，我们特别编选了本辑文集，文集作者均是已退休的前辈学者，他们有的已驾鹤仙去；有的虽然年岁已高，但仍笔耕不辍。这些优秀成果，是他们留给我们的宝贵精神财富，是砥砺我们人格的源泉，是指引我们前行的明灯，是督促我们奋进的动力。

　　我们坚信，承载着八十多年的历史积淀，文学院必将向学界奉献更多的学术精品，文学院的各项事业必将走向更悠远的辉煌！

储泰松

二〇一五年八月

目 录

第三编　逻辑与语言研究

第四编　逻辑应用研究

第一编
逻辑基础理论和逻辑教学研究

演绎推理定义新探

迄今为止我国逻辑学界对普通逻辑演绎推理①未能给出一个严密而科学的定义，致使有关演绎推理的理论存在着一些难以克服的矛盾。本文拟对逻辑学界比较流行的几种演绎推理定义的不足作一些初步分析，并试图给演绎推理下一个新的科学定义。

一、现行演绎推理定义的不足

我国逻辑学界对演绎推理有三种比较流行的定义。

第一种定义：演绎推理就是从一般到特殊的推理。

这是传统逻辑对演绎推理的定义，至今仍然被许多普通逻辑教材采用。这一定义也是错误最明显的定义。

定义是揭示概念内涵的逻辑方法，而概念的内涵就是被概念反映的对象的本质属性，即决定一类对象之所以成为该类对象，并且为此类对象所共有而他类对象不具有的属性。上述定义把"从一般到特殊"作为演绎推理的本质属性，就是断言任何演绎推理在思维进程方向上都具有"一般到特殊"的属性，而任何其他推理都不具有这一属性。事实情况又如何呢？我们不妨以三段论为例作一些具体分析。

三段论被认为是最典型的演绎推理。三段论四个格共有24个有效式，其中第四格6个式和第一格、第二格中4个弱式实际思维中一般不用。剩下14个式是：

①AAA_1 ②EAE_1 ③AII_1 ④EIO_1

---

① 数理逻辑和普通逻辑对演绎推理有着不尽相同的理解，判定演绎推理有效性的方法也不同。本文的演绎推理指普通逻辑讨论的日常思维中的演绎推理，为行文简洁，下文将"普通逻辑演绎推理"简称为"演绎推理"。

⑤AEE₂　　⑥EAE₂　　⑦AOO₂　　⑧EIO₂

⑨AAI₃　　⑩EAO₃　　⑪AII₃　　⑫IAI₃

⑬EIO₃　　⑭OAO₃

如果把全称理解为一般，把特称理解为特殊，则上述14个式中只有⑨、⑩两式（第三格AAI和EAO式）前提都是全称判断，结论为特称判断，这可以说是"从一般到特殊"。①、②、⑤、⑥四个式前提和结论都是全称判断，只能算是一般推出一般。其余八个式前提中既有全称判断，也有特称判断，它们都不是严格意义上的"一般到特殊"。需要特别指出的是，在传统三段论理论中，单称判断是被当作全称判断来处理的，因此，第三格AAI式和EAO式如果两前提都是单称判断，只能算是个别推出特殊。第三格在逻辑史上被称作"例证格"，它一般用于通过个别事例得出一个特称的结论，从而反驳某一个全称判断。例如："雷锋不自私，雷锋是人，所以，有的人不自私。"这是一个典型的第三格EAO式三段论，它不是由一般推出特殊，而是由个别推出特殊。由此可见，即使最典型的演绎推理三段论，也并不都是"从一般到特殊的推理"。

通过以上分析可以看出，"从一般到特殊"不是所有演绎推理的共有属性。实际上，普通逻辑所讨论的演绎推理形式有不少不具有"从一般到特殊"的特征。因此，普通逻辑必须彻底抛弃"演绎推理就是一般到特殊的推理"这一不科学的定义。

第二种定义：演绎推理就是前提蕴涵结论的推理。

这是数理逻辑对演绎推理的定义。近些年来，普通逻辑引进了一些数理逻辑的成果，上述定义也被一些逻辑教材所采用。我们认为，作为演绎推理的定义，它违反了"定义必须清楚明确"的规则，犯有"定义含混"的错误。

蕴涵是一个非常重要的逻辑概念，同时也是一个多义的概念。无论是在逻辑史上还是在现代数理逻辑中，对蕴涵都有若干种不同的解释。塔尔斯基指出："关于蕴涵的讨论，在古代就已开始。"①早在公元前4世纪，古希腊麦加拉学派关于蕴涵就有四种不同的解释②。（1）费罗式蕴涵：一个条件命题是真的，只要不是前件真、后

---

① 塔尔斯基：《逻辑与演绎科学方法论导论》，周礼全等译，商务印书馆1963年版，第24页。

② 参见威廉·涅尔、玛莎·涅尔：《逻辑学的发展》，张家龙等译，商务印书馆1985年版，第23页。

件假。（2）第奥多鲁斯式蕴涵：当且仅当任何时刻 t 都并不是在 t 时刻 p 真并且在 t 时刻 q 假，则"如果 p 那么 q"真。（3）联结式蕴涵：一个命题是真的，如果它的后件的否定与前件不相容。（4）包含式蕴涵：如果被蕴涵命题是潜在地被包含在第一命题中，那么这个蕴涵式是真的。

在现代数理逻辑中，蕴涵也是一个争议颇多的概念。陈波《论蕴涵》[①]一文区分了七种不同意义的蕴涵。我们认为其中有四种蕴涵在意义上是互相独立的。（1）实质蕴涵：19 世纪末 20 世纪初由弗雷格和罗素提出，"p 实质蕴涵 q"被定义为"不 p 真而 q 假"。（2）严格蕴涵：刘易斯于 1912 年提出，"p 严格蕴涵 q"被定义为"p 与 q 之间有某种共同的意义内容，使得 p 可以逻辑地推出 q"。（3）相干蕴涵：阿克曼等人于 20 世纪 50 年代提出，"p 相干蕴涵 q"被定义为"p 与 q 之间有某种共同的意义内容，使得 p 可以逻辑地推出 q"。（4）衍推蕴涵：安德森和贝尔纳普于 20 世纪 60 年代提出，"p 衍推蕴涵 q"被定义为"p 与 q 之间在内容、意义上有必然联系，并且这种联系独立于 p 与 q 的实际情况，与 p 之假和 q 之真无关"。

既然对"蕴涵"这一概念自古至今有着种种不同的解释，而普通逻辑又未在蕴涵问题上形成贴近普通思维实际的蕴涵理论，我们又怎能理解"演绎推理就是前提蕴涵结论的推理"这一定义中"蕴涵"的确切意义呢？并且这一定义又会把无效的演绎推理从演绎推理中排除出去，由此可见，"前提蕴涵结论的推理"不能作为普通逻辑演绎推理的科学定义。

第三种定义：演绎推理就是前提与结论有必然性联系的推理。

这个定义比定义二要明确得多，因为所谓前提与结论有必然联系，就是说如果前提真，就能必然地推出真的结论。在这一点上不存在什么歧义。然而这个定义又违反了下定义的另一条规则：定义必须相称，因而犯有"定义过狭"的错误。

演绎推理形式存在着一个是否有效的问题。推理有效性的判定，是逻辑学的中心课题。普通逻辑判定推理有效性的方法是制定一些规则，合乎规则的推理是有效的，违反规则的推理是无效的。

---

① 陈波：《论蕴涵》，《中国社会科学》1987 年第 5 期。

推理规则是普通逻辑演绎推理部分的核心内容。只有形式有效的演绎推理，才能由真前提必然地推出真结论，形式无效的演绎推理则并不具有上述特征。

显然，"演绎推理就是前提与结论有必然性联系的推理"这一定义把形式无效的演绎推理排除在演绎推理的外延之外，它给普通逻辑演绎推理的理论带来了两个无法解决的问题：

1.如果无效推理不属于演绎推理，那么它属于什么推理？例如，"鱼是水生动物，鲸是水生动物，所以鲸是鱼。"这是一个第二格AAA式的三段论，由于违反"中项至少要周延一次"规则，因而形式无效，前提与结论之间没有必然性联系，按照定义三，它不属于演绎推理。那么它属于归纳推理或类比推理吗？显然也不是，结果无效推理在普通逻辑的推理分类中找不到归宿。

2.如果无效推理不属于演绎推理，为什么又说它们违反了演绎推理的规则？普通逻辑判定一个具体推理是否有效的步骤是：首先确定它是什么推理，然后再用这种推理的规则检验。假如我们确定一个推理是归纳推理，就决不会要求它遵守演绎推理的规则。假如无效推理不属于演绎推理，它就无须遵守演绎推理的规则。但这样一来又会产生另一个问题：如果不用演绎推理的规则去检验，又怎么能够判定一个推理是不是无效推理呢？逻辑理论在这里出现了恶性循环。

以上我们对比较流行的几种演绎推理的定义作了一些简单的分析。不难看出，这几种定义都未能真正揭示演绎推理的本质，根据这些定义不能把演绎推理与非演绎推理区别开来。因此，有必要给普通逻辑的演绎推理下一个真正科学的定义。

二、演绎推理的两个重要性质

要给演绎推理下一个真正科学的定义。就必须探讨它与非演绎推理相比有哪些不同的特征。

笔者认真研究了普通逻辑所讨论的各种演绎推理，并把它们同各种非演绎推理进行了比较，发现演绎推理主要有以下两个方面的共同性质：

1.演绎推理都是根据前提判断的逻辑性质进行推演的。

比较一下演绎推理的分类和判断的分类，就会发现每一种判断都有一种相对应的演绎推理：相对于性质判断，就有性质判断的推理（包括直接推理的三段论）；相对于关系判断，就有关系推理；相对于模态判断，就有模态推理；相对于规范判断，就规范推理；相对于联言判断，就有联言推理；相对于两种选言判断，就有两种选言推理；相对于三种假言判断，就有三种假言推理……演绎推理的分类和判断分类的一致性，足以说明每种演绎推理都是根据判断的逻辑性质进行推演的。具体地说，性质判断的推理是根据前提所断定的主谓项外延间关系进行推演的；关系推理是根据前提关系判断中关系的逻辑性质进行推演的；模态推理和规范推理是根据前提判断中所包含的模态词或规范词的逻辑性质进行推演的；各复合判断推理是根据前提中复合判断的逻辑性质（主要是支判断之间的真假关系以及复合判断与支判断之间真假关系）进行推演的。

归纳推理和类比推理不是根据前提判断的逻辑性质进行推演的。归纳推理的根据是一般与个别之间的关系，即个别包含着一般，一般寓于个别之中。类比推理的根据则是事物各个属性之间的相互联系和相互制约关系。为了说明演绎推理与归纳推理、类比推理在推理根据上的差别，我们比较一下《普通逻辑》对"三段论""不完全归纳推理"和"类比推理"三个概念的定义。

"三段论是由两个包含着一个共同项的性质判断而推出一个新的性质判断的推理。"[①]

"不完全归纳推理是根据一类中的部分对象具有（或不具有）某种属性，从而得出该类对象都具有（或不具有）某种属性的推理。"[②]

"类比推理是这样一种推理，它根据两个对象在一系列属性上是相同的，而且已知其中的一个对象还具有其他的属性，由此推出另一个对象也具有同样的其他属性的结论。"[③]

三段论是演绎推理，它是根据性质判断的逻辑性质进行推演

[①] 《普通逻辑》编写组：《普通逻辑》（修订本），上海人民出版社1986年版，第145页。

[②] 《普通逻辑》编写组：《普通逻辑》（修订本），上海人民出版社1986年版，第206页。

[③] 《普通逻辑》编写组：《普通逻辑》（修订本），上海人民出版社1986年版，第228页。

的。因此，三段论的定义规定了前提判断的形式特征，即前提必须是两个性质判断，且两判断必须包含有一个共同项。不完全归纳推理和类比推理的定义则不涉及前提判断的形式特征，这是因为它们不是根据前提判断的逻辑性质进行推演的。

既然演绎推理与归纳推理和类比推理的差别在于是否根据前提判断的逻辑性质进行推演。能否把演绎推理定义为"根据前提判断的逻辑性质进行推演的推理"呢？不能！这是因为有一种非演绎推理——溯因推理也是根据前提判断的逻辑性质进行推演的[①]。虽然一般普通逻辑教材不介绍溯因推理，但它却是科学研究和日常思维中大量运用的一种推理。美国逻辑 N.R. 汉森把这种推理的模式表述为：

（1）现象 p 被观察到。

（2）如果 H 为真，则 p 就是当然的事。

（3）所以，H 有可能为真。

这一模式可以简化为下列公式：

p；

如果 H，则 p；

所以，H 可能为真。

从形式上看，它是根据充分条件假言判断"后件真前件真假不定"的性质进行推演的，虽然它与充分条件假言推理肯定后件式（无效的演绎推理）极为相似，但由于它得出的是一个或然性的结论，因此并没有不合理的地方。演绎推理与溯因推理的差别不在于是否根据前提判斯的逻辑性质进行推演，而在于得出什么样的结论：得出必然性结论的是演绎推理，得出或然性结论的是溯因推理，这样我们就归结出演绎推理的又一性质：

2.演绎推理都是得出必然性结论的。

这一命题与定义三"演绎推理就是前提与结论有必然性联系的推理"的差别在于：前者所说的"必然性结论"是思维主体的认知结果，而后者所说的"有必然性联系"则是一种客观存在。推理从

---

① 现在看来，这一观点是不准确的。拙作《逻辑学》（高等教育出版社2010年版）对溯因推理的定义是：根据已知的事物之间的因果关系，从某事物情况的存在推出引起该事物发生的原因存在的推理。

本质上说是思维主体对客观世界事物情况之间内在联系的反映，这种反映可能是正确的，也可能是错误的。前提与结论之间在逻辑形式上客观存在的联系性质与思维主体主观推出的结论的性质之间，可能有四种不同的情况：

（1）前提与结论客观上存在着必然性联系，思维主体据此推出必然性结论。这种推理是有效的演绎推理。

（2）前提与结论客观上存在着或然性联系，思维主体据此推出必然性结论。这种推理是无效的演绎推理。如充分条件假言推理肯定后件式，第二格AAA式三段论等。

（3）前提与结论客观上存在着或然性联系，而思维主体据此得出的也是或然性结论。这种推理一种典型形式就是溯因推理。

（4）前提与结论在客观上存在着必然性联系，而思维主体却只得出或然性结论。这种情况理论上和现实上都是存在的，但普通逻辑一般不讨论这种推理。

普通逻辑给出了各种演绎推理的规则，这些规则的作用不在于区分一个推理是不是演绎推理（因为非演绎推理并不需要遵守演绎推理的规则），而在于保证人们根据前提与结论的必然性联系推出必然性结论，防止人们根据前提与结论的或然性联系推出必然性结论。凡是合乎规则的演绎推理，其前提与结论的联系都是必然的，人们就能据此推出必然性的结论。凡是违反规则的演绎推理，其前提与结论只有或然性联系，如果据此推出"必然性"结论，则这种结论就是不可靠的。

三、演绎推理的正确定义及其意义

以上我们探讨了演绎推理两大共同性质，根据是否具备性质1，可以把演绎推理与归纳推理和类比推理区别开来；根据性质2，可以把演绎推理和溯因推理区别开来；根据是否同时具备两种性质，就可以把演绎推理和一切非演绎推理区别开来。因此，我们认为普通逻辑演绎推理应该定义为：演绎推理就是根据前提判断的逻辑性质推出必然性结论的推理。①

这一定义不但概括了普通逻辑所讨论的全部演绎推理的共同特征，把演绎推理和非演绎推理严格区别开来，而且解决了普通逻辑中几个理论难题：

1.它解决了完全归纳推理的归属问题。许多逻辑教材将演绎推理定义为"前提与结论有必然性联系的推理"，而将归纳推理定义为"从个别性知识的前提推出一般性知识的结论的推理"。根据这两个定义，完全归纳推理既属于演绎推理，又属于归纳推理，但在推理分类中，演绎和归纳是互不相容的两类推理。这样，完全归纳推理的归属便成了一个难题。有的逻辑教材一方面把完全归纳推理列入归纳推理，一方面又说它具有演绎推理的性质，这样做势必造成普通逻辑推理分类理论的混乱。按照我们所给的演绎推理的定义，完全归纳推理并不是根据前提判断的逻辑性质进行推演的。因此，它不属于演绎推理，而属于归纳推理。

2.它解决了无效演绎推理的归属问题。演绎推理既然有一个形式是否有效的问题，则无效的演绎推理就理应属于演绎推理。但"演绎推理就是前提与结论有必然性联系的推理"的定义却把无效的演绎推理排除在演绎推理的外延之外，使得无效推理在推理分类中失去归宿。按照我们给出的新的定义，无效演绎推理属于演绎推理，因为它们也是根据前提判断的逻辑性质进行推演的，并且它们的结论是思维主体当作必然的。

3.它使溯因推理在普通逻辑中具有了合法地位。溯因推理在思维中被大量应用，而现行的普通逻辑体系却没有它的地位，一个重要原因就是溯因推理在形式上与充分条件假言推理肯定后件式极为相似，人们把它看成是违反逻辑的无效推理。根据我们给演绎推理下的定义，溯因推理不是"推出必然性结论的推理"，而是推出或然性结论的推理，因此它不属于演绎推理，不需要遵守演绎推理的规则。因此，溯因推理并不是什么"违反逻辑的"推理，我们完全可以在普通逻辑中给它一个与其在思维中的作用相

---

① 拙作《逻辑学》（高等教育出版社2010年版）中，笔者将演绎推理定义为："根据前提判断的逻辑性质（由判断的形式结构决定的特征）进行推演的推理。"这一定义比本文当时给出的这个定义可能更为严密一些。

称的合法地位。

  演绎推理是逻辑学研究的主要对象。如何给演绎推理下一个科学的定义，是一个重要的逻辑理论问题。笔者有感于我国逻辑教材和专著中演绎推理定义的明显不足，对这一理论问题作了一些初步的探讨，提出一些不成熟的见解，目的在于引起逻辑学界对这一理论问题的重视，企盼逻辑学界专家同仁给予批评指正。

  ［原载《华南师范大学学报》（社会科学版）1994 年第 3 期。人大复印报刊资料《逻辑》1994 年第 8 期全文转载，《新华文摘》1994 年第 10 期作为学术新论点转载。］

对普通逻辑引进实质蕴涵真值表的再思考

近年出版的许多普通逻辑教材在复合判断中引进了数理逻辑的真值表，用来标示复合判断的逻辑性质。其中，对引进实质蕴涵真值表说明充分条件假言判断的逻辑性质，逻辑学界存在着截然不同的看法。肯定者认为，"真值表的引入使复合判断及其推理的内在联系表现得更加紧密，也使形式逻辑的学科体系表现出更高的形式化程度。"[①]否定者则指出，"简单地把定义真值蕴涵的真值表用于充分条件假言判断，必然会造成对充分条件假言判断的歪曲。"[②]分歧的焦点在于：实质蕴涵的真值表是否能够正确标示充分条件假言判断的逻辑性质。本文拟对此问题作一些初步的探讨。

一、充分条件假言判断及其逻辑性质

在普通思维和自然语言中，用"如果……那么……"联结而成的充分条件假言判断，是"断定某一事物情况是另一事物情况的充分条件的判断"，而所谓充分条件指的是这样一种条件："如果有p，就必然有q；而没有p，是否有q不能确定（即可能有q，也可能没有q）。这样，p就是q的充分条件。"[③]

充分条件假言判断断定的是事物情况之间的条件关系，"一个充分条件假言判断的真假，取决于其前件所断定的事物情况是不是其

[①] 张靖：《论真值表在形式逻辑学科体系中的地位和作用》，《天津师大学报》（社会科学版）1991年第2期。

[②] 吴坚：《普通逻辑教学改革中一个不容忽视的问题》，《逻辑与语言学习》1992年第4期。

[③] 《普通逻辑》编写组：《普通逻辑》（修订本），上海人民出版社1986年版，第96页。严格地说，这里关于"充分条件"的解释是不严密的，可参看拙作《逻辑学》（高等教育出版社2010年版，第164—165页）对此问题的详细论述。

后件所断定的事物情况的充分条件。如果前件所断定的事物情况是后件所断定的事物情况的充分条件，那么，该充分条件假言判断就是真的；否则，就是假的。"①虽然假言判断的真假最终以其所断定的条件联系是否确实存在为准，但作为一种复合判断，它的真假与其支判断（前件和后件）的真假之间又存在着一定的关系。

例1：如果社会主义需要市场，那么社会主义就需要竞争。
例2：如果日本能源资源缺乏，那么它就会成为世界经济大国。

上述两例前后件均为真，但它们真假情况不同。例1为真，因为"需要市场"确实是"需要竞争"的充分条件；例2为假，因为一个国家"能源资源缺乏"并不是它"成为世界经济大国"的充分条件。

例3：如果北京一月平均气温低于-20℃，那么昆明湖就会封冻。
例4：如果北京一月平均气温不低于0℃，那么昆明湖就会封冻。

上述两例前件假，后件真，但它们的真假情况也不同，例3为真，因为"气温低于-20℃"是"湖面封冻"的充分条件；例4为假，因为"气温不低于0℃"不是"湖面封冻"的充分条件。

例5：如果地球倒转，那么太阳就会从西边升起。
例6：如果地球倒转，那么太阳就会从北边升起。

上述两例前后件均为假，但例5为真而例6为假，因为"地球倒转"是"太阳从西边升起"的充分条件，而不是"太阳从北边升起"的充分条件。

---

① 《普通逻辑》编写组：《普通逻辑》（修订本），上海人民出版社1986年版，第97页。

例7： 如果地球上有猫存在，那么老鼠早就绝迹了。

此例前件真后件假，这种真假组合本身就说明前件所反映的事物情况不是后件所反映的事物情况的充分条件，因此，整个判断必然为假。

根据上述例子，我们可以将充分条件假言判断的逻辑性质即整个判断的真假与前后件之间的真假关系归结如下：

1.当充分条件假言判断为真时，其前后件的真假有三种可能，即前件真后件真（例1）、前件假后件真（例3）、前件假后件假（例5）。

2.当充分条件假言判断为假时，其前后件的真假有四种可能：前件真后件真（例2）、前件真后件假（例7）、前件假后件真（例4）、前件假后件假（例6）。

3.当前件真而后件假时，充分条件假言判断只能是假的（例7）。

4.在前件真后件真、前件假后件真、前件假后件假三种情况下，充分条件假言判断都可能为真（例1、3、5），也可能为假（例2、4、6）。

二、数理逻辑中的实质蕴涵及其怪论

在数理逻辑中，实质蕴涵是命题之间的一种真假关系。用实质蕴涵词"→"连接命题变项p、q构成的蕴涵式"p→q"被定义为¬（p∧¬q），即"p→q真，当且仅当不是p真而q假"。很明显，虽然"p→q"也读作"如果p，那么q"，但它已撇开了前后件之间在具体内容上的一切联系，而仅仅注意前后件真假与整个命题的真假关系，这种关系可用下列真值表表示：

p	q	p→q
真	真	真
真	假	假
假	真	真
假	假	真

表1-1

根据实质蕴涵的定义及其真值表，一个实质蕴涵命题只有在前件真后件假时才是假的，在其余情况下，它都是真的。为了说明这种纯粹的真假关系，数理逻辑中常常举出下列例子：

例8：如果2＋2＝4，则雪是白的。

例9：如果2＋2＝5，则雪是白的。

例10：如果2＋2＝5，则雪是黑的。

由于这些命题都不是前件真而后件假，因此，它们都是真命题。但是，假如我们把它们看作普通思维中的假言判断，那么由于其前后件之间没有任何意义上的联系（当然也不具有充分条件关系），它们都不是真判断。

实质蕴涵最早是由古希腊麦加拉学派的菲罗提出来的，菲罗认为"完善的条件句……是一种不是开始于真而结束于假的条件句"[①]。他的观点在逻辑史上没有产生直接的影响，原因在于他对条件句（即充分条件假言判断）的解释与人们日常意义上使用的条件句相去甚远。直到19世纪末20世纪初，数理逻辑学家弗雷格、罗素等人重新独立地提出实质蕴涵，并以它为基础构造出完全的逻辑演算系统，实质蕴涵才受到逻辑学家的广泛注意。

从实质蕴涵的真值表，可以导出一系列与思维直觉相悖的定理，其中最主要的有：

1.$q \rightarrow (p \rightarrow q)$ 即"任何命题蕴涵真命题"，于是"鸵鸟不会飞翔"蕴涵"中国位于东亚"。

2.$\neg p \rightarrow (p \rightarrow q)$ 即"假命题蕴涵任何命题"，于是，"李白是宋代人"蕴涵"1997年中国正式恢复对香港行使主权"。

3.$(p \rightarrow q) \vee (q \rightarrow p)$ 即"任何两命题之间必有蕴涵关系"，于是，或者"X＞0"蕴涵"X＜0"，或者"X＜0"蕴涵"X＞0"。

这些定理不符合日常思维中的逻辑推理关系，违反常识，所以被称为"实质蕴涵怪论"。"由于引用了实质蕴涵，逻辑家得出了许多悖论，甚至得出了许多纯粹的胡说。因此，就有一种改造逻

---

① 威廉·涅尔、玛莎·涅尔：《逻辑学的发展》，张家龙等译，商务印书馆1985年版，第166页。

辑的呼声，要求使逻辑与日常语言关于蕴涵式的用法能有更大的接近。"① 为此，一些数理逻辑学家先后建立了一些新的蕴涵系统，其中主要有：

刘易斯于1912年提出的"严格蕴涵"。"p严格蕴涵q"被定义为"不可能p真而q假"，即：p真而q假在逻辑上是不可能的，或者说，从p推出q是逻辑必然的。

阿克曼等人于20世纪50年代提出的"相干蕴涵"。"p相干蕴涵q"被定义为p与q之间"有某种共同的意义内容，使得p可逻辑地推出q"。

安德森和贝尔纳普于20世纪60年代初提出的"衍推（蕴涵）"，"p衍推q"被定义为"p与q之间在内容、意义上有必然联系，并且这种衍推关系独立于p与q的实际情况，与p之假和q之真无关"。②

实质蕴涵、严格蕴涵、相干蕴涵、衍推都是数理逻辑对自然语言中的充分条件假言判断的逻辑解读。虽然限于篇幅本文对后三种蕴涵未作详细介绍，但仅从简单定义就可看出，四种蕴涵中最贴近自然语言"如果……则……"本义的是衍推，它既肯定了前后件之间有意义上、内容上的必然联系，又指出这种联系独立于前后件真假。而实质蕴涵则与自然语言中的"如果……则……"相距最远，它既舍弃了前后件内容上的联系，又忽略了由前件真推出后件真的逻辑必然性。

三、充分条件假言判断与实质蕴涵的异和同

数理逻辑并不否认实质蕴涵与充分条件假言判断的不同。莫绍揆指出，"就日常所说的'如果……则……'而言，实质蕴涵在相当多的地方是不符合的。"③ 二者究竟有何区别呢？

第一，二者所断定的内容不同。普通思维和日常语言中的充分条件假言判断断定的是一事物情况是另一事物情况的充分条件，它

---

① 塔尔斯基：《逻辑和演绎科学方法导论》，周礼全等译，商务印书馆1963年版，第24页。
② 以上三段转引自陈波：《论蕴涵》，《中国社会科学》1987年第5期。
③ 莫绍揆：《数理逻辑初步》，上海人民出版社1980年版，第76页。

既不肯定也不否定前后件所陈述的事物情况存在，只是肯定它们之间具有充分条件关系。从某种意义上说，充分条件假言判断是一种关系判断，只不过它断定的关系不是存在于两个具体对象之间，而是存在于两个事物情况之间。数理逻辑中的实质蕴涵式，断定的则是作为前后件的两个命题的真假组合情况：不是前件真而后件假，它不考虑前后件所陈述的事物情况是否确实存在充分条件关系。

第二，二者的适用范围不同。充分条件假言判断是普通思维和自然语言中使用频率最高的判断形式之一，它被广泛地应用于日常思维和各门具体科学，从对生活小事的陈述，到对社会或自然界某些基本规律的精确表达，人类认识活动的每一领域，都离不开充分条件假言判断。而实质蕴涵则是数理逻辑中一个非常方便而有用的演算工具，近一个世纪以来，"数理逻辑越发展，越表明实质蕴涵在表达数学公式时以及在作逻辑讨论时的优越性，远非别的蕴涵词所能及"①。因此，实质蕴涵在数理逻辑和数学中得到广泛的运用，而在经验科学和日常思维中则没有得到直接的应用。

第三，二者的真假判定标准不同。充分条件假言判断定事物情况之间的条件联系，因此，当且仅当前件陈述的事物情况确实是后件所陈述的事物情况的充分条件，它才是真的。除了前件真后件假这种组合说明前后件所陈述的事物情况之间不存在充分条件联系，因而可确定充分条件假言判断为假外，根据前后件的其他三种真假组合都不能确定一个充分条件假言判断的真假。实质蕴涵式断定的是前后件的真假组合情况"不是前件真而后件假"，因此，一个实质蕴涵式为真，当且仅当前后件真假是下列三种情况之一：前件真后件真，前件假后件真，前件假后件假。至于前后件所陈述的事物情况之间否存在充分条件联系，并不影响实质蕴涵命题的真假。

当然，实质蕴涵作为数理逻辑对日常语言充分条件假言判断的逻辑解读的一种，它与充分条件假言判断又有相同之处。从实质蕴涵的真值表和前面归结的充分条件假言判断的逻辑性质看，二者之间的相同点在于：

当前件p真而后件q假时，充分条件假言判断为假，实质蕴涵式

---

① 莫绍揆：《数理逻辑初步》，上海人民出版社1980年版，第75页。

也为假。

当充分条件假言判断为真时，其前后件真假有三种可能：前件真后件真，前件假后件真，前件假后件假。而一个实质蕴涵式"p→q"为真时，其前后件真假组合也有这三种可能。

四、普通逻辑引进实质蕴涵真值表的利和弊

由上面的分析可知，充分条件假言判断与实质蕴涵既有相同点又有不同点，当我们用实质蕴涵真值表来说明充分条件假言判断与之相同的逻辑性质时，真值表就显示出它的优越性，这主要表现在由真值表可以直观而准确地导出充分条件假言推理的规则。

当一个充分条件假言判断为真时，其前后件真假有三种可能：前件真后件真、前件假后件真，前件假后件假（与实质蕴涵相同），这一性质由真值表的第1、3、4行直观地显示出来。表的第1行表明，当"如果p则q"为真并且p为真时，q也是真的；表的第4行表明，当"如果p则q"为真并且q为假时，p也是假的。由此可以导出充分条件假言推理的一条规则：肯定前件就要肯定后件，否定后件就要否定前件。真值表的第3、4行表明，当"如果p则q"为真并且p为假时，q有真假两种可能；表的第1、3行表明，当"如果p则q"为真并且q为真时，p也有真假两种可能。据此又可导出充分条件假言推理的另一条规则：否定前件不能否定后件，肯定后件不能肯定前件。

虽然用真值表来揭示前后件之间的真假制约关系有其精确、直观的优越性，为假言推理的逻辑规则提供了直接的逻辑根据，但是由于充分条件假言判断其他方面的逻辑性质与实质蕴涵不相一致，如果我们原封不动地把实质蕴涵真值表搬进普通逻辑，用来刻画充分条件假言判断的逻辑性质，就可能使人们对自然语言中的充分条件假言判断产生误解，甚至给普通逻辑带来一些理论上的矛盾。

首先，引进真值表使普通逻辑中出现了判定假言判断真假的两个互相矛盾的标准。在一本普通逻辑教材中，先根据充分条件假言判断的定义给出一个真假判定标准："充分条件假言判断的真假，决定于前件所断定的事物情况是不是后件所断定的事物情况的充分条

件。"接着又根据引进的实质蕴涵真值表给出了另一判定标准:"一个充分条件假言判断,只有当它的前件真而后件假时,整个充分条件假言判断才是假的。在其他情况下,都是真的。"①

这两个标准是否一致呢?只要看一看本文的第2、4、6例就可知道:根据前一标准,它们都是假的,因为前件并不是后件的充分条件;根据后一标准,它们都是真的,因为它们都不是"前件真而后件假"。可见两个标准是不能统一的,互相矛盾的。在同一逻辑体系甚至同一本教材中,对同一类型的判断给出互相矛盾的两个真假判定标准,只能使人们对普通逻辑的科学性产生误解和怀疑。

其次,引进真值表使"实质蕴涵怪论"进入普通逻辑体系。根据真值表第1、3行可得:当后件为真时,前件不管真假如何,整个充分条件假言判断都是真的(任何命题蕴涵真命题);根据真值表第3、4行可得:当前件为假时,后件不管真假如何,整个充分条件假言判断也是真的(假命题蕴涵任何命题)。据此,我们就得承认下列判断为真:

例11:如果数理逻辑在20世纪末才出现,那么电子计算机就会在20世纪中叶问世。(后件真)

例12:如果十年动乱再延续20年,那么中国老百姓的生活会过得更好。(前件假)

承认上述判断为真,也就肯定了"数理逻辑在20世纪末出现"是"电子计算机在20世纪中叶问世"的充分条件,"十年动乱延续20年"是"中国老百姓生活过得更好"的充分条件!普通逻辑能够承认这种怪论在普通思维和自然语言中的合理性吗?蕴涵怪论之所以"怪",就是因为它有悖于普通思维之常理,为人们的思维直觉所不容。因此,在普通逻辑中没有它的位置。但由真值表导出蕴涵怪论又具有逻辑必然性,因此,普通逻辑引进实质蕴涵真值表的同时,把它所不容的实质蕴涵怪论也引进来,不能不说是引进真值表的弊病之一。

① 中国人民大学哲学系逻辑教研室编:《形式逻辑》(修订本),中国人民大学出版社1980年版,第93—94页。

再次，引进真值表使普通逻辑对充分条件假言判断的负判断的处理脱离了普通思维的实际。真值表的第2行显示：一个充分条件假言判断为假，当且仅当前件真而后件假。据此可以得到下列等值式：并非（如果p则q）↔p并且非q。这就是说，当我们断定一个充分条件假言判断为假时，也就同时断定了其前件为真而后件为假。这一等值关系合乎普通思维的实际吗？请看下面两例：

例13：如果地球上没有空气，那么地球上也会有生物存在。

例14：如果马克思在1880年当选为美国总统，那么美国在1881年就会实现共产主义。

自然科学不会承认例13是真判断，历史学也不会承认例14为真，这就是说，在普通思维中它们都是假判断。根据前面的等值式，下列判断就应该为真：

例15：地球上没有空气，也没有生物存在。

例16：马克思于1880年当选为美国总统，但美国在1881年没有实现共产主义。

问题出在什么地方？就在于上述等值式是根据真值表得到的，而经验科学和日常思维中人们确定假言判断的真假并不根据真值表，而是根据前后件之间是否有充分条件联系。这说明普通逻辑由引进的真值表得出的"并非（如果p则q）"与"p并且非q"的等值关系脱离了普通思维的实际。

五、改造充分条件假言判断真值表的设想

综上所述，普通逻辑引进实质蕴涵真值表有利亦有弊。那么，普通逻辑究竟要不要引进真值表呢？我们认为，对真值表这样一种数理逻辑中的先进工具，普通逻辑不是要不要引进的问题，而是一个怎样引进的问题。因为有其利，引进就是必要的；因为有其弊，

引进时根据普通逻辑自身的特点和普通思维的实际加以适当的改造也是必要的。既然充分条件假言判断与实质蕴涵式在逻辑性质上有明显的差别，充分条件假言判断的真值表与实质蕴涵的真值表也应该有所不同。

如果我们撇开前后件意义上的联系（这种联系不可能借助于真值表来反映），仅从整个判断的真假与前后件真假之间的关系来考察，充分条件假言判断与实质蕴涵式的主要差别就在于：在前件真后件真、前件假后件真、前件假后件假三种情况下，充分条件假言判断有真假两种可能，而实质蕴涵式却都为真。为了表示这种差别，普通逻辑在引进实质蕴涵真值表时就必须将相应位置的"真"改成"可真"，这样就可得到一个全面、准确、直观地反映充分条件假言判断逻辑性质的真值表：

p	q	p→q
真	真	可真
真	假	假
假	真	可真
假	假	可真

由于表中只有1、3、4行"如果p则q"才可真，所以，当"如果p则q"真时，其前后件的真假关系必如第1、3、4行所示：前件真后件必真（第1行），后件假前件必假（第4行）；前件假后件不定（第3、4行），后件真前件不定（第1、3行）。据此可以直接导出充分条件假言推理的规则：肯定前件就要肯定后件，否定后件就要否定前件；否定前件不能否定后件，肯定后件不能肯定前件。除了p真q假时"如果p则q"为假外，在p、q其余三种真假组合情况下，"如果p则q"只是"可真"，而不是必真，这说明充分条件假言判断的真不能仅仅根据其前后件的真假来确定，这样就避免了普通逻辑体系中出现判定充分条件假言判断的两个互相矛盾的标准，同时也否定了"任何判断蕴涵真判断""假判断蕴涵任何判断"之类的怪论在普通逻辑中存在的合理性。除了第2行"如果p则q"为假外，其余三行"如果p则q"均为"可真"，而经过解释的"可真"包含有"可假"的意思。由此可知，根据"如果p则q"为假，是不能确定

其前后件的真假情况的，这也就说明"并非（如果 p 则 q）"与"p并且非 q"的等值关系在普通逻辑中是不适用的。经过改造的充分条件假言判断的真值表保留了直观、准确地为充分条件假言推理提供逻辑根据的优越性，又避免了用实质蕴涵真值表刻画充分条件假言判断逻辑性质所引起的种种矛盾。

虽然数理逻辑在思维形式的研究方面取得了传统逻辑所无法比拟的成果，但它们毕竟是两门有区别的学科。因此，普通逻辑在吸取数理逻辑成果时必须有所选择：适用者吸收之，不适用者舍弃之，不完全适用者根据普通逻辑的特点加以适当的改造。只有这样，才能使引进的内容成为普通逻辑理论体系的有机组成部分，使普通逻辑更好地为普通思维和语言表达服务。

［原载《安徽师大学报》（哲学社会科学版）1993 年第 2 期，人大复印报刊资料《逻辑》1993 年第 7 期全文转载。］

同一律等四律是思维内容的规律①

同一律、矛盾律、排中律和充足理由律是普通逻辑基本规律②。由于普通逻辑被认为是"研究思维的逻辑形式及其规律的科学"，所以逻辑学界普遍认为这四条规律是思维逻辑形式的规律，从来没有人对此提出异议。

我们认为，从普通逻辑教材所讨论的同一律等四条规律的实际看，说它们仅仅是"思维逻辑形式的规律"的观点值得重新探讨。本文将从基本内容、逻辑要求和违反逻辑要求的逻辑错误三个方面，论证四条规律不是思维逻辑形式的规律，而是思维内容的规律。

一

由于同一律是四条规律中最基本的一条，其他三条规律都是同一律的展开和补充，所以我们先来论证同一律是思维内容的规律。

首先，从同一律的基本内容看，它是对思维内容自身同一的规定，而不是对思维逻辑形式自身同一的规定。

同一律的基本内容是："在同一思维（即对同一对象的同一方面的思维）过程中任何一个思想（概念或判断）其自身是同一的。"③如果我们承认这一表述是准确的，那么只要搞清楚以上表述中"任何一个思想的自身"指的是思想的逻辑形式，还是思想的内容，就可以确定同一律究竟是思维逻辑形式的规律，还是思维内容的规律了。

---

① 本文是根据当时主要的逻辑读本有关"四律"的内容、要求以及相关逻辑错误性质的陈述得出它们是"思维内容的规律"的结论的。现在看来，这一观点仍有值得推敲之处。后来有学者提出它们是"语义的规律"。

② 这是当时大多数逻辑学读本的说法。在拙著《逻辑学》（高等教育出版社2010年版）中，普通逻辑基本规律只包括前三条，"充足理由"则只是"论证的基本原则"。

③ 《哲学大词典·逻辑学卷》，上海辞书出版社1988年版，第144页。

同一律的公式是"A是A"。笔者查阅了近十多年来出版的三十多种逻辑教材、专著、辞书，它们在解释这一公式时，都把同一律解释为思想内容的自身同一。以几本全国性的逻辑教材为例：

《普通逻辑》（修订本）解释说："公式里的'A'代表任一思想，或者说表示任一概念、判断，'A是A'即表示同一思维过程中每一概念、判断的自身都具有同一性。就是说，在同一思维过程中，每一个概念、判断的内容都是确定的，是什么内容就是什么内容。"①（着重号为引者所加，下同）

《形式逻辑原理》写道："同一律在概念方面可以表述为：a ＝ a。这就是说，概念'a'就是指概念'a'，一个概念必须有确定的外延和内涵（概念的外延和内涵是概念的内容，而不是概念的形式——引者注），必须保持自身的同一。"②

姜全吉编著的《逻辑》解释说："'A是A'是说，在同一思维过程中，任何一个概念，任何一个判断，自身保持同一性。所谓概念保持同一，就是一个概念的内涵和外延在同一思维过程中是前后同一的。所谓判断保持同一，就是同一个判断的内容（断定什么）在同一思维过程中保持同一。"③

对同一律的公式"A是A"的上述解释已经非常清楚地表明，同一律的基本内容中所说的"任何一个思想的自身"，指的是思维的内容，而不是思维的逻辑形式。因此，我们说同一律是关于思维内容的规律，而不是思维逻辑形式的规律。

第二，同一律对思维的逻辑要求，是对思维内容的要求，而不是对思维逻辑形式的要求。

同一律的逻辑要求有两条：第一，在同一思维过程中，概念必须保持同一；第二，在同一思维过程中，判断必须保持同一。

《普通逻辑》对第一条要求的解释是："所谓概念必须保持同一，是说在同一思维过程中，必须保持概念内容不变……不能随便变换某一概念的含义，也不能把不同的概念加以混淆。"④这里明确

---

① 《普通逻辑》编写组：《普通逻辑》（修订本），上海人民出版社1986年版，第114页。

② 诸葛殷同等：《形式逻辑原理》，人民出版社1982年版，第306页。

③ 姜全吉编：《逻辑》，高等教育出版社1988年版，第246页。

④ 《普通逻辑》编写组：《普通逻辑》（修订本），上海人民出版社1986年版，第115页。

指出同一律对运用概念的要求是指概念的"内容不变",而不是指概念的逻辑形式不变。

《普通逻辑》对第二条要求的解释是:"所谓判断必须保持同一,就是说在运用判断进行推理时,或者在论证某一问题时,人们所使用的判断,必须保持它的自身同一,不能用另外的判断来代替它。"[1]这里虽然没有把"判断必须保持同一"直接解释为判断内容不变,但从普通逻辑思维的实际看,这一要求也是对判断内容的要求。我们知道,在思维或言语表达中,人们可以用不同的判断来断定相同的思维内容,例如:

①如果一个数能被10整除,那么这个数就能被5整除。
②凡是能被10整除的数都能被5整除。

两例虽然逻辑形式不同,但由于它们的内容相同,因此,在同一思维过程中用①来代替②(或者用②来代替①),即用一逻辑形式来代替另一逻辑形式,并不违反同一律的要求。人们在思维和交际中,像这样用等值判断互相替代的现象到处可见,例如,用"如果不改革开放,就不能发展经济"($\bar{p}→\bar{q}$)替代"只有改革开放,才能发展经济"($p←q$),用"或者董事长到会,或者总经理到会"($p∨q$)替代"如果董事长不到会,那么总经理到会"($\bar{p}→q$)。普通逻辑从来不认为这种不同逻辑形式互相替代的现象违反同一律要求。由此可见,同一律对思维"判断必须保持同一"的要求,指的是判断的内容要保持同一,而不是指判断的逻辑形式要保持同一。

第三,违反同一律要求的逻辑错误是思维内容方面的错误,而不是思维逻辑形式的错误。

违反同一律要求的逻辑错误有两种:混淆概念(或偷换概念)、偷换论题(或转移论题)。这两种逻辑错误都是非形式的错误(即内容错误)。

先看混淆概念。这种逻辑错误是指"违反同一律的要求,把不同概念当作同一个概念来使用所犯的逻辑错误"[2]。这里所说的误

---

[1] 《普通逻辑》编写组:《普通逻辑》(修订本),上海人民出版社1986年版,第116页。
[2] 吴家国主编:《普通逻辑原理》,高等教育出版社1989年版,第123页。

作同一概念使用的"不同概念"只能是指内容（内涵和外延）不同的概念，而不是指逻辑形式不同的概念。因为概念是思维结构的最小单位，它本身无逻辑形式可言，因此，也就根本不存在"逻辑形式不同的概念"。既然被混淆的概念是指内容不同的概念，混淆概念的逻辑错误当然是一种思维内容方面的错误。

再看偷换论题。这种错误是指"违反同一律的要求用某一论题来暗中代替所要讨论的论题而犯的一种逻辑错误。"[①]前文已经论述，在同一思维过程中，用一个判断来代替逻辑形式不同而断定内容相同的另一判断，并不违反同一律的要求，因此，偷换论题不是指逻辑形式的偷换，而是指判断内容的偷换。下面我们以两个被许多逻辑教材采用的偷换论题的典型例子说明它是思维内容上的谬误而不是思维逻辑形式上的错误。

①20世纪中叶，达尔文从他的进化论得出"人类是由猿类进化而来的"结论。这一论断动摇了基督教"上帝创造人"的教义，受到教会势力的猛烈攻击。1860年，在牛津大学的一次辩论会上，大主教威尔勃福斯先是把"人类是由猿类进化而来的"歪曲地解释为"人是猴子变的"，继而对达尔文的学生赫胥黎进行人身攻击："请问赫胥黎教授的猴子资格是从祖父那儿得到的呢，还是从祖母那儿得到的呢？"

②无政府主义者为了反对马克思主义"人们的社会存在决定人们的意识"这一科学论断，采用偷换论题的手法，把上述论断歪曲偷换为"吃饭决定思想体系"这样一个荒谬的命题，然后大肆"批判"、污蔑马克思主义理论是"填胃的理论"。

在例①中，威尔勃福斯用"人是猴子变的"偷换"人类是由猿类进化而来的"，偷换后的论题与原论题具有相同的逻辑形式"S是p"；在例②中，无政府主义者用"吃饭决定思想体系"偷换"人们的社会存在决定人们的意识"，偷换后的论题与原论题也具有相同的逻辑形式"aRb"。

---

① 吴家国主编：《普通逻辑原理》，高等教育出版社1989年版，第125页。

从以上例子可以看出，逻辑形式不同而内容相同的判断可以互相替代而不违反同一律的要求；逻辑形式相同而断定内容不同的判断则不可以互相替代，否则就要犯偷换论题的错误，这就足以说明，偷换论题是一种内容错误，而不是形式错误。在传统逻辑的谬误分类表中，偷换论题被列为"非形式的谬误"。①

综上所述，同一律所说的"同一"，是指概念、判断内容的自身同一；同一律的逻辑要求，是对思维内容的要求；违反同一律要求的逻辑错误，属于内容上的谬误而非形式上的谬误。由此我们可以必然地得出结论：同一律并非思维逻辑形式的规律，而是思维内容的规律。

二

下面我们仍然从三个方面来论证矛盾律和排中律不仅仅是思维逻辑形式的规律，而是思维内容的规律。

首先，从两条规律的基本内容看，它们不仅仅是思维逻辑形式的规律。

矛盾律的基本内容是："在同一思维过程中，互相否定的思想不能同时是真的"，其公式为"A不是非A"。②

排中律的基本内容是："在同一思维过程中，互相否定的思想必有一个是真的"，其公式为"A或非A"。③

从矛盾律和排中律的基本内容可以看出，矛盾律和排中律都是讲两个思想之间的真假关系的，矛盾律指出互相否定的思想不可同真，而排中律则指出互相否定的思想不可同假。而思维的逻辑形式是无真假可言的，只有具有一定具体内容的判断才有真假之别，从这个角度看，矛盾律和排中律也不是思维逻辑形式的规律。

有人可能会说：虽然思维的逻辑形式本身无真假可言，但具体判断之间的真假关系是由思维的逻辑形式决定的。例如，"所有的哺乳动物都是胎生的"和"有的哺乳动物不是胎生的"，这两个判断之所以既不可同真也不可同假，仅仅是由于它们分别具有"SAP"和

---

① 马佩主编：《逻辑学原理》，河南大学出版社1987年版，第322页。
② 《普通逻辑》编写组：《普通逻辑》（修订本），上海人民出版社1986年版，第119页。
③ 《普通逻辑》编写组：《普通逻辑》（修订本），上海人民出版社1986年版，第125页。

"SOP"的逻辑形式，而"SAP"和"SOP"之间的矛盾关系就是由矛盾律和排中律决定的。

不可否认，思维的逻辑形式对具体判断之间的真假关系有一定的制约作用，但这种制约作用是有条件的，这个条件就是判断的变项必须相同（或曰"素材"相同），而变项相同是判断的内容问题而不是形式问题。请看下面的例子：

①所有的哺乳动物都是胎生动物。
②所有的哺乳动物都是卵生动物。
③有的哺乳动物不是胎生动物。
④有的哺乳动物不是陆生动物。

①、②具有相同的逻辑形式"所有 S 是 P（SAP）"，③、④也具有相同的逻辑形式"有 S 不是 P（SOP）"。但是，根据 SAP 和 SOP 之间的对当关系，我们只能判定①与③之间是矛盾关系，而不能判定①与④、②与③、②与④之间是矛盾关系，原因是只有①与③的主谓项都相同。另一方面，虽然①与②具有完全相同的逻辑形式（SAP），它们之间却具有不同真可同假的关系，原因是它们在内容上是互相否定的，根据矛盾律它们不可同时为真。

上述例子说明，具体判断之间的真假关系有的是由判断的内容和逻辑形式共同决定的，如①与③之间的矛盾关系，有的则完全是由判断的内容决定的，如①与②之间的反对关系，纯粹由逻辑形式决定的真假关系是不存在的，如①与④虽然分别具有 SAP 和 SOP 的形式，但由于素材不同（内容不同），因而无法根据逻辑形式来判定它们之间的真假关系。矛盾律、排中律不但制约着由内容和逻辑形式共同决定的互相否定的判断之间的真假关系，而且制约着完全由内容决定的互相否定的判断之间的真假关系。假如矛盾律、排中律只不过是思维逻辑形式的规律，而不是思维内容的规律，那么它们就不适用于在内容上互相否定而在逻辑形式上并无必然联系的判断，而这与它们作为逻辑基本规律的普遍适用性是不相符的。

其次，我们从矛盾律、排中律对思维的逻辑要求方面来分析它们是否仅仅是思维逻辑形式的规律。

普通逻辑教材关于矛盾律对思维的逻辑要求的表述不完全相同，但大致有两种代表性的提法：

《形式逻辑原理》认为，"就概念而言，矛盾律要求一个概念不能既反映某一对象，同时又不反映某一对象……矛盾律还要求同一个概念不能有自相矛盾的内容（内涵）。""就判断来说，矛盾律要求一个判断不能同时既肯定这一事物具有某属性，又否定这一事物具有某属性。"①这里所描述的矛盾律对思维的要求，是从内容方面提出的，因为一个概念反映什么样的对象，一个判断断定事物具有或不具有什么属性，都是概念和判断的内容，而不是它们的形式。至于"要求同一个概念不能有自相矛盾的内容"，则更是直接点明了这一点。

《普通逻辑》（修订本）认为，矛盾律对思维的逻辑要求是："在同一个思维过程中，也就是在同一时间、同一关系下，对于具有矛盾关系和反对关系的判断，不应该承认它们都是真的。"②这里所说的矛盾律对思维的要求，涉及一对互相矛盾或互相反对的思想。现在的问题是，人们如何来确定两个思想是不是互相矛盾或互相反对的呢？是根据思维的逻辑形式，还是根据思维的具体内容？正如我们在前面已经论证的，判断之间的真假关系，有的是由思维的内容和思维的逻辑形式共同决定的，有的完全是由思维的内容决定的，纯粹由思维的逻辑形式决定的真假关系是不存在的。因此，人们总是根据思维的内容，或者结合思维的内容来确定一对判断是不是互相否定的，然后才能确定能否对它们同时加以肯定。即以普通逻辑教材所举的最典型的例子而言：

⑤我的盾任何东西都不能刺穿。（"吾盾之坚，物莫能陷也。"）

⑥我的矛能刺穿任何东西。（"吾矛之利，于物无不陷也。"）

几乎所有的逻辑教材都引用《韩非子》中这个著名的"自相矛盾"的故事，并分析说那个卖兵器的楚人所说的⑤、⑥两句话"前

① 诸葛殷同等：《形式逻辑原理》，人民出版社1982年版，第312—313页。
② 《普通逻辑》编写组：《普通逻辑》（修订本），上海人民出版社1986年版，第120页。

者是对后者的否定，后者是对前者的否定"①。对此我们并没有任何异议。然而人们是根据什么断定⑤、⑥两句互相否定不能同真的呢？试将下面两个句子和⑤、⑥两句进行比较：

⑦他的书法全班任何同学都不能认识。
⑧他的母亲能认识全班任何同学。

单纯从形式上看，⑦、⑧两句的关系同⑤、⑥两句的关系没有区别，但人们凭直观就可判定⑤、⑥两句不可同真，而⑦、⑧两句却并不存在逻辑上的反对关系和矛盾关系。可见，人们不是根据逻辑形式，而是根据具体内容来判定⑤、⑥两句不可同真的。类似的例子我们还可以举出很多，例如：

⑨甲是广东人——甲是南方人。
⑩乙是福建人——乙是北方人。

例⑨中的两个判断和例⑩中的两个判断在逻辑形式上没有任何区别，但是，如果有人同时做出例⑨中的两个判断，并不违反矛盾律的要求，而同时做出例⑩中的两个判断，则明显违反了矛盾律的要求。

由上面的分析可知，矛盾律对思维的要求是从内容上提出的，而不仅仅是从逻辑形式上提出的。

排中律对思维的逻辑要求是："在同一时间、同一关系下，对反映同一对象的两个互相否定的思想，必须承认其中一个是真的，不应该含糊其词，骑墙居中。"②这里所说的互相否定的思想，也指的是内容上互相矛盾的思想，而所谓"含糊其词"，指的当然只能思维的内容，而不是思维的形式。限于篇幅，对排中律的要求，就不再展开讨论了。

最后，我们再从违反矛盾律和排中律的逻辑错误来说明这两条规律是思维内容的规律，而不仅仅是思维逻辑形式的规律。

如果违反矛盾律的逻辑要求，就会犯"自相矛盾"的逻辑错

---

① 《普通逻辑》编写组：《普通逻辑》（修订本），上海人民出版社1986年版，第121页。
② 《普通逻辑》编写组：《普通逻辑》（修订本），上海人民出版社1986年版，第126页。

误。人们思维中存在的许多自相矛盾的现象，并不是思维逻辑形式上有什么矛盾，而是思维内容上的自我否定。下面我们以逻辑教材上经常举的两个例子来说明这一点。

①19世纪德国的拉萨尔派在《哥达纲领》中曾提出："劳动所得应当不折不扣和按平等的权利属于社会一切成员。"马克思在《哥达纲领批判》中一针见血地揭露了他们逻辑上的自相矛盾：如果"属于社会一切成员"（当然包括不劳动者），那么劳动者的"不折不扣的劳动所得"又在哪里？如果劳动者要得到"不折不扣的劳动所得"，那就不可能做到"按照平等的权利属于社会一切成员"。①

②在三十年代中期，正当民族矛盾和阶级矛盾空前尖锐的时候，"上海的教授"们却对青年大讲"文学应当描写永久不变的人性，否则便不久长"，并举例说"英国的莎士比亚和别的一两个人所写的是永久不变的人性，所以作品至今流传，其余的不这样，作品就都消失了"。鲁迅先生在《文学和出汗》这篇杂文中揭露了上述言论中的逻辑矛盾："……乃因为不写永久不变的人性。现在既然知道了这一层，却更不解它们既已消灭，现在的教授何从看见，却居然断定它们所写的都不是永久不变的人性了。"②

在上述二例中，马克思、鲁迅都是从内容方面而不是从形式方面来揭露错误言论中的逻辑矛盾的。事实上，如果仅仅借助于对逻辑形式的考察，而没有对思维内容的深入分析，是无法看出《哥达纲领》关于劳动所得的理论和"上海的教授"们的言论中有什么自相矛盾之处的。假如矛盾律仅仅是思维逻辑形式的规律，它就不能要求人们的思维排除诸如上述例子中思维内容上的逻辑矛盾。

关于违反排中律要求的逻辑错误，各本逻辑教材说法差别较大，有的叫作"模棱两可"，有的叫作"模棱两不可"。但有一点是一致的：排中律是关于思维明确性的规律，违反排中律的逻辑错误

① 中共中央马克思恩格斯列宁斯大林著作编译局编：《马克思恩格斯选集》（第三卷），人民出版社1972年版，第9页。

② 鲁迅：《而已集》，人民文学出版社1980年版，第153页。

是思维不明确的错误，而思维明确与否当然指的是思维的内容，而不是指思维的形式。这也说明排中律是关于思维内容的规律。

三

下面我们来讨论充足理由律。

充足理由律的基本内容是："在思维论证过程中，一个判断被确定为真，总是有充足理由的。"[①]

关于充足理由律是不是普通逻辑（形式逻辑）的基本规律，以及如何正确地表述充足理由律，我国逻辑学界存在着不同的看法，本文对此不作评论。我们仅以《普通逻辑》（修订本）有关充足理由律的表述为准，从充足理由律的逻辑要求和违反它们的逻辑错误来分析一下它是否仅仅是思维逻辑形式的规律。

充足理由律对思维的逻辑要求有两条：第一，理由必须真实。违反它就会犯"虚假理由"的逻辑错误。第二，理由与推断之间要有逻辑联系。违反它就会犯"推不出"的逻辑错误。[②]

"理由必须真实"的要求和"虚假理由"的逻辑错误，纯粹属于思维逻辑内容方面的问题，与思维的逻辑形式无关，这是不言而喻的，无须赘述。

"理由与推断之间要有逻辑联系"的要求和"推不出"的逻辑错误，是否仅仅属于思维逻辑形式方面的问题呢？如果把"理由与推断之间要有逻辑联系"理解为论证过程所使用的推理形式必须合乎推理规则，那么它确实是对思维逻辑形式的要求。但是这样理解充足理由律，未免把它的适用范围限制得过小，因为只有演绎推理才有逻辑规则，非演绎推理并没有逻辑形式方面的规则，而人们在思维论证中不仅经常运用演绎推理，也经常运用归纳推理和类比推理。难道充足理由律关于"理由与推断之间要有逻辑联系"的要求不适用于这些推理以及运用这些推理进行的论证吗？

也许会有人指出，归纳推理和类比推理虽然没有规则，但普通逻辑对它们提出了明确的逻辑要求，这些要求正是"理由与推断之

---

① 《普通逻辑》编写组：《普通逻辑》（修订本），上海人民出版社1986年版，第130页。

② 《普通逻辑》编写组：《普通逻辑》（修订本），上海人民出版社1986年版，第133页。

间要有逻辑联系”的具体体现。那就让我们来分析一下普通逻辑对归纳推理和类比推理的逻辑要求是对思维内容方面的要求，还是对思维逻辑形式方面的要求吧。

普通逻辑对完全归纳推理的逻辑要求是：（1）前提中对于个别对象的断定应都是确实的；（2）被断定的个别对象必须是一类的全部对象。[①]

普通逻辑对不完全归纳推理（简单枚举法）的逻辑要求是：（1）一类中被考察的对象要多；（2）一类中被考察的对象范围要广。[②]

普通逻辑对类比推理的逻辑要求是：（1）前提中确认的相同属性要多；（2）前提中确认的相同属性应该是本质属性。[③]

不难看出，上述对归纳推理和类比推理的要求中，没有一条是对思维逻辑形式的要求，它们都是对前提内容的要求，违反它们所犯的逻辑错误“以偏概全”“轻率概括”“机械类比”等，都属于“推不出”的范畴，而在传统逻辑的谬误分类中，这些错误都被列入“非形式的谬误”。[④]

即使对于演绎推理，“理由与推断之间要有联系”也不能理解为只是对演绎推理逻辑形式方面的要求。因为在论证过程中，人们很少运用形式完整的演绎推理，而大量运用的是省略推理，其形式一般为“因为 A，所以 B”。对这种省略推理，仅仅从逻辑形式上是很难判定它们的前提与结论之间是否有必然的逻辑联系的。例如：

　　①因为我们是为人民服务的，所以我们不怕别人指出我们工作中的缺点和错误。
　　②因为知识分子读了很多书，所以他们思想改造的任务就特别重。

以上两个推理的形式没有任何区别，但人们通常认为①是正确的，而②犯有“推不出”的错误。何以解释这种现象呢？事实上，

①《普通逻辑》编写组：《普通逻辑》（修订本），上海人民出版社1986年版，第205页。
②《普通逻辑》编写组：《普通逻辑》（修订本），上海人民出版社1986年版，第210页。
③《普通逻辑》编写组：《普通逻辑》（修订本），上海人民出版社1986年版，第230页。
④马佩主编：《逻辑学原理》，河南大学出版社1987年版，第322页。

①与②的差别根本不在于逻辑形式是否有效，而在于省略的前提是否真实。两个推理都省略了大前提"如果p，那么q"，它们的推理形式都是"（p→q）∧p├q"，这个推理形式是普遍有效式。例①省略的前提是"如果我们是为人民服务的，就不怕别人指出我们工作中的缺点和错误"，它是被人们普遍承认为真的，因此，人们认为由p能够推出q。②省略的前提是"如果读了很多书，思想改造的任务就特别重"，它是假判断，所以人们才认为由p推不出q。上述例子说明，省略推理"因为p，所以q"中的理由p与推断q之间是否有必然的逻辑联系，主要取决于被省略的前提"如果p，那么q"是否为真。因此，对于省略推理而言，"理由与推断之间要有逻辑联系"的要求以及违反它的逻辑错误"推不出"，主要不是思维的逻辑形式问题，而是思维的内容问题。

我们并不否认充足理由律要求人们在运用演绎推理进行论证时要遵守推理规则，但充足理由律的两条逻辑要求中，一条纯粹是对思维内容的要求，另一条对于非演绎推理来说也是对前提内容的要求，对论证中运用的演绎推理省略式也主要是从思维内容（省略前提的真假）方面提出的要求。因此，充足理由律主要不是思维逻辑形式的规律，而是思维内容的规律。

以上我们分别论证了同一律等四条规律是思维内容的规律（其中充足理由律主要是思维内容的规律）。可能会有人指出，这一结论与"普通逻辑是研究思维的逻辑形式的科学"的定义是相抵牾的。对此，我们有必要作两点说明：第一，普通逻辑是不是仅仅以思维的逻辑形式为唯一的研究对象，它是不是一门纯形式的科学，逻辑学界历来存在着不同的看法（对此问题笔者拟另著文探讨）。第二，讨论逻辑四律的实质，不能仅仅从普通逻辑的定义出发，而应具体分析四条规律是对思维内容的规定还是对思维的逻辑形式的规定，它们对思维的逻辑要求是从思维内容方面提出的还是从思维逻辑形式方面提出的，违反这些要求的逻辑错误是形式谬误还是非形式的谬误。从这三个方面看，四条规律都是关于思维内容的规律。

[原载《漳州师院学报》1995年第1期，人大复印报刊资料《逻辑》1995年第7期全文转载。]

符合同一律的思维是病态思维吗？

——与杨胜坤先生商榷

我国逻辑学界对同一律的实质以及同一律的语言表述有着不尽相同的看法，而对于遵守同一律的要求是正确思维的必要条件、违反它就会犯"偷换概念"或"偷换论题"的错误，则没有什么异议。但是令人惊奇的是，最近有人发表文章提出了完全相反的观点：以"甲是甲"为公式的同一律"是一个怪胎"，"同一律是荒谬的"，"符合同一律的是病态思维"。[①]按照这种观点，遵守同一律的要求不是正确思维的必要条件，相反，违反同一律的要求才是正确思维的必要条件。

由于同一律在形式逻辑体系中占有特殊地位，矛盾律、排中律和充足理由律都是同一律的展开和补充，而四大规律又是整个形式逻辑的理论基石，彻底否定同一律也就是对形式逻辑知识体系的根本否定。因此，我们认为有必要对《批判》一文作一些简单的分析。

一

《批判》一文是在全面批判形式逻辑全同概念理论的基础上进而彻底否定同一律的。该文认为，同一律是"立足在全同概念基础上的"，因此，只要证明"全同概念"理论是"一个大错误"，同一律也就失去了立足的基础。《批判》首先对"全同概念"作了一个完全错误的诠释："形式逻辑指出，全同概念的内涵外延完全等同。在它看来，'《祝福》的作者'与'《呐喊》的作者'这一类概念是等同的。这种概念理论违反了客观事实……形式逻辑的概念理论在这里犯了一个大错误。"（着重号为引者所加，下同）

---

① 杨胜坤：《全同概念批判》，《贵州社会科学》1993年第1期。（以下简称《批判》，对引用该文的文字不再设注。）

对"全同概念"的上述诠释符合形式逻辑的"全同概念"的本来意义吗？为慎重起见，我们查阅了近十余年来出版的三十余种逻辑教材、专著、辞书，没有一种逻辑读物把"全同概念"定义为"内涵外延完全等同"的概念，相反，许多读物特别强调全同概念不是"内涵外延完全等同"的概念。例如中国人民大学《形式逻辑》（修订本）说："全同概念的全同，只是它们的外延全同，而它们的内涵却是不同的。否则它们就是同一个概念。"[①]稍加比较就能看出，《批判》一文着力批判的"全同概念"——内涵外延完全等同的概念，根本不同于形式逻辑概念理论中的全同概念——外延相同而内涵不同的概念。《批判》一文在这里违反了形式逻辑的同一律，"把一个容易批判的罪名强加给形式逻辑而后进行批判"，这种批判就像堂吉诃德对风车的勇猛进攻一样，是完全无效的。

《批判》在错误解释"全同概念"后，断言"全同概念的本质"是"抹杀了众多规定的差异而把众多规定混合在一个规定中"，由此得出的必然结论是：全同概念不但违反了客观实际，而且违反了人们的思维实际。我们认为，全同概念的本质绝不是抹杀事物众多规定的差异，而是事物众多规定的差异在思维中的正确反映。

作为抽象思维基本形式的概念，是事物的特有属性在人们头脑中的反映。所谓事物的特有属性，就是一类事物具有而其他事物不具有的属性，即能把一类事物与其他事物区别开来的属性。同一事物的多种特有属性就是《批判》所说的"具体事物的众多规定"。当人们认识到事物任何一个特有属性时，都可以在头脑中形成一个以此特有属性为内涵的概念。例如，"人"这个类的各种特有属性反映在人们的思维中就会形成"两足直立行走且无羽毛的动物""会说话的动物""会思维的动物""会劳动的动物"等内涵不同而外延相同的概念：这说明如果思维中没有全同概念，思维就不能准确地反映同一事物所具有的多种特有属性。

《批判》以"《祝福》的作者""《呐喊》的作者""许广平的丈夫"为例，说形式逻辑把它们称为全同概念，就是"认为《祝福》的作者等于一个男人，等于一个丈夫，等于《呐喊》的作者"等，

[①] 中国人民大学哲学系逻辑教研室编：《形式逻辑》（修订本），中国人民大学出版社1984年版，第31页。

并由此得出结论："这是抹杀了众多规定的差异而把众多规定混合在一个规定中。"形式逻辑确实将上述三个概念称为全同概念，但仅仅认为它们的外延相同，并不认为它们的内涵也相同。相反，形式逻辑强调全同概念的内涵不同，每一个概念反映同一对象某一方面的特有属性，"《祝福》的作者"反映此人写了《祝福》这篇小说，"《呐喊》的作者"反映此人出版过《呐喊》这本小说集，"许广平的丈夫"则反映此人是男性并且与许广平有婚姻关系……这个例子正好说明形式逻辑的全同概念严格地区分了同一事物众多规定性之间的差异，而不是如《批判》所说的"抹杀"了这种差异。

由此可见，全同概念的本质是同一事物的若干种特有属性在人们思维中的反映。形式逻辑的全同概念理论不但合乎人们的思维实际，也完全合乎概念所反映的对象的客观实际，它是驳不倒的。

二

《批判》全面否定同一律的主要论据之一是黑格尔在《小逻辑》中对同一律的批评：同一律被表述为"甲是甲"，"如果人们说话都遵照这种自命为真理的规律（星球是星球，磁力是磁力，精神是精神），简直应说是笨拙可笑。""没有人按照同一律思维，没有人按照同一律说话。"黑格尔为了建构他的辩证逻辑体系，确实对同一律作过一些尖锐的批评，应该如何看待这种批评呢？

首先，黑格尔的批评是针对当时流行的形而上学观点包括被形而上学歪曲了的同一律而提出的。在黑格尔之前的欧洲，形而上学的世界观和方法论笼罩着整个思想界，"甲是甲"成了形而上学世界观的基本原则，在这种情况下，形式逻辑的同一律遭到形而上学哲学家们的严重歪曲，他们把作为思维领域的形式逻辑规律解释为物质世界的规律，把同一律定义为"一切存在物就是像它存在着的那样"。正如恩格斯所说的："旧形而上学意义下的同一律是旧世界观的基本原则：a=a。每一个事物和它自身同一。一切都是永久不变的，太阳系、星体、有机体都是如此。"[①]

---

① 恩格斯：《自然辩证法》，中共中央马克思恩格斯列宁斯大林著作编译局译，人民出版社1971年版，第193页。

　　由此可见，黑格尔在一百七十多年前所批评的同一律，并非是作为思维基本规律的同一律，而是作为形而上学世界观基本原则的同一律，或者说是被形而上学歪曲了的同一律。一百多年来，逻辑科学已经在唯物辩证法的指导下澄清和纠正了形而上学对同一律的歪曲，还同一律以作为思维规律的本来面貌，我们今天怎么还能以黑格尔对同一律的批评为据来全盘否定同一律的真理性及其对正确思维的规范作用呢？

　　第二，黑格尔对"甲是甲"这个公式的嘲讽不能认为是绝对正确的，其中多少包含了他对这个公式的误解。所谓公式，只不过是人们用来表示事物间关系的一种方式，"公式本身并不能说明任何问题，必须通过对具体事物的分析，才能看出这个公式的意义。所以，（'A是A'）这个公式可以是形式逻辑的公式，也可以是形而上学的公式。"①形而上学用"A是A"来表示每一事物与它自身绝对的同一，永久不变；形式逻辑则用"A是A"来表示在同一思维过程中每一个概念、判断都应该有确定的内容。形而上学解释的"A是A"是谬误，而形式逻辑解释的"A是A"则是真理。但无论是作为形而上学的公式，还是作为形式逻辑的公式，"A是A"都不能理解为纯粹的同语反复。翻遍西方逻辑史和西方哲学史，除了黑格尔本人以外，没有一个逻辑学家、也没有一个哲学家把"A是A"解释为"要求人们的思维和语言停留在'星球是星球、磁力是磁力、精神是精神'这种同语反复的命题之上"。

　　第三，如果我们不是孤立地摘取黑格尔对形式逻辑的某些过激之词，而是全面考察黑格尔对形式逻辑的态度，就会发现黑格尔并没有全盘否定形式逻辑，也没有全盘否定同一律。在《大逻辑》中，他曾指出：形式逻辑的价值在于"按照思维现象现成的样子对它们作自然历史的描述。亚里士多德第一个从事这种描述，这是他的一个无限的功绩，这种功绩使我们对他的天才表示极大的崇敬。"②在《小逻辑》中，他又进一步指出：同一律能使人们的思想具有"坚定性和确定性"，从而对思想能加以"充分确切的把握"而"不以混沌模糊的现象为满足"，如果违反了同一律，人们的思想就

---

　　① 马特：《论逻辑规律》，北京师范大学出版社1984年版，第16页。
　　② 转引自张世英：《论黑格尔的"逻辑学"》，上海人民出版社1959年版，第167页。

会"游移不定"①。实际上，黑格尔在构筑他的辩证逻辑理论大厦时，"没有排斥形式逻辑。他认为具体概念各个环节虽然是可以互相转换的，是不可分离地联系着的，但并不是说各环节彼此之间的界限模糊不清，没有区别。"②而承认具体概念发展过程各个环节之间的界限和区别，就是承认概念内涵外延在一定发展阶段的相对稳定性，这正是同一律的精髓所在。

黑格尔是一位辩证逻辑大师，但他的思维也是遵循着同一律的要求的。例如，在他的逻辑著作中无数次使用的一个基本范畴"具体概念"就始终是在同一的意义下使用的。假如黑格尔在著作中随意地赋予"具体概念"以不同的含义，那么他就不可能建构他的辩证逻辑体系。按照《批判》一文的观点，"符合同一律的思维是病态思维"，那么黑格尔在同一的意义下使用"具体概念'这一范畴（符合同一律），岂不也是一种病态思维？

<h2 style="text-align:center">三</h2>

为了否定同一律，《批判》还举出了下面的具体例子：

> 教师："你听说过周树人吗？"
> 学生："从没听说过。周树人是什么？是一种树还是一种人？"
> 教师："他是中国人，是《祝福》这本书的作者。"
> 学生："周树人是男还是女？"
> 教师："是男人。他是许广平的丈夫。"

《批判》认为："在上例中，学生多次使用了'周树人'这个词。在形式逻辑看来，他的思维和语言没有违反同一律，但事实上已经违反同一律。"作者接着就分析了上例中学生是如何违反同一律的。这里存在着明显的逻辑矛盾。既然承认"在形式逻辑看来"学生"没有违反同一律"，说明作者已经承认学生没有违反形式逻辑的

① 黑格尔：《小逻辑》，贺麟译，商务印书馆1980年版，第174页。
② 张世英：《论黑格尔的逻辑学》，上海人民出版社1981年版，第345—346页。

同一律，但接着又说学生"事实上已经违反了同一律"，那么他到底违反的是什么"同一律"呢？如果违反的是形式逻辑的同一律，则与"在形式逻辑看来没有违反同一律"直接矛盾；如果学生违反的不是形式逻辑的同一律，而是别的同一律（形而上学的或被曲解了的），又怎么能证明"符合同一律（形式逻辑的）的思维是病态思维"呢？

《批判》要求坚持形式逻辑同一律的人"应当证明类似上例学生的思维和语言是怎样符合同一律的"，下面我们就来回答这个问题。

同一律要求概念在思维中保持同一，不是无条件的。形式逻辑的创始人亚里士多德即用他的"三节法"准确地规定了逻辑基本规律的适用范围：对同一对象、在同一时间并在同一关系下，即通常所说的"三同一"。①今天的形式逻辑读本，也无不强调同一律只在"三同一"的条件下起作用。上例中学生两次使用"周树人"这个词，是否合乎"三同一"的条件呢？当他第一次听教师说到"周树人"这个词时，"周树人"仅仅是由三个音节构成的一个符号，他思考的对象是"周树人"这个符号，思考的问题是"这个符号指代的是一种树还是一种人"。当教师回答他"他是中国人，是《祝福》这本书的作者"时，如果学生不是一个白痴而且对老师的介绍不持疑义的话，他对上述问题的思考已经完成。当他第二次提出问题时，他思考的对象已经是周树人这个人，思考的问题是"这个人是男还是女"。由此可见，学生两次提问所思考的对象是不同的，思考的问题也不同，两次提问实际上是两个彼此衔接的思维过程，在前一个思维过程完成以后才开始下一个思维过程，他在两个思维过程中用同一语词"周树人"表示了彼此有一定关联的两个意思，已经超出了"三同一"的范围，因此并不存在违反同一律的问题。

综上所述，《批判》一文的论据不足以彻底否定形式逻辑的同一律。我们认为，同一律作为保证思维确定性的规律是否定不了的。当然，思维在一定条件下的确定性只是思维正确的必要条件之一。因此，同一律对于思维的作用是有限的。片面夸大同一律的作用，把一定条件下的相对真理理解为在任何条件下的绝对真理，否定概

---

① 亚里士多德：《范畴篇 解释篇》，方书春译，生活·读书·新知三联书店1957年版，第17—18页。

念在思维中的发展变化，固然会导致形而上学的病态思维，但否定同一律在一定条件下的真理性，把相对真理说成是绝对谬误，否定概念内涵和外延在一定条件下的确定性，也必然导致相对主义的病态思维。总之，虽然符合同一律的思维未必是健康正确的思维，但健康正确的思维是不能违反同一律的要求的，违反同一律要求的思维必然是病态思维。

［原载《云南师范大学学报》(哲学社会科学版)1994年第4期。人大复印报刊资料《逻辑》1994年第10期全文转载。］

正确理解黑格尔对同一律的批评

十年前，有同志依据黑格尔对同一律的批评，提出了"同一律必须在判断中才有意义"的论点，否定了脱离具体判断的概念也要受同一律的制约①。这一观点受到一些同志的批评。例如彭汶同志曾撰文指出，宋文之所以要坚持认为"A=A"是同语反复，与其不加分析地套用黑格尔对同一律的评价有关。②

时隔十年之后，又有同志提出了一个惊世骇俗的论点："符合同一律的思维是病态思维"！而其主要理论根据也是黑格尔对同一律的批评：同一律被表述为"甲是甲"，"如果人们说话都遵照这种自命为真理的规律（星球是星球，磁力是磁力，精神是精神），简直应说是笨拙可笑。""没有人按照同一律思维，没有人按照同一律说话。"③由于"符合同一律的思维是病态思维"等于说"正确思维必须是违反同一律的"，这与"遵守同一律的要求是正确思维的必要条件"这一已被人们普遍接受的常识直接对立，对其荒谬性似无必要加以更多的分析。而黑格尔对同一律的批评一再被引用作为贬低形式逻辑同一律的作用甚至彻底否定同一律的理论根据，却不能不引起我们的深思。为了从理论上维护形式逻辑同一律的真理性，我们认为有必要对黑格尔对待形式逻辑同一律的态度做一番全面的考察，以澄清某些理论上的误解。

---

① 宋祖良：《同一律作用探讨》，《青海社会科学》1984年第2期。

② 彭汶：《正确理解同一律的基本内容和作用——简评〈同一律作用探讨〉的基本观点》，《青海社会科学》1984年第6期。

③ 杨胜坤：《全同概念批判》，《贵州社会科学》1993年第1期。

一、黑格尔彻底否定的是作为形而上学世界观的同一律，而不是作为思维基本规律的形式逻辑的同一律

作为逻辑思维基本规律之一的同一律，其基本思想是形式逻辑的创始人亚里士多德最早提出来的。在《形而上学》和另外几本逻辑著作中，亚里士多德陈述了非常明晰的同一律的思想：参加辩难的双方，"每一字必须指示可以理知的某物，每一字只能指示一事物，决不能指示许多事物；假如一字混指着若干事物，这就该先说明它所征引的究竟是其中哪一事物。"①这是因为，"不确定一个命意等于没有什么命意，若字无命意，人们也无从相互理解。"②因此，"我们就必须依据一个定义来进行论辩，例如所谓真假就得先确定什么是真，什么是假。"③

从亚里士多德阐述的同一律思想看，同一律只是思维的规律，而不是客观世界的规律。亚里士多德并没有断定事物本身永远不变，也没有说语词或概念的内容永远不变。他没有像黑格尔所嘲讽的那样，用什么"星球是星球，磁力是磁力，精神是精神"之类的"笨拙可笑"的例子，也没有用"A=A"这个公式。由此可见，黑格尔所着力嘲讽的，并不是由亚里士多德提出的形式逻辑的同一律，而是另外一个同一律——作为形而上学世界观的同一律。这一点从黑格尔所处的时代欧洲思想界的状况也可以得到证明。④

在黑格尔之前的两个世纪，形而上学的世界观和方法论笼罩着整个欧洲思想界，"甲是甲"成了形而上学世界观的基本原则，在这种情况下，形式逻辑的同一律遭到形而上学家们的严重歪曲，他们把思维领域的逻辑规律解释为物质世界的规律，把同一律定义为"一切存在物就是像它们存在着的那样"，按本体论的意义来解释"A=A"这个公式。例如，18世纪德国哲学家沃尔弗就这样解释"A=A"这个公式："现存的存在物就是那个存在物自身，或者换句

---

① 亚里士多德：《形而上学》，吴寿彭译，商务印书馆1959年版，第216—217页。
② 亚里士多德：《形而上学》，吴寿彭译，商务印书馆1959年版，第64页。
③ 亚里士多德：《形而上学》，吴寿彭译，商务印书馆1959年版，第81页。
④ 亚里士多德：《形而上学》，吴寿彭译，商务印书馆1959年版，第216—217页。

话说，任何A都是A。"①正如恩格斯所说的那样："旧形而上学意义下的同一律是旧世界观的基本原则：a=a。每一事物和它自身同一。一切都是永久不变的，太阳系、星体、有机体都是如此。"②在这种情况下，作为辩证法大师的黑格尔当然会对这种否定事物发展变化的反辩证法的世界观提出尖锐的批评。

关于黑格尔着力嘲讽的究竟是作为思维规律的形式逻辑的同一律，还是作为形而上学世界观的同一律，本来并不难以分辨，只要把黑格尔嘲讽同一律的那段原文照录（而不是断章取义），就可以清楚地看出来：

> 于是同一律便被表述为"一切东西和它自身同一"；或"甲是甲"。……这种命题并非真正的思维规律，而只是抽象理智的规律。这个命题的形式自身就陷于矛盾……照普遍经验看来，没有意识按照同一律思维或想象，没有人按照同一律说话，没有任何种存在按照同一律存在。如果人们说话都遵照这种自命为真理的规律（星球是星球，磁力是磁力，精神是精神），简直应说是笨拙可笑。③（着重号为引者所加）

上述引文非常清楚地说明，黑格尔着力批判的是"一切东西和它自身同一"的形而上学世界观的同一律，而"并非"作为"真正的思维规律"的形式逻辑的同一律。但是令人遗憾的是，有些否定同一律作用的同志在引用黑格尔这段重要文字时，恰恰把这些最重要的词语抹去了，结果给人一种似是而非的印象：黑格尔曾经对形式逻辑的同一律给予了全盘的否定和无情的嘲讽。

由此可见，黑格尔在一百七十多年前所批评的同一律，并非作为思维基本规律的同一律，而是作为形而上学世界观基本原则的同一律。一个多世纪来，逻辑科学已经在唯物辩证法的指导下澄清和纠正了形而上学对同一律的歪曲，还同一律以作为思维规律的本来面貌，我们

---

① C.沃尔弗：《第一哲学或本体论》（俄文版），莫斯科大学出版社1981年版。

② 恩格斯：《自然辩证法》，中共中央马克思恩格斯列宁斯大林著作编译局译，人民出版社1971年版，第193页。

③ 黑格尔：《小逻辑》，贺麟译，商务印书馆1980年版，第248页。

今天怎么还能以黑格尔对形而上学同一律的批评为根据来全盘否定形式逻辑的同一律的真理性及其对正确思维的规范作用呢？

二、黑格尔对公式"A=A"的嘲讽并不是绝对正确的，其中包含了他对这个公式的误解

如前所述，当亚里士多德提出同一律思想的时候，他并没有使用"A 是 A"这个公式。在逻辑史上，究竟是何人在何时最先用"A 是 A"这个公式来表达同一律，现在已无从查考，但这一公式出现在形而上学世界观盛行于欧洲大陆之前，是没有疑义的，否则就不会出现形而上学家们对这一公式的利用和歪曲。

公式是人们用来表示事物间关系的一种方式。例如，A=X+Y+Z 这个公式，爱因斯坦用它表示"成功=艰苦的工作+正确的方法+少说废话"（此所谓著名的爱因斯坦公式）；经济学家用它表示"国民经济总收入=第一产业收入+第二产业收入+第三产业收入"；小学教师用它表示"会考总成绩=语文成绩+数学成绩+外语成绩"；政治投机家用它表示"政治=吹牛+撒谎+赖账"。爱因斯坦的公式成了著名的格言，经济学家和小学教师的公式是通俗的说明方法，而政治投机家的公式则是彻头彻尾的无赖政治观，是十足的谬误。

由此可见，"公式本身并不能说明任何问题，必须通过对具体事物的分析，才能看出这个公式的意义。所以，（'A 是 A'）这个公式可以是形式逻辑的公式，也可以是形而上学的公式。"[①]形而上学用"A 是 A"表示每一事物与它自身绝对的同一，永久不变；形式逻辑则用"A 是 A"表示在同一思维过程每一个概念、每一个判断都应该有确定的内容。形而上学解释的"A 是 A"是谬误，而形式逻辑解释的"A 是 A"则是真理。但无论是作为思维基本规律的形式逻辑的公式，还是作为形而上学世界观基本原则的公式，"A 是 A"都不能理解为纯粹的同语反复。翻遍西方哲学史和西方逻辑史，除了黑格尔本人以外，没有一个哲学家（包括唯心主义的和形而上学的哲学家），也没有一个逻辑学家把"A 是 A"解释为"要求

---

① 马特：《论逻辑规律》，北京师范大学出版社1984年版，第16页。

人们的思维和语言停留在'星球是星球，磁力是磁力，精神是精神'这种同语反复的命题之上"。

其实，黑格尔在对作为形而上学世界观的同一律进行尖锐批评的时候，并没有满足于对"A=A"这个所谓"同语反复"的公式的嘲笑，而是对这一公式所表示的内容作了极为深刻而全面的分析。例如，在《逻辑学》第二编"本质论"（注意：黑格尔批评同一律的内容放在"本质论"中阐述，而不是放在第三编"概念论——主观逻辑"中讨论，也说明他批评的同一律是作为世界观的同一律，而不是作为思维规律的同一律）第二章"本质性或反思规定"中，他写道："同一性这一本质的规定，在命题里，便是这样说的：一切事物都是与它自身等同的，A=A。"接下来便用许多篇幅对"一切事物都是与它自身等同的"这一命题作了全面的分析批判。而对于"A=A"这一公式本身，则只说了简短的一句话："这个命题的正面说法A=A，不过是同语反复的空话。"①在《小逻辑》中，黑格尔批判的着力点同样在"一切东西和他自身同一"，对于"甲是甲"这一公式，也只有一句嘲讽的话："如果人们说话都遵照这种自命为真理的规律（星球是星球，磁力是磁力，精神是精神），简直应说是笨拙可笑。"②

既然形而上学家们也没有把"A是A"解释为要求人们的思维和语言停留在同语反复的命题之上，黑格尔又为什么对这一公式作了如是的解释并加以无情的嘲讽呢？我们认为，黑格尔在对"一切事物与其自身同一，永远不变"这一形而上学世界观基本原则的荒谬性进行批判的同时，对被用来表示这一荒谬命题的公式"A是A"作一番简短的有违公式本义的嘲讽，并没有什么可奇怪的地方。他不可能在每一个细小的地方都做到准确无误。奇怪的是时至今日，有人竟无视黑格尔对形而上学世界观基本原则的深刻批判，而仅仅引用他对"A是A"这个公式并不准确的嘲讽，作为全盘否定形式逻辑同一律的理论根据。在哲学史和逻辑史上，又有哪一位哲学家或者逻辑学家曾经要求人们的思维和语言停留在"星球是星球，磁力是磁力，精神是精神"这种同语反复的命题之上呢？

---

① 黑格尔：《逻辑学》，杨一之译，商务印书馆1976年版，第27—28、32页。
② 黑格尔：《小逻辑》，贺麟译，商务印书馆1980年版，第248页。

三、黑格尔对形式逻辑及同一律作用曾予充分肯定

黑格尔对待形式逻辑以及作为思维基本规律的形式逻辑的同一律到底持什么态度呢？

诚然，黑格尔在他的著作中曾经多次指出形式逻辑的局限性，但是指出一门科学的局限性并不等于否定这门科学。如果我们不是孤立地摘取黑格尔对形式逻辑的某些过激之词，而是全面考察黑格尔对形式逻辑的态度，就会发现黑格尔并没有全盘否定形式逻辑，也没有全盘否定同一律。在《逻辑学》中，他曾指出：

> （形式逻辑）有按思维现象现有的样子作自然史式的描述那样的价值。首先着手这种描述，乃是亚里士多德一件了不起的功绩，它使我们对这种精神的强力不得不充满着赞叹。但是必须更往前进，一方面要认识系统的关连，但另一方面也要认识形式的价值。①

在《小逻辑》中，他又进一步指出：

> 这门科学的主旨在于认识有限思维的运用过程，只要这门科学所采取的方法能够适合于处理其所设定的题材，这门科学就算是正确的。从事这种形式逻辑的研究，无疑有其用处，可以借此使人头脑清楚，有如一般人所常说，也可以教人练习集中思想……人们可以利用关于有限思维的形式的知识，把它作为研究经验科学的工具，由于经验科学是依照这些形式进行的，所以，在这个意义下，也有人称形式逻辑为工具逻辑。②

由以上陈述以上可以非常清楚地看出，黑格尔在对形式逻辑的适用范围作了必要的限定之后，充分肯定了形式逻辑作为"研究经验科学的工具"的重要作用。他对形式逻辑性质及作用的评价，与

---

① 黑格尔：《逻辑学》，杨一之译，商务印书馆1976年版，第261页。
② 黑格尔：《小逻辑》，贺麟译，商务印书馆1980年版，第73页。

今天的形式逻辑教材几乎没有什么实质性的差别。

关于作为思维基本规律的形式逻辑同一律的作用，黑格尔也有许多间接的或直接的论述。在《逻辑学》第三编"概念论"中，黑格尔指出：

> 概念是纯概念或普遍性的规定。但纯粹的或普遍的概念也只是一个被规定的或特殊的概念，它自己与其他概念并列。因为概念是总体，即在其一般性或纯粹的自身同一关系中，本质上是进行规定和区别，所以它自身中就具有标准，由标准而具有自身同一的形式……概念就是作为这种特殊的或被规定的概念，即被建立为与其他概念相区别的概念。①

这一段关于概念本质的论述虽然没有直接说到同一律，但其中关于"规定和区别"以及"自身同一关系""自身同一的形式"的描述，恰恰是形式逻辑同一律作用的具体表现。

如果说上述这段话关于形式逻辑同一律的作用的描述还是间接的，那么下面这段话中，黑格尔对形式逻辑同一律的作用则作了直截了当的阐述：

> 就认识方面来说，认识起始于理解当前的对象而得到其特定的区别。例如在自然研究里，我们必须区别质料、力量、类别等，将每一类孤立起来，而固定其特性。在这里，思维是作为分析的理智而进行，而知性的定律是同一律，单纯的自身联系。也就是通过这种同一律，认识的过程首先才能够由一个范畴推进到别一个范畴。譬如，在数学里，量就是排除了它的别的特性而加以突出的范畴。所以，在几何学里，我们把一个图形与另一个图形加以比较，借以突出其同一性。同样，在别的认识范围里，例如在法学里，也是主要地依据同一律而进行研究。在法学里，我们由一条特殊的法理推到另一条特殊的法理，这种推论，也是依据同一律而进行的。②

---

① 黑格尔：《逻辑学》，杨一之译，商务印书馆1976年版，第266—267页。
② 黑格尔：《小逻辑》，贺麟译，商务印书馆1980年版，第173页。

在这段精辟的论述中，黑格尔对同一律在"理智的抽象思维"的作用作了充分的肯定。这与前面所引的黑格尔对作为形而上学世界观基本原则的同一律的尖锐批判形成了鲜明的对照。尽管黑格尔认为理智的抽象思维还属于思维的初级阶段，要真正把握事物的本质，还需要将思维上升到"理性的具体思维"，但他并不否定理智思维在认识中的重要意义。"无论如何，我们必须首先承认理智思维的权利和优点，大概讲来，无论在理论的或实践的范围内，没有理智，便不会有坚定性和规定性。"①黑格尔不但在理论上充分肯定了形式逻辑和同一律在思维中的的作用，而且在建构他的辩证逻辑理论大厦的思维实践中，也"并没有排斥形式逻辑，他认为具体概念各个环节虽然是可以互相转化的，是不可分离地联系着的，但并不是说各环节彼此之间的界限模糊不清，没有区别。"②而承认具体概念发展过程各个环节之间的界限和区别，就是承认概念的内涵和外延在一定发展阶段的相对稳定性，这正是同一律的精髓所在。

作为辩证逻辑大师，黑格尔的思维也是自觉地遵循着形式逻辑同一律的要求的。例如，在他的逻辑著作中被无数次使用的一个基本范畴"具体概念"就始终是在同一的意义下使用的。假如黑格尔在著作中随意地赋予"具体概念"以不同的含义，那么他就不可能建构他的辩证逻辑体系。

长期以来，由于黑格尔对公式"A是A"的嘲讽被反复引用作为贬低、否定形式逻辑同一律的根据，使一些人误以为黑格尔对形式逻辑的同一律持彻底否定的态度。这种误解是到了认真澄清的时候了。因为，黑格尔所否定的仅仅是"一切东西和它自身同一"的形而上学世界观的同一律，他嘲讽的也是作为世界观的同一律的公式"A是A"，而对于作为"理智的抽象思维"的规律的形式逻辑的同一律，则给予充分而鲜明的肯定。

[原载《安徽师范大学学报》(人文社会科学版)1999年第3期。]

---

① 黑格尔：《小逻辑》，贺麟译，商务印书馆1980年版，第173页。
② 张世英：《论黑格尔的逻辑学》，上海人民出版社1981年版，第345—346页。

关于选言推理逻辑规则的语言表述

选言推理是普通逻辑思维中大量运用的一种推理形式，各种逻辑教材都有对这种推理形式的介绍，但是关于选言推理必须遵守的逻辑规则的语言表述却很不相同，而且都有不够严密之处。下面我们对其中有代表性的几种表述方法的局限性作一些简单的分析，并试图对选言推理的逻辑规则作出严密的语言表述。

一、不相容的选言推理的规则

关于不相容的选言推理的规则，主要有以下几种表述方法：

第一种：

规则1：承认一个支命题，就要否认另一个支命题。

规则2：否认一个支命题，就要承认另一个支命题。[①]

这两条规则对于选言前提只包含两个支判断的不相容的选言推理来说，是严密的也是足够的，因为这种推理只有两个有效式：

① $(p \veebar q) \wedge p \to \neg q$

② $(p \veebar q) \wedge \neg p \to q$

上述两条规则就是对这两个有效式的说明。它们的局限性在于：只适用于以两支选言判断为前提的不相容的选言推理，当选言前提有三个或更多的选言支时，上述推理规则就显得不够用了。例如，下列推理形式都是有效的，而且也是人们日常思维中经常运用的，但它们的有效性却不能从上述两条规则得到说明。

③ $(p \veebar q \veebar r) \wedge p \to \neg q \wedge \neg r$

④ $(p \veebar q \veebar r \veebar s) \wedge p \to \neg q \wedge \neg r \wedge \neg s$

---

① 见以下两个版本：A.诸葛殷同等：《形式逻辑原理》，人民出版社1982年版，第143页；B.彭漪涟等：《形式逻辑》，华东师范大学出版社1985年版，第149页。

⑤ $(p\veebar q\veebar r)\wedge(\neg p\wedge\neg q)\rightarrow r$

⑥ $(p\veebar q\veebar r\veebar s)\wedge(\neg p\wedge\neg q\wedge\neg r)\rightarrow s$

第二种：

规则1：肯定一个选言支，就要否定其他选言支。

规则2：否定除一个以外的其他选言支，就要肯定那个未被否定的选言支。[①]

这种表述法突破了第一种表述法的局限，由这两条规则，可以说明③～⑥的有效性，但它们却不能回答以下两个问题：（1）当我们不能确切地肯定某一个选言支而又已知部分选言支中必有一真时，能否推出关于另一部分选言支真假的结论？若能推出，结论是什么？（2）当我们否定掉一个或一部分选言支，而剩下的又不止一个选言支时，能否推出关于剩下的部分选言支的结论？若能推出，结论又是什么？

用真值表的方法不难验证下列蕴涵式都是重言式，而上述两条规则却无法说明它们所表示的推理形式的有效性。

⑦ $(p\veebar q\veebar r)\wedge(p\veebar q)\rightarrow\neg r$

⑧ $(p\veebar q\veebar r\veebar s)\wedge(p\veebar q)\rightarrow\neg r\wedge\neg s$

⑨ $(p\veebar q\veebar r\veebar s)\wedge(p\veebar q\veebar r)\rightarrow\neg s$

⑩ $(p\veebar q\veebar r)\wedge\neg p\rightarrow q\veebar r$

⑪ $(p\veebar q\veebar r\veebar s)\wedge\neg p\rightarrow q\veebar r\veebar s$

⑫ $(p\veebar q\veebar r\veebar s)\wedge(\neg p\wedge\neg q)\rightarrow r\veebar s$

在思维实践中，人们有时不能确切地断定哪个支判断为真，却可以确定部分选言支中必有一真，在这种情况下，就可以推断其余的选言支为假。有时人们虽然不能否定掉一个以外的全部选言支，却能否定其中的一支或若干支，这时就可以推断其余的选言支中有而且只有一支为真。有效式⑦～⑫正是这类推理的形式概括。由于它们能使人们的认识在原有的基础上前进一步，因而在普通思维中经常被用到。例如，已知1号案件的作案人是A、B、C、D中的一个，经初步调查，可确定作案人是A、B、C中的一个，就可以推知

---

① 见以下三个版本：A.中国人民大学逻辑学教研室：《形式逻辑》，中国人民大学出版社1984年版，第211—212页；B.崔清田主编：《形式逻辑》，中央广播电视大学出版社1988年版，第171页；C.朱志凯：《形式逻辑基础》，复旦大学出版社1983年版，第179页。

D不会是作案人。这里运用的是推理形式⑨。再如，已知2号案件的作案人是甲、乙、丙、丁中的一个，经初步调查，又可确定甲、乙二人不可能作案，就能推知作案人是丙、丁二人中的一个。这里运用的是推理形式⑫。

第三种：

规则1：肯定一部分选言支，就要否定另一部分选言支。

规则2：否定一部分选言支，就要肯定另一部分选言支。①

这两条规则力图回答第二种表述法所不能回答的两个问题，但它的语言表述很不严密。规则中所说的"肯定一部分选言支"。"否定一部分选言支"，究竟指的是同时加以肯定或否定呢，还是有选择地加以肯定或否定呢？按照通常理解，不加任何限制地说"肯定"（或"否定"），应该指的是同时肯定（或否定），即断定同时为真（或为假）。如果这样理解不错的话，那么，一方面有效式⑦~⑫仍未得到说明，因为⑦、⑧、⑨的前提中并没有"同时肯定"一部分选言支，而⑩、⑪、⑫的结论也没有"同时肯定"另一部分选言支；另一方面，根据规则2又可导出下列推理形式：

[1] $(p\lor q\lor r)\land\neg p\to q\land r$

[2] $(p\lor q\lor r\lor s)\land\neg p\to q\land r\land s$

[3] $(p\lor q\lor r\lor s)\land(\neg p\land\neg q)\to r\land s$

上述三式完全符合规则2，前提否定一部分选言支而结论肯定另一部分选言支，但它们却不是永真的蕴涵式，当它们的前件（前提）为真时，后件（结论）都不可能为真。

如果我们不按通常意义来理解，而把"肯定一部分"（或"否定一部分"）解释为"有选择地加以肯定（或否定）"即断定"其中有且只有一真（或假）"，情况又怎么样呢？那样，一方面有效式③、④、⑤、⑥、⑧、⑫就失去了依据，因为③、④、⑧的结论并不是断定一部分选言支中"有且只有一真"，而⑤、⑥、⑫的前提中也并不是断定一部分选言支"有且只有一假"；另一方面，根据规则又可导出下列推理形式：

[4] $(p\lor q\lor r)\land p\to\neg q\lor\neg r$

① 见以下两个版本：A.《普通逻辑》编写组：《普通逻辑》（修订本），上海人民出版社1986年版，第176页；B.《逻辑学辞典》编委会：《逻辑学小辞典》，吉林人民出版社1983年版，第33页。

[5]（p∨̇q∨̇r∨̇s））∧p→¬q∨̇¬r∨̇¬s

[6]（p∨̇q∨̇r∨̇s）∧（p∨̇q）→¬r∨̇¬s

[7]（p∨̇q∨̇r）∧（¬p∨̇¬q）→r

[8]（p∨̇q∨̇r∨̇s）∧（¬p∨̇¬q）→r∨̇s

上述五式符合规则1、2，但它们也不是永真的蕴涵式，当它们的前件（前提）为真时，后件（结论）也都不可能为真。

由此可见，不管对"肯定一部分""否定一部分"作何种解释，只要这种解释在两条规则中保持同一（这是同一律所要求的），这两条规则都存在着明显的不足之处。

事实上，在不相容的选言推理的肯定否定式中，前提总是有选择地肯定（即断定有且只有一真）一部分选言支，而结论总是同时否定（即断定同时为假）另一部分选言支；而在否定肯定式中，前提总是同时否定（即断定同时为假）一部分选言支，而结论则总是有选择地肯定（即断定有且只有一真）另一部分选言支。因此，笼而统之地在规则中说"肯定一部分""否定一部分"，就无法准确地说明这些推理形式的有效性。这正是第三种表述法的局限所在。

第四种：

规则1：选言支穷尽。

规则2：选言支互相排斥。①

选言支的穷尽与否是与选言前提的真假有关的问题，因而属于推理的内容方面的问题。它可以作为一般要求或注意问题在普通逻辑中提出，但把它作为推理的逻辑规则是不恰当的，因为它不能解决推理形式的正误问题。至于规则2，则纯属多余，因为既然是不相容的选言推理，选言前提的选言支当然是互相排斥的；选言前提的选言支不排斥，就不是不相容的选言推理，也就无所谓违反还是符合这种推理的规则了。

那么究竟怎样用自然语言准确、严密地表述不相容的选言推理的逻辑规则呢？在回答这个问题之前，让我们首先讨论一下在普通逻辑中推理规则的作用。我们认为，普通逻辑的推理规则的作用，就在于它是检验推理形式是否正确的准则。因此，它必须满足以下

---

① 见以下两个版本：A.苏天辅：《形式逻辑》，中央广播电视大学出版社1983年版，第307页；B.杜岫石：《形式逻辑教程》（修订本），吉林人民出版社1984年版，第132页。

两点要求：第一，由某种推理的逻辑规则，应能说明（或导出）该种推理的一切有效式，特别是普通思维中常用的有效式；第二，由规则应能排除该种推理的一切无效式，特别是普通思维中运用该种推理时常犯的形式错误。

根据这两点要求，我们认为不相容的选言推理的逻辑规则应该表述为：

规则1：已知一部分选言支中有且只有一支为真，就能推断另一部分选言支为假。

规则2：已知一部分选言支为假，就能推断另一部分选言支中有且只有一支为真。

这两条规则可以说明（或导出）有效式①～⑫也可以排除无效式[1]～[8]。

二、相容的选言推理的规则

相容的选言推理的规则主要有以下两种表述法：

第一种：

规则1：否认一个支命题，就要承认另一个支命题。

规则2：承认一个支命题，不能进而否认另一个支命题。①

这两条规则不能解决以含有三个或三个以上支判断的选言判断为前提的选言推理的形式正误问题，因而是不够的。

第二种：

规则1：否定一部分选言支，就要肯定另一部分选言支。

规则2：肯定一部分选言支，不能否定另一部分选言支。②

规则1能说明下列推理形式的有效性：

① （p∨q）∧¬p→q

② （p∨q∨r）∧（¬p∧¬q）→r

---

① 见以下两个版本：A.诸葛殷同等：《形式逻辑原理》，人民出版社1982年版，第141—142页；B.朱志凯：《形式逻辑基础》，复旦大学出版社1983年版，第181页。

② 见以下三个版本：A.中国人民大学哲学系逻辑教研室编：《形式逻辑》（修订本），中国人民大学出版社1980年版，第213页；B.崔清田主编：《形式逻辑》，中央广播电视大学出版社1989年版，第169页；C.《逻辑学辞典》编委会：《逻辑学小辞典》，吉林人民出版社1983年版，第256页。

③（p∨q∨r∨s）∧（¬p∧¬q∧¬r）→s

但是，由于规则1未对"肯定一部分"作具体限制，无法根据它来确定能推出什么样的结论，所以它不能准确地说明下列推理形式的有效性：

④（p∨q∨r）∧¬p→q∨r

⑤（p∨q∨r∨s）∧¬p→q∨r∨s

⑥（p∨q∨r∨s）∧（¬p∧¬q）→r∨s

下面几个推理形式都符合规则1"否定一部分选言支，就要肯定另一部分选言支"的规定。但是用真值表的方法却很容易判定它们都是无效的：

[1]（p∨q∨r）∧¬p→q∧r

[2]（p∨q∨r∨s）∧¬p→q∧r∧s

[3]（p∨q∨r∨s）∧（¬p∧¬q）→r∧s

由以上分析可见，规则1是不充分的，也是不严密的。至于规则2，它虽然能排除一些前提"肯定一部分选言支"、结论"否定另一部分选言支"的无效式，但却不能排除诸如下列无效的推理形式：

[4]（p∨q∨r）∧p→¬q∨¬r

[5]（p∨q∨r）∧（p∨q）→¬r

[6]（p∨q∨r）∧（p∨q）→¬r∨¬s

[5]、[6]的前提不是"肯定一部分选言支"，而只是肯定部分选言支中至少有一为真，[4]、[6]的结论也不是"否定另一部分选言支"，而只是断定另一部分选言支中至少有一为假。因此，它们的无效性不能从规则2得到直接说明。

根据相容的选言判断的逻辑性质和推理规则应能说明一切有效式，并排除一切形式错误的要求，相容的选言推理的逻辑规则应该表述为：

规则1：已知一部分选言支为假，就能推断另一部分选言支中至少有一支为真。

规则2：已知一部分选言支为真或至少有一支为真，不能推断另一部分选言支为假或至少有一支为假。

［原载《逻辑与语言学习》1987年第6期。］

试论高等学校非哲学专业的逻辑教学
——第二届海峡两岸逻辑教学学术会议交流论文

在中国逻辑学会第六次代表大会暨学术讨论会（2000，重庆）上，针对当时逻辑学界正在激烈争论的"高校逻辑教学是否要用现代逻辑取代普通逻辑"的问题，笔者提交了一篇题为《论高校逻辑教学的几个层次》的论文，明确提出高等院校的逻辑教学应该用层次理论加以分析：（1）必须区分逻辑学研究和逻辑学教学；（2）必须区分理科的逻辑教学和文科的逻辑教学；（3）必须区分哲学专业的逻辑教学和文科公共课的逻辑教学；（4）必须区分本科的逻辑教学和专科的逻辑教学；（5）必须区分全日制高校的逻辑教学和自学考试、继续教育的逻辑教学。[①]

六年过去了，"取代"与"吸收"的争论已经平息，我国大陆高校逻辑教学的现状如何呢？有学者在总结2005年大陆逻辑教学情况时描述道："总起来看，逻辑学界的整体状况不尽如人意，其教学与研究的队伍偏小……逻辑教学规模在各大学不断萎缩。"[②]我们认为，没有对高校逻辑教学进行层次分析，没有针对不同专业、不同层次的对象确定不同的教学内容和采取不同的教学方法，是逻辑教学"不尽如人意"的一个重要原因。下面就高校非哲学专业的逻辑教学陈述一些意见。

一、怎样看待"逻辑教学规模在各大学 不断萎缩"的现象

我国大陆逻辑教学在20世纪80年代一度相当繁荣，当时不但全

---

① 中国逻辑学会编委会：《中国逻辑学会第六次代表大会暨学术讨论会（2000年）论文摘要汇编》（未正式出版），第61—62页。

② 陈波：《逻辑学的2005年》，《光明日报》2006年1月24日。

日制本科、专科院校开设逻辑课的专业很多，而且高等教育自学考试考生人数最多的中文、管理、法律等专业都把普通逻辑作为必考课，电大、夜大、职大、函大也普遍开设普通逻辑课。那时还有《逻辑与语言学习》和《大众逻辑》两家逻辑学杂志，它们在普及逻辑知识、推动逻辑学教学方面作出了相当大的贡献。

到了20世纪90年代，虽然逻辑学理论研究不断取得可喜成果，但是逻辑学教学却逐渐走入低谷。有人将逻辑教学不景气的原因归结为传统逻辑的陈旧，因而主张以现代数理逻辑取代以传统逻辑为主要内容的普通逻辑。90年代后期开始，各种以数理逻辑为主的逻辑教材纷纷面世，有几本还被列入国家级规划教材，得到教育部的大力推广，但是并没有扭转逻辑教学不景气的局面。为什么数理逻辑为主的现代逻辑难以普及呢？有人又把原因归结为数理逻辑太难，文科学生难以学懂。这种说法也值得怀疑，因为数理逻辑的基本内容"两个演算"和集合论，在理科的一本薄薄的《离散数学》教材中只占五分之二篇幅，而《离散数学》并不是难学的课程，这样的内容普通本科院校的文科生学起来并没有多大难度，关键还是在于对他们是否实用。

其实，大陆各高校逻辑学硕士点、博士点近十几年来增加了不少，招生规模也成倍扩大；也没有哪一所大学的哲学系取消了逻辑学的必修课地位。所以，所谓"逻辑教学规模在各大学不断萎缩"，指的是非哲学专业的教学。20世纪80年代的繁荣和90年代中期开始的萎缩，指的也都是非哲学专业的逻辑学教学。明确了这一点，问题也就便于讨论了。

二、"逻辑教学规模在各大学不断萎缩"的原因分析

非哲学专业逻辑教学不断萎缩有种种复杂的原因，外部原因我们无法改变，故只能从逻辑学界本身进行反思。笔者认为，出现这种现象的一个重要原因是：教学内容脱离实际，忽视了逻辑学在普通思维、语言表达和一般学术研究中的实际应用。具体表现在以下三个方面：

第一，一味强调逻辑教学"数理逻辑化"，有些学校在非哲学专业逻辑教学中忽略了以传统逻辑为主要内容的普通逻辑，而代之以数理逻辑为主要内容的现代逻辑。

"对于一般大学生来说，他们学逻辑的目的是要有助于他们的日常思维。但符号化的数理逻辑与人们的日常思维的关系不那么直接、明显，并且又比较难学。"所以，这种逻辑课一旦被列为选修课，选修者就不会很多，教学规模萎缩乃在所难免。另一方面，掌握教学计划制订的部门，看不出数理逻辑对提高非哲学专业学生的综合素质有什么明显的作用，所以也倾向于把逻辑学从必修课改为选修课，甚至干脆取消。有人用"没用处，很难学"来概括以数理逻辑为主的逻辑课的特点，未免偏颇，但对于非哲学专业文科学生来说，对数理逻辑形成"没用处，很难学"的印象也是情理之中的事。试想，如果学生有选课的自由，他们会选择一门"没用处，很难学"的课程吗？如果没有什么强制的规定，教学计划制订者会将一门"没用处，很难学"的课程列入必修课的目录吗？恐怕连选修课的地位也难以保住。

第二，普通逻辑本身的符号化倾向，增加了逻辑学的难度。

笔者并不反对"没有符号就不成为逻辑"的观点，但是对于主要完成"教导作用"和部分实现"研究工具"意义（见后文第三部分的引文）的非哲学专业的普通逻辑课程来说，过分的符号化对于实现上述作用并无好处，只会增加学习逻辑学的难度，不利于逻辑学的普及。下面举两个例子。

第一个例子：《普通逻辑》（吴家国等编，上海人民出版社1993年版）在20世纪80年代曾有惊人的发行量，1986年第7次印刷印数为20万册，而1996年第12次印刷印数仅为1万册。印刷量相差达20倍，其中原因也许不止一个，但是比较这两次印刷的版本特点也许会得到一点启示。前一次印的是1986年修订本，其内容基本上是传统逻辑的框架，符号化程度不高，一般读者能看懂，比较适合用作非哲学专业逻辑课教材；后一次印的是1993年增订本，增加了"命题自然推理"和"谓词自然推理"等数理逻辑的内容，全书的符号化程度明显提高了，但是却使相当多的读者读不懂了，不再适合用作非哲学专业逻辑学课程教材了。

　　第二个例子：高等教育自学考试的逻辑学"考试大纲"和指定教材《普通逻辑原理》（吴家国主编，高等教育出版社出版）难度并不大，但是"普通逻辑"试卷却相当难。自从1989年开始实行全国统一命题后，"普通逻辑"就成为自学考试通过率最低的课程之一。1993年4月在上海召开的《普通逻辑》全国统考命题工作会议上，"大多数与会者认为，历年统考试卷虽然难度逐年有所下降，但从总体上说还是偏难。广东代表认为，统考试卷太难，不适合作为自学统考试卷，广东省……1992年上半年的统考结果为：汉语专业及格率为5%，新闻专业及格率0.8%，法律专业及格率7.9%。用这同一张试卷测量全日制高校中山大学的两个班40名学生，其测试结果为：90分以上1人，80~89分4人，70~79分1人，60~69分4人……"其他省代表也有基本相同的反映。[①]笔者多次担任全省自考《普通逻辑》试卷的阅卷组组长，对自考逻辑学试卷比较熟悉。严格说来，试题中并没有超纲的内容，其难度主要体现在选择题中抽象的公式和符号太多，分析题出现不少人为设计的偏题。普通逻辑自学考试通过率太低，导致许多考生其他课程都已经通过而唯独逻辑学屡次考试过不了关，90年代初甚至在北方某大城市引发了有损稳定大局的群体性事件——因逻辑学难以通过而不能取得自考文凭的考生举行"要求取消自考中的逻辑学课程"的集体请愿。仅仅是因为逻辑学自考太难，不但影响了自考事业发展，而且影响到社会稳定。自学考试逻辑学从原来的必修课程改成选修课程，就是在这样的背景下发生的。普通逻辑自考试题符号化程度过高（实际上就是有些人当作优点来评价的"逻辑味浓"），乃是造成这一不良后果的直接原因。

　　第三，逻辑学界对应用逻辑和逻辑应用的研究重视不够，致使逻辑学教学出现了脱离实际的倾向。

　　早在1996年，当时的中国逻辑学会副会长吴家国教授就撰文指出："逻辑理论与逻辑应用成为逻辑学发展的两条腿，二者是缺一不可的，离开了逻辑的应用，逻辑理论的发展就会受到限制或损害。"[②]但是逻辑应用研究一直没有引起足够的重视，大学课堂和教

---

① 彭漪涟：《普通逻辑自学考试的命题》，《逻辑与语言学习》1993年第5期。

② 吴家国：《提倡和加强逻辑应用研究》，《社会科学战线》1996年第4期。

材中的逻辑似乎越来越远离人们的社会生活。"在当今的社会生活中，逻辑缺失和混乱现象十分严重……几乎时时处处都能看到概念不明确，判断不准确，推理不正确，论理不透彻，论证不科学，自相矛盾，前后冲突，甚至整个思维过程混乱不堪，让人不知所云的现象存在。这些逻辑问题妨碍着人们正常的社会生活，有时甚至造成十分严重的后果。"[①]在这种情况下，在全社会尤其是青年学生中普及逻辑知识显得尤为必要，高校逻辑学教学本来应该大有用武之地，但是事实情况却不尽如人意。

任何一本逻辑教材在绪论部分都强调逻辑学是一门工具性科学，但是这种工具作用不是靠理论推导就能让人们承认的，它需要真实而典型的事实材料的支撑。但是由于多年来忽视对普通思维、自然语言和学术活动中逻辑应用的研究，许多逻辑学教材中却缺少这方面鲜活的材料。

应用逻辑和逻辑应用的研究不受重视，与我国大陆现行的学术评价体制有关。由于这方面文章实用性强而理论深度相对不够，难登"大雅之堂"，正规的学术期刊一般不予采用，而原本较多刊登这方面文章的《大众逻辑》《逻辑与语言学习》两家杂志又因种种原因早已停刊和改刊。

可喜的是中国逻辑学会与《光明日报》、中国逻辑与语言函授大学等七家单位共同主办的"全国报刊逻辑语言病例有奖征集活动"2006年5月已正式启动，这项活动明显属于"逻辑应用研究"的范畴，而这里的"逻辑"显然不是指数理逻辑而是指普通逻辑。希望这项活动圆满成功，为我国大陆逻辑应用研究注入一股动力，也为普通逻辑学的教学提供鲜活的例证。

三、非哲学专业逻辑学课程的教学内容应以普通逻辑（传统逻辑）为主

在我国大陆，非哲学专业逻辑学课一般只有30多个课时，最多50个课时。在这有限的课时内，教学内容的确定显得至关重要。确

---

① 刘培育：《逻辑与生活》，《哲学研究》2005年增刊。

定教学内容的依据是开设这门课的目的，那么为非哲学专业学生开设逻辑课的目的何在呢？换个角度看，学习逻辑学对于他们有什么实际意义呢？

宋文坚先生主编的《逻辑学》列举逻辑五个方面的作用和意义：1.教导作用；2.研究工具；3.理论基础；4.理论意义；5.个人文化素养的重要组成部分。"在以上五个方面的意义中……第一个方面（教导作用）说的是逻辑直接服务于个人的日常思维。这是逻辑最古老、最基本、也是永恒的一个主题。"关于教导作用，该书是这样陈述的："逻辑是关于思维规律的科学，它提供和揭示思维所需要的正确的思维形式、规则和方法。逻辑学在古希腊时期……首先发展起来的是围绕提高个人思维和论辩能力的一些内容，例如，如何明确概念，准确判断，正确推理，严格论证以及防止和识别逻辑错误等方面的一些方法和知识。在今天看来，尽管这里有些内容已不再是逻辑学研究的主要方向，但是作为逻辑方法，对于保证我们每个人日常思维的正确进行，它们仍然有重要的作用。学习逻辑有助于明确和准确表达自身的思想，有助于正确推理、严格论证，防止和识别逻辑错误等，简言之，学习逻辑有助于提高思维能力，这些就是逻辑的教导作用。"①

显然，"明确概念，准确判断，正确推理，严格论证以及防止和识别逻辑错误"等"最基本"的"永恒"的作用，主要是通过传统逻辑（今天来说就是普通逻辑）来实现的。如果不学普通逻辑，仅靠现代数理逻辑知识难以实现上述最基本的作用。例如，在宋文坚主编的基本上是讲述现代逻辑的《逻辑学》中，对规范思维最有价值的同一律、矛盾律、排中律连名称都没有提到，它能够取代普通逻辑吗？有的以数理逻辑为主的教材将这三条规律放到"论辩"一章作为"论辩的逻辑原则"作简单介绍，难道"偷换概念""转移论题""自相矛盾"等最典型的逻辑错误，只有在论辩中才会出现？

对于非哲学专业的逻辑课程来说，30多课时的教学只能实现第一方面的意义（教导作用），或部分实现第二方面的意义（研究工具），而这些意义主要是通过普通逻辑的教学来实现的（《逻辑学》

---

① 宋文坚主编：《逻辑学》，人民出版社1998年版，第27—30页。

认为第二、第三方面意义主要由现代数理逻辑来实现，但是实际上除哲学、数学、计算机科学、人工智能、现代语言学等少数学科外，在其他领域尤其是人文社会科学的研究中，起"研究工具"作用的逻辑主要还是普通逻辑）。不讲（或略讲）同一律、矛盾律、排中律的逻辑学教材，很难实现逻辑学的上述"教导作用"，因而对于非哲学专业的逻辑学教学来说是不适用的；在非哲学专业的逻辑教学中"用现代数理逻辑取代以传统逻辑为主要内容的普通逻辑"的做法，是行不通的。

关于非哲学专业逻辑教学不应以数理逻辑为主，还可以从美国20世纪后半期大学逻辑教学情况得到启示。1989年，北京大学出版社出版一本由美国学者R．J．克雷切著、宋文淦等翻译的供美国大学生使用的逻辑教材《大学生逻辑学》，南开大学的崔清田先生认为，"这本《大学生逻辑学》……的基本内容是普通逻辑，符号逻辑只以少量篇幅给以介绍。"[1]北京大学陈波教授2002年在美国做访问学者期间对美国逻辑教学情况进行了考察，也得出以下结论："在19世纪以前，在逻辑学的研究特别是教学中，一直延续着这种（亚里士多德开创的）大逻辑传统。在19世纪末20世纪上半叶，随着数理逻辑的创立，这种大逻辑传统逐渐被边缘化，逻辑课堂上占主导地位的是形式化的数理逻辑。但是，这种教学方式也显露出一些严重的缺陷，因为对于一般大学生来说，他们学逻辑的目的是要有助于他们的日常思维。但符号化的数理逻辑与人们的日常思维的关系不那么直接、明显，并且又比较难学。于是，学生和教师们都感到有必要对逻辑教学进行改革，甚至提出了这样的口号：逻辑教学应该'与人们的日常生活相关，与人们的日常思维相关'……美国哲学学会制定的哲学教育大纲指出：主修哲学的学生可以学两种逻辑课程，一是符号逻辑（即数理逻辑），另一是批判性思维。如果一名学生主修哲学但以后并不打算以哲学为职业，则选修'批判性思维'足矣。"[2]可见以数理逻辑为主要内容的逻辑学教学近几十年来在美国已经成为"教学改革"的对象。既然在美国连"主修哲学的学生"都可以不学符号逻辑（即数理逻辑），我们为什么要在非哲学

① 崔清田：《关于普通逻辑发展方向的思考》，《逻辑与语言学习》1991年第2期。
② 陈波：《逻辑学导论》，中国人民大学出版社2003年版，第273—274页。

专业逻辑教学中用数理逻辑来取代普通逻辑呢？

四、安徽师范大学公共选修课逻辑学教学情况介绍

在"逻辑教学规模在各大学不断萎缩"的大背景下，安徽师范大学却出现了选修逻辑学的本科生空前增多的现象。安徽师范大学是一所以师范教育为主的综合性大学，2004年下半年全面推行学分制后，除少数专业继续保留逻辑必修课外，"逻辑学基础"被列为全校各专业的公共素质选修课，占2个学分（34个学时），且全部在晚上开课。经过两年四轮的教学，逻辑学已经成为最受学生欢迎的课程之一，2006年选修逻辑学的学生达到2 600人，占全校每届本科生总数的五分之三左右。

刘培育先生指出（2005）："我们要进一步搞好大学里的逻辑教学。让学生感到逻辑有用，让学生从心里喜欢逻辑。不少高校在逻辑教学方面有成功的经验，我们要认真总结，积极推广。"[1]安徽师范大学逻辑教学的"繁荣"能否算是"成功的经验"不敢言说，但仅就教学规模来说大约也是不多见的。下面不揣冒昧对我们的做法作一些简略的介绍，供逻辑学界同仁参考。

首先，长期以来我们对非哲学专业学生坚持讲授普通逻辑，使学生感到逻辑学既不难学，又很有用，而且还比较生动有趣。因此，在实行学分制后第一次选课时，选修的学生竟达到1 800多人（由于师资有限第一轮实际上只开7个大班，近900名学生学习）。经过两年四轮的教学，大家普遍感到逻辑学对提高文、理、艺、体各专业学生综合素质具有普适价值，"逻辑学基础"也已经被全校学生普遍认可为"最有实际价值的公共选修课"。（在实行学分制之前的1999年，我们曾为中文专业学生选定一本以数理逻辑为主的教育部规划教材，试图作一次"数理逻辑化"的教学尝试，但是30多个课时根本无法完成教学目标，学生不但学得十分吃力，而且感到对提高写作水平和语言修养并没有明显的作用，第二年该专业选修逻辑

---

① 刘培育：《逻辑与生活》，《哲学研究》2005年增刊。

学的人数就大幅滑落，于是我们及时恢复了普通逻辑的教学。）

其次，我们十分重视教材的选择和建设，给学生提供一本科学、实用、易懂的教材。20世纪80年代到90年代，我校曾使用金岳霖先生主编的《形式逻辑》（人民出版社，1979）和吴家国等先生编写的《普通逻辑》（上海人民出版社，1979，1983，1986）为教材。《普通逻辑》1993年增订本由于吸收了过多的数理逻辑内容而显得难度偏大，已经不适合用作非哲学专业的教材，而金本《形式逻辑》因书中多有"只有历史清白才能入党"一类具有"文革"时代特征的例子，也已经不适合继续用作教材。金岳霖、吴家国曾经担任过中国逻辑学会会长，他们编写的这两本以传统逻辑为主要内容的教材，发行量都非常大，对当年我国大陆逻辑学教学的繁荣和逻辑知识的普及作出了极大的贡献。但此后大陆逻辑学名家们似乎都不屑于编写"普通逻辑"教材，以至于坚持普通逻辑教学的老师难以找到一本既具有权威性、又感觉满意的教材。在这种情况下，笔者之一（杨树森）花费巨大精力自己编写了一本面向非哲学专业学生的通俗易懂的《普通逻辑学》教材（安徽大学出版社，2001年10月初版，2003年1月再版，2005年2月第3版），现在这本书已被各省市许多高校选定为逻辑课教材，年发行量逾万册。我们认为，教材既科学实用又易学好懂，是逻辑学作为选修课深受学生欢迎的一个重要原因。

再次，我们为学生开设"逻辑应用"讲座，帮助他们把逻辑知识转化为逻辑应用的能力。为了让学生感受到逻辑学的工具价值，我们除了在教材和课堂讲授中增加联系学习、生活、工作实际的内容外，还经常为大学生开设逻辑应用的学术讲座。例如"语言学研究中逻辑学原理的应用""用逻辑学眼光看秘书学研究中存在的问题""文科学生毕业论文写作中逻辑方法的应用"等专题。近年来，还针对大学生毕业论文缺少逻辑性的现象，又专门为高年级本科生开设"逻辑修养与科研能力"选修课，指导大学生把逻辑原理和逻辑方法应用到毕业论文写作以及其他学术研究中去。该选修课的讲义在两轮试用的基础上，已经以《逻辑修养与科研能力》的书名正式出版（杨树森著，安徽人民出版社2006年8月版）。由于这些讲座和选修课的主要内容都是以我们自己在其他领域的研究成果为依据的，颇能说明逻辑学作为科学研究工具的巨大价值。许多听过讲座或选修了该课程的学生感受到：掌握了普通逻辑学的基本原理和常用方法并自觉地加以应用，就能较快地形成发现问题、分析问题、解决问题的能力，学术研究和撰写论文的水平也会在较短时期内得到明显提升。我们所作的这些努力，也是逻辑学课在安徽师范大学深受学生欢迎的原因之一。

总之，笔者认为，高校非哲学专业的逻辑学课程，如果讲授"与人们的日常生活相关，与人们的日常思维相关"的普通逻辑学，如果以"提高学生运用逻辑发现问题、分析问题、解决问题的能力"为直接目的，就不会出现"教学规模不断萎缩"的现象，逻辑学教学的繁荣也就不难做到。

我国大陆的逻辑学教学大有希望，逻辑学教师也一定会大有用武之地。

[本文为第二届海峡两岸逻辑教学学术会议（2006年南京大学）重点交流论文，发表于《哲学研究》2007年"逻辑学"增刊。本人为第一作者，第二作者为吴俊明。]

《认识逻辑学》对我国逻辑教学改革的启示

　　张盛彬教授是安徽省逻辑学界的老前辈，虽然张老师自称于逻辑是"半路出家"，但是他20世纪80年代中期开始构造《认识逻辑学》体系的时候，我还刚刚从学生辅导员转到专业教师队伍，可以说还没有入逻辑学的门。1988年夏，我去温州参加"全国青年语言逻辑工作者学术讨论会"，这是我第一次参加全国性的逻辑学学术活动，到会指导的诸位老先生和青年同仁见我来自安徽，多次主动谈起张盛彬老师，从那时起，我就知道张老师已经在逻辑学界有了一定的学术影响。

　　也许是因为张老师1994年办理了退休手续，而我是在1994年桂林会议后才参加较多的逻辑学学术活动，我与张老师至今未曾谋面，但在学术期刊上经常拜读张老师的文章，受益匪浅。我和张老师有过一些书信往来，记得十多年前，他曾经将厚厚一沓《认识逻辑学》的详细纲要打印稿邮寄给我，征求我的意见，但由于《认识逻辑学》很多内容与哲学（认识论）和辩证逻辑相关，而我自己的哲学功底不足，且对辩证逻辑缺乏研究，因此，不能提出有价值的意见和建议，只能对张老师的探索精神表示由衷的敬佩。我相信，凭张老师前期的学术成就和对学术的执着追求，他构建《认识逻辑学》的构想终究会有成果。

　　一晃十年过去了，《认识逻辑学》终于问世，虽然这是预料之中的事，但我今年初看到这本书的时候仍然感到惊异，原因有三：一是本书由我国最权威的一家出版社——人民出版社出版，而不是一般的省级出版社或大学出版社出版；二是没有想到这本著作竟然是一本洋洋四十余万言的长篇论著，对于逻辑学著作来说可以说是少有的鸿篇巨制了；三是我从书中看到国内一批有影响的逻辑学家在本书的成书前后，对它的学术水平和理论价值给予了很高评价。这些都从不同方面印证了《认识逻辑学》是一本严肃的不可多得的逻辑学著作。正如有学者指出的那样，"它是逻辑学研究百花园中的一朵奇葩"，"不仅是一部有较高学术价值和学术水准的著作，而且是一部有鲜明特色的、充分体现作者独立学术见解的学术著作"。

　　暑假期间用了较多时间啃完这本大部头的逻辑学专著，收益良多。作为一个普通的逻辑学教师，我感到《认识逻辑学》对当今中国高校的逻辑学教学改革有着非常重要的启示意义。

一、关于逻辑学功能的全新表述

　　在学科分类中，逻辑学是与数学并列的一门基础工具学科。在西方发达国家，逻辑学是中等学校和高等教育普遍开设的一门课程。但是在我国，不但中学教材（语文）从20世纪80年代末期就砍掉了逻辑基本知识的内容，在高等学校除了哲学系还保留逻辑必修课外，在非哲学专业中逻辑学教学总体上呈萎缩之势。究其原因，与国人对逻辑学的功能认识不足有关。

　　如果承认逻辑学是一门基础工具性学科，逻辑学就不能仅仅作为哲学的附庸，只在高校哲学系开课，而应该成为面向高校全体学生的一门公共基础课。实际上，我国高校中只有为数极少的综合性大学才有专门的哲学系，张盛彬先生和我所在的学校一样，都属于师范类高校，没有哲学系。还有一点张先生与我一样——长期以来我们主要在中文系从事逻辑教学。张先生原来是教写作的，因为研究论说文的写作而对逻辑学产生了兴趣，20世纪80年代开始转教逻辑学。作为非哲学专业的逻辑学教师，在长期的教学研究中对逻辑学的功能可能会有一些独特的理解，在《认识逻辑学》第一章"逻辑学的功能"一节中，张先生列举的逻辑学的三大功能是：第一，接受和表达功能——听说读写的逻辑；第二，认识功能——创造逻辑；第三，社会功能——民主、科学和逻辑的内在联系。

　　人们在谈到逻辑学的意义时，通常将"思维工具（即认识功能）"放在第一位，如周礼全先生主编的《逻辑》一书的副标题就是"正确思维和有效交际的理论"，在这里"正确思维"是第一位的，而"有效交际"（即接受和表达）是第二位的。从学科性质上看，思维工具是逻辑学的本质的或首要的功能可能更准确，但是如果我们从教学的角度看，或者说从"大学生为什么要学逻辑""高等学校为什么要开设逻辑学课程"的角度看，《认识逻辑学》将"接受和表达功能"列在前面，则有着巨大的合理性。这是因为对一般人而言，"正确思维"是虚的，而"有效表达"才是实的。一个人的思维是否正确，人们很难用客观的标准来评判；而一篇文章、一次演讲是否有逻辑性，则是人们在看了文章或听了演讲后能很快判定的。

此外，《认识逻辑学》还将"社会功能"提到与"接受与表达功能""认识功能"并列的地位，该书引用张建军先生的文章指出，"'逻辑精神'既是科学精神的基本要素，也是民主法制精神的基本要素。建立在逻辑基础之上的形式理性是科学体系与民主政治的共同基石。"虽然该观点是张建军先生七年之前在《人民日报》发表的《真正重视"逻先生"》一文中首先阐述的，已经在逻辑学界产生广泛影响，但是将逻辑在民主法制建设方面的"社会功能"写进综合性的逻辑读本和教科书，仍然具有重要意义。

二、关于高校非哲学专业逻辑教学的内容

我与张盛彬教授有许多共同之处：本科读的都是中文，后来任中文系教师，长期从事逻辑学教学，教学对象则主要是中文专业和其他文科专业的学生，我俩所在学校都是师范院校，没有专门的哲学系，因此我们的逻辑学课便都属于"非哲学专业的逻辑教学"。

我国的逻辑教学在20世纪80年代曾经一度相当繁荣。实际上，当时我国高校中设有哲学系的并不多，逻辑教学的繁荣主要体现在许多非哲学专业开设了逻辑课（必修），另外，自学考试、夜大、函授等成人教育的许多专业也将逻辑学列入必修课。张盛彬老师正是在这个背景下由原来教写作而改教逻辑学的，我也是那个时候从辅导员转入教师队伍从事逻辑学教学。但是好景不长，从90年代初开始，逻辑学教学在高校开始受到冷落，其原因是多方面的，而非哲学专业逻辑教学的符号化倾向则是其中一个

重要原因。张盛彬先生和我都在一线任教，对学生比较了解，深知对于非重点大学的非哲学专业的学生来说，符号化的数理逻辑不但很难学懂，而且也看不出来有何明显作用（无论是认识作用还是接受和表达作用）。但是，传统逻辑毕竟显得陈旧，如果不加以适当改造也难以为继，于是我们从不同角度对逻辑教学内容进行了一些尝试。我自己经过十几年的摸索，选择了一条"适当引进"的改革路子，即"对许多日常思维和语言表达中需要应用而传统逻辑中没有的新知识（大多为数理逻辑和现代归纳逻辑的成果），也主要用自然语言'不露痕迹'地加以引进，而避免使用文科学生和一般读者感到陌生的专门数学符号，使读者不必借助数学知识也能享受现代逻辑的研究成果。"（拙著《普通逻辑学》后记）张盛彬先生则走了一条运用辩证逻辑和逻辑哲学的原理对传统逻辑的基本知识体系进行"整合改造"的路子。

张先生对非哲学专业逻辑教学内容的改革的探索过程，也就是《认识逻辑学》的构思和完成的过程。从《认识逻辑学》自序"逻辑的跋涉"中，我们能够看到他艰苦探索的轨迹：在逻辑教学过程中，张先生发现了传统形式逻辑的不足和辩证逻辑存在的问题，"经过长期探索，摸索到了通向认识逻辑的途径：从思维实际出发，在自然语言的基础上，以唯物辩证法为指导，按认识过程将传统逻辑精华重新编排。"并从80年代中期开始构造"认识逻辑学"体系。在历经20余年而成书的《认识逻辑学》中，我们看到了一个全新的逻辑学教学知识体系。该书的第三、四、五、六章根据四类不同科学的思维特点，将逻辑基本理论分为类逻辑、条件逻辑、数逻辑、整体逻辑四类。虽然这四类逻辑中阐述的思维形式，在传统逻辑中大体都有，但是由于它对应了四类不同科学的思维方式的特点，因而就比按照"概念、判断、推理、论证"来分章更加贴近思维实际，因而也就更显其合理性。

在整本《认识逻辑学》中，我们没有看到比传统逻辑更多的符号和公式，也没有看到除基本真值表外的更多的数理逻辑的内容，却补充了诸如数逻辑、整体归纳等新而有用的逻辑内容。由此可以看出，我国高校的逻辑教学尤其是非哲学专业的逻辑教学，并不一定非要走数理逻辑化的路子。

三、高校逻辑课要重视逻辑应用的教学

对于非哲学专业的学生来说，他们学习逻辑学的目的主要是为了应用。虽然"逻辑学是一门基础工具性学科"早已举世公认，且被写在一般逻辑学读本的绪论中，但是综观目前的各种逻辑学教材，很少有详细而系统地阐述逻辑学应用的，这无论如何是一个巨大的缺陷。在这方面，《认识逻辑学》作了十分有益的探索。

逻辑学界的有识之士早就认识到逻辑应用研究的重要性，如前中国逻辑学会会长吴家国先生早在1996年就在当年的《社会科学战线》第4期上发表过《提倡和加强逻辑应用研究》一文，着重强调开展逻辑应用研究的重要性，指出："逻辑学是一门基础理论学科，同时又是一门有较强应用性的工具学科。从古希腊亚里士多德创建传统形式逻辑起，到近代英国弗兰西斯·培根建立古典归纳逻辑，从19世纪中叶以后数理逻辑的诞生，到非标准逻辑和概率逻辑的发展，有一个共同的特点，就是在建立逻辑理论系统的同时，都十分重视逻辑的应用。实际上，逻辑理论与逻辑应用成为逻辑学发展的两条腿，二者是缺一不可的，离开了逻辑的应用，逻辑理论的发展就会受到限制或损害。"我国的逻辑应用研究虽然取得了一定成果，但是，如何将这些成果应用到逻辑教学中去，则仍然是亟待解决的问题。我相信许多逻辑学教师在这方面作过许多探索，但是在以"成为大学文科逻辑教材"为期待的逻辑学专著中用三分之一篇幅系统介绍逻辑学的应用，张盛彬先生的《认识逻辑学》应是第一部。

《认识逻辑学》共九章，其中第七章是表达逻辑，第八章是接受逻辑，第九章是创造逻辑，分别介绍逻辑学原理在演讲写作、接受新知和发现发明等方面的应用。这三章内容非常有实用价值，以第七章"表达逻辑"为例，该章在一般介绍了逻辑学知识在口头表达和书面表达中的应用原理后，辟有"论说文的逻辑"一节，详细阐明逻辑学在论说文写作中的应用，特别是在学术论文写作中的应用。本节篇幅占全书十分之一，是张先生花大力气研究的成果（这大约与张先生曾经教过写作课有关）。我们知道，本科学生不分专业都必须撰写毕业论文，但是目前一般院校本科毕业论文的状况令人担忧，存在的主要问题就是缺乏逻辑性。笔者所在学校在学分制改革初期，因将逻辑学纳入公选通识课，中文专业一度取消了逻辑学专业选修课（建议学生参加全校通识课选课时选修逻辑学），但因为逻辑学教师有限，中文系大多数学生选不到逻辑课，导致相当多的学生到大四也未系统学过逻辑，这造成的一个重要后果就是毕业论文中出现的逻辑问题太多。这一现象很快被文学院领导感觉到，因此，在其后修订的学分制教学计划中恢复了逻辑学的专业选修课地位，让大多数学生能够选修到逻辑学。这一现象说明，逻辑学修养对提升学生的论文写作能力具有非常重要的作用。如果我们的逻辑教材或逻辑课堂能像《认识逻辑学》一样，将"表达逻辑"以及"学术论文写作的逻辑"列为重要内容，让学习过逻辑学的学生明显提高毕业论文写作的质量，那么逻辑学就会在高校受到学生更广泛的欢迎，受到各院系领导和教务主管部门更多的重视，逻辑教学也就会更快在高校繁荣起来。

张先生在《认识逻辑学》"自序"的末尾写道："我的理想和期待是，《认识逻辑学》会成为大学文科逻辑教材。"我个人读完全书后认为，无论从内容的科学性、实用性和可接受性（大学生认真学习能读懂）哪个方面看，该书确实可以用作大学文科的逻辑学教材。如果张先生的这个期待变成现实有一定难度，那仅仅是因为这本书的内容过于丰富，这与高校逻辑学课程的有限课时存在着一定的矛盾。

我自己从《认识逻辑学》中学到了许多东西，不仅仅是张先生的求真务实、执着追求的学术态度，更有不少实实在在的东西。我会将张先生《认识逻辑学》中的一些新的成果吸收到自己的逻辑学的教学当中，以不断提升自己的教学水平。

谢谢张盛彬教授！

[原载《皖西学院学报》2009年第6期。]

附录:《普通逻辑学》①序言和后记

《普通逻辑学》序

孙显元②

逻辑学是一门古老的科学,它对于规范思维具有重大的作用。逻辑基本知识和逻辑思维能力是每个人必备的重要素质,也是培养创造性思维才能的前提条件。在我国,无论是中等教育还是高等教育,对逻辑学的教学都还没有引起足够的重视,这对当前所提倡的素质教育,培养学生的创造能力来说,是一个重大的缺陷。

创新精神是一个民族的灵魂,是一个国家兴旺发达的不竭动力。创新的前提是思想理论创新,而逻辑则是创新思维的基础。爱因斯坦曾经明确指出:"西方科学的发展是以两个伟大的成就为基础,那就是:希腊哲学家发明形式逻辑体系(在欧几里得几何中),以及通过系统的实验可能找出因果关系(在文艺复兴时期)。"③这两大成就中,前者指的就是亚里士多德创立的演绎逻辑(欧几里得几何是它的应用的经典范例),而后者则是培根提出的归纳逻辑的核心内容。逻辑是科学发展的前提和基础,一切科学的思维必然是合乎逻辑的思维,可以肯定地说,没有逻辑思维,就不可能有创新思

---

① 拙著《普通逻辑学》2001年由安徽大学出版社初版,后经三次修订出了第四版,它的升级版本《逻辑学》作为"非哲学专业的逻辑学教材"2010年改由高等教育出版社出版。这本书凝聚了本人在逻辑教学研究方面付出的巨大而艰辛的努力,初版后记和第三版后记反映本人对逻辑教学的思考过程和主要观点。

② 孙显元教授为原中国科技大学人文学院院长,我国著名人文学者。

③ 爱因斯坦:《爱因斯坦文集》(第一卷),许良英、范岱年编译,商务印书馆1976年版,第574页。

维。所以，加强逻辑知识的教学和逻辑技能的训练，不仅对于提高大学生的综合素质，而且对于提高全民族的科学文化素质，都是不可或缺的。

　　杨树森教授的《普通逻辑学》在指导思想和具体内容上都有所创新。这本教材的第一个特点是内容的科学性，它集中了作者多年对逻辑学教学内容和教学体系的思考，吸收了学术界许多新的研究成果，特别是数理逻辑和现代归纳逻辑中与普通思维密切相关的内容，弥补了传统逻辑的不足，使整个知识体系更趋完整、严密、科学，经得住实践检验和理论推敲，并能解决普通思维和日常语言表达中绝大多数逻辑问题。第二个特点是在强调逻辑学的基础工具性的同时，突出了逻辑学的人文性，不仅在"绪论"中对逻辑学的人文性质进行了充分论证，对逻辑观念的内涵作了具体阐述，而且将培养学生应用逻辑追求真理、捍卫真理的精神和依靠逻辑揭露谎言、驳斥诡辩的勇气，贯串全书始终。第三个特点是用自然语言阐述现代逻辑成果，没有大量使用文科学生和一般读者感到陌生的专门符号，既保持了传统逻辑贴近普通思维和自然语言的优点，又使一些现代逻辑的成果真正"融入"到普通逻辑教学体系中去。我认为这个尝试是成功的，对促进我国逻辑教学和逻辑教材的改革，提供了有益的借鉴。第四个特点是语言通俗易懂，析理深入浅出，用例选择和习题设计紧密结合普通思维和现实生活，使读者感觉到逻辑与日常学习、工作、生活密切相关。现在有的逻辑教材虽然内容不错，但是语言艰深，学生学起来很困难，又感觉离生活很远，久而久之便失去了学习逻辑的兴趣和热情。记得语言学大师王力先生说过："教科书不同于写给同行看的学术论文，它是写给青年学生看的，文字要写得很浅，很多基本知识都要讲清楚。"这本教材能把普通逻辑原理用通俗易懂的语言阐述清楚，说明作者不仅深知教材编写的要义，而且舍得在锤炼语言上投入巨大精力。

　　改革开放以来，逻辑学在我国曾有过繁荣。20世纪80年代，是逻辑学繁荣时期，后来又慢慢冷却下去了。这或许是波浪式前进规律的具体表现吧。现在又是一个很好的时机，随着全面素质教育的推进，逻辑学除了仍被一些高校中文、法律、政教、新闻、教育、管理、秘书等非哲学专业列为必修的专业基础课程外，还被越来多的高校列为文、理、工、法、商、医、艺、体等各专业学生的素质教育基础课程。学科的普及为逻辑学的发展提供了一个极好的契机，逻辑研究和逻辑教学工作者应该明察这种形势，抓住这一大好时机，团结一致，共同推动逻辑教学和逻辑研究的新发展。我相信，《普通逻辑学》的出版对推动高校的逻辑教学，一定会起到积极的作用。

2001年8月于中国科技大学

《普通逻辑学》初版后记（2001年9月）

逻辑学是一门比较特殊的科学。联合国"教科文"组织的学科分类体系中，数学、逻辑学、物理学、化学、天文学、地学、生命科学并列为七大基础学科，这说明逻辑学作为一门工具性科学差不多与数学一样重要。人文学者们则将教人求真的逻辑学、教人求善的伦理学、教人求美的美学并列为哲学二级学科，这说明逻辑学又是一门典型的人文科学。还有人将语法、修辞、逻辑三者并列，把逻辑看成是语文修养的一个重要方面。因此，逻辑学理应成为高等学校素质教育的公共基础课程。

20世纪80年代以来，美籍华人学者杨振宁、丁肇中、李政道等多次提到：中国大学生创新思维能力明显不如西方发达国家的大学生。杨振宁等人的意见引起了邓小平等领导人和学术界有识之士的高度重视，有人呼吁对如何提高大学生创新能力进行深入研究。几年前，笔者曾主持一项题为"中国大学生创新思维能力相对低弱的原因调查和对策研究"的项目，通过对中外基础教育和高等教育课程设置的比较，发现对逻辑课程重视不够是中国青少年创新思维能力相对低弱的一个重要原因。逻辑学作为一门基础工具学科，在西方发达国家历来是大学生必修的课程，而我国教育界对逻辑学的重视程度远远不及其他基础学科，许多人直到大学毕业也没有系统地学习过逻辑学。

为适应信息时代对人才素质的要求，高等教育改革必须立足于培养和提高大学生的创新能力。逻辑是"开启智慧宝库的钥匙"。因此,要培养和提高大学生的创新思维能力,必须高度重视逻辑知识的学习和逻辑思维的训练。自20世纪70年代末以来,我国逻辑学界同仁为提高逻辑学在国民教育中的地位、为提高国民的逻辑素养和思维品质,做过许多艰苦的努力和有益的探索。但是,关于我国高等学校逻辑课程的教学体系,逻辑学界并没有取得一致意见,目前各高校使用的逻辑学教材在内容取舍、体例编排、对数理逻辑知识的处理等许多方面存在着很大差异。有的教材因"内容陈旧"而遭到诟病,另一些教材则因"内容艰深"而让读者望而生畏。

作者认为:要让教育主管部门、高校和院系领导重视逻辑这门课,要让逻辑学教师安心于教授逻辑这门课,要让大学生和各界青年乐于学习逻辑这门课,要让整个社会认识到逻辑学兼具基础工具学科和重要人文学科的巨大价值,作为高校各专业通用的逻辑学教材必须做到科学、实用、易学好教。本书在这三个方面都做了力所能及的努力。在科学性方面,本书注意弥补传统逻辑的某些明显不足,吸收了逻辑学界许多新的研究成果,使整个体系更趋完整、严密、科学,经得住实践的检验和理论的推敲。在实用性方面,本书力争使课程内容能够解决日常思维和语言表达中绝大多数逻辑问题,并着重培养学生的创新精神和逻辑观念,提高逻辑思维能力、正确表达思想的能力以及运用逻辑知识分析问题、解决问题的能力。在易学好教方面,本书保持了传统逻辑贴近普通思维和自然语言的优点,对许多日常思维和语言表达中需要应用而传统逻辑中没有的新知识(大多为数理逻辑和现代归纳逻辑的成果),也主要用自然语言"不露痕迹"地加以引进,而避免使用文科学生和一般读者感到陌生的专门数学符号,使读者不必借助数学知识也能享受现代逻辑的研究成果。

完成一定数量的练习是学好逻辑学的必要条件,本书的特点之一是每章后都附有较大分量的练习题,使用本教材的教师可从中选定一部分(题量不宜太大)为课后书面作业,其余习题有的可在课堂教学中作为补充例子使用,有的可以让学生当堂完成,有的可让有兴趣的学生自己选做,教师可用适当方式向学生讲述解题原理。

我国逻辑学界探索逻辑教学改革之路的,作者一直在高校从事逻辑学教学和研究20余年。本书是作者从事逻辑教学和研究20余年的结晶，也是对高校逻辑学教材改革作出的一个新的尝试。限于作者水平，本书不足之处在所难免。恳请逻辑学界同仁、使用本教材的师生以及其他读者朋友对本书提出宝贵意见。来信请寄：安徽师范大学文学院。作者承诺来信必复。

本书所参考的主要书目列于书末。教材中吸收了逻辑学界同仁的许多研究成果，在此由衷地表示深深的谢意。

在本书写作过程中，安徽师范大学政法学院的吴俊明老师提出了许多宝贵建议；书稿完成后，又请原中国科技大学人文学院院长、著名学者孙显元教授审阅了全稿，孙老师还热情地为本书写了富有真知灼见的序言；安徽大学出版社谈菁女士为本书的出版付出了辛勤的劳动。在此也向他们一并致谢。

《普通逻辑学》第三版后记（2004年12月）

《普通逻辑学》自2001年10月出版以来，受到读者的普遍欢迎，三年内已经再版一次，重印两次，并于2004年4月荣获华东地区大学出版社优秀教材二等奖。本书在我国逻辑教学界产生了广泛影响，不仅被全国几十所高校选为逻辑学教材，而且被一些全国重点大学（如华中科技大学）列为研究生入学考试逻辑课程的参考书，在各地图书市场也有相当的销售量。为进一步提高教材质量，满足高校素质教育公共课普遍开设逻辑课的需要，趁出第三版的机会，作者在以下几个方面对教材作了较大修改：

一、进一步突出了逻辑学的人文科学性质。逻辑学的基础工具性早已得到公认，而它的人文性质并没有得到普遍重视。《普通逻辑学》初版时，已率先将"树立逻辑观念，培养科学精神"与"掌握逻辑工具，提高思维品质"并列为学习普通逻辑的两大意义，并对"逻辑观念"的内涵（"自觉应用逻辑工具探索真理、宣传真理、捍卫真理的观念"）进行了具体论述。本次修订，在绪论中对普通逻辑的人文性进行了论证，指出逻辑学"教会人们如何识别真假并鼓励人们求真……逻辑学在培养人们独立思考的习惯、追求真理的精神、揭露谬误的勇气（这些是完美人格不可缺少的要素）等方面的作用,是任何其他学科不能替代的",并在以后各章中围绕培养学生追求真理的人文精神对具体内容和练习题作了一定调整。

二、对部分章节的内容作了一些实质性修改和调整,主要有:(1)将原第五章第九节"带量词的复合判断及其推理"精简压缩后改为"附录"列在章末,仅供对逻辑学有兴趣的读者阅读,而不再列为课堂教学的内容。(2)第六章将"探求因果联系的逻辑方法"单列为一节;在"归纳推理"一节中将"简单枚举归纳推理"和"典型归纳推理"各单列一目。(3)重新改写了第七章第一节"普通逻辑的基本规律概述",删去第五节"普通逻辑基本规律之间的关系",将此节部分内容分别并入第一、四节。(4)第九章将原来的"对学术论点的论证"改为"对科学定律的论证"以使相关内容更加准确;对论证的规则也补充了较多的内容,并将"论题的规则""论据的规则"和"论证方式的规则"分目展开具体阐述。

三、对各章练习题作了较大调整,减少了部分纯理论的习题,增加了一些紧密联系实际、灵活运用逻辑原理的思考性习题,这样做的目的是希望逻辑学教学更加贴近普通思维和语言表达的实际,真正成为学生人人能掌握的"开启智慧宝库的钥匙"。

四、在书末附上了"各章练习题参考答案"。初版时,考虑到本书主要用作全日制高校逻辑学课程的教材,附上参考答案不利于鼓励学生独立思考完成练习,也不利于教师检查教学效果,所以教材中没有提供习题参考答案。这次再版根据大多数读者的要求,在书末附上了"各章练习题参考答案",这是因为本书在社会图书市场上发行量日渐扩大,加上本书通俗易学的特色已使越来越多的成人教育(函授、自考、夜大等)单位选择它为教材,对于这些社会读者和成人教育的学员来说提供参考答案是非常必要的。独立完成练习是学好逻辑学的必要条件,在提供参考答案后,我们希望同学们务必在独立思考完成习题后再查看参考答案以检查自己的学习效果;如果不动脑筋不做练习而直接查找答案,就失去了练习题的作用,也辜负了作者设计练习题的一片苦心和辛勤劳动。

五、删去了第十章"数理逻辑初步"。本书一至九章吸收了现代逻辑中许多与日常思维和语言表达关系密切的研究成果,初版单列第十章"数理逻辑初步"的目的,是为学有余力的读者提供系统学习数理逻辑基本知识的方便。这次修订前，我们向20多位使用本教材的逻辑学教师和近百位同学作了调查，他们几乎一致认为没有必要在普通逻辑读本中单列一章系统地介绍数理逻辑知识。删去这一章，缩短了篇幅，降低了售价，使多数读者受益。如果有读者希望学习数理逻辑基本知识，可以通过写信或发E-mail（地址为：yangshusen2005@126.com）向作者提供电子信箱的准确地址，作者将负责免费提供"数理逻辑初步"的全部电子文本（约6万字）。

《普通逻辑学》出版前后这几年，逻辑学界就高校逻辑教学是否要用数理逻辑取代传统逻辑展开了一场大讨论，"取代论"者与"吸收论"者各执己见，相持不下。本人不同意"取代论"，理由有三：

第一，"取代论"者所批评的传统逻辑的某些不足，可以通过吸收现代逻辑的研究成果得到补充和完善。只要认真比较就不难看出，目前质量好的普通逻辑学教材与二十年前的传统逻辑教材有了很大的变化，它已经弥补了传统逻辑的许多不足，完全能够解决普通思维和日常语言表达中绝大多数逻辑问题。

第二，数理逻辑对于计算机、数学等专业的学生来说，是必须学习的，哲学专业的学生也有必要学习一定的数理逻辑知识；但对于非数学计算机专业、非哲学专业的学生尤其是文科学生来说，数理逻辑并没有明显的作用。而普通逻辑知识对于所有专业的学生尤其是文科各专业学生来说，则是必须具备的基本素质。

第三，"取代论"最重要的理由就是"与国际接轨"，但是据我们所知，在西方发达国家，以数理逻辑为主要内容的逻辑学教学是20世纪40年代到70年代的事，已经被实践证明存在重大缺陷，近30年来已经成为"教学改革"的对象，我国高校逻辑教学如果走数理逻辑化的路子，是在重复人家已经抛弃的半个多世纪之前的老路。这里我们不妨引用北京大学逻辑学教授陈波先生2002年在美国做访问学者时对美国逻辑学教学情况的考察结论：

> 亚里士多德是所谓的"大逻辑"传统的开启者……在19世纪以前，在逻辑学的研究特别是教学中，一直延续着这种大逻辑传统。在19世纪末20世纪上半叶，随着数理逻辑的创立，这种大逻辑传统逐渐被边缘化，逻辑课堂上占主导地位的是形式

化的数理逻辑。但是,这种教学方式也显露出一些严重的缺陷,因为对于一般大学生来说,他们学逻辑的目的是要有助于他们的日常思维,但符号化的数理逻辑与人们的日常思维的关系不那么直接、明显,并且又比较难学。于是,学生和教师们都感到有必要对逻辑教学进行改革,甚至提出了这样的口号:逻辑教学应该"与人们的日常生活相关,与人们的日常思维相关"……美国哲学学会制定的哲学教育大纲指出:主修哲学的学生可以学两种逻辑课程,一是符号逻辑(即数理逻辑),另一是批判性思维。如果一名学生主修哲学但以后并不打算以哲学为职业,则选修"批判性思维"足矣。[①]

既然在美国连"主修哲学的学生"都可以不学符号逻辑(即数理逻辑),我们又有何理由要求我国的非哲学专业的大学生都来学习数理逻辑而放弃普通逻辑的学习呢?

正是基于对大学生"学逻辑的目的是要有助于他们的日常思维……逻辑教学应该'与人们的日常生活相关,与人们的日常思维相关'"的认识,基于美国哲学系的学生也可以不学数理逻辑这一现实,我们反对我国高校逻辑教学改革走西方半个世纪之前的"数理逻辑化"的老路,而主张借鉴发达国家高校逻辑教学的正反两方面的经验,不断吸收现代逻辑科学的研究成果,完善普通逻辑学的教学体系,并积极探索建立具有中国特色的高校逻辑课程的改革路子,以真正实现"与国际接轨"。

[①] 陈波:《逻辑学导论》,中国人民大学出版社2003年版,第273—274页。

第二编
中国逻辑史和中国哲学研究

中国逻辑史的开创者是孔子而不是邓析

中国逻辑史发轫于何时？开创者是谁？我国逻辑学界对此似有定论。目前已经出版的几本有影响的中国逻辑史专著都认为中国逻辑史的开创者是春秋末年郑国的邓析①。

笔者认为，邓析开创中国逻辑史的观点与史实不符，因为邓析的逻辑思想远没有孔子丰富，邓析对中国古代逻辑学发展的影响也远不及孔子，且邓析比孔子小6岁，由是观之，中国逻辑史的开创者应属孔子。本文拟从逻辑思想的产生、"正名"理论的提出和《论语》中的逻辑思想三个方面来论证孔子在中国逻辑发展史上开创者的地位，并对"邓析开创中国逻辑史"的几条主要论据作一些分析。

一

要确定中国逻辑思想始于何时、何人，必须明确什么是"逻辑思想"。

逻辑学是关于思维的科学，它研究的对象是思维形式及其规律，所谓逻辑思想是指有关思维形式及其规律的思想。因此，逻辑思想产生的前提是人们必须把思维本身作为认识的对象，即黑格尔在《小逻辑》中所说的"对思维的反思"。②

就人类的认识顺序来说，第一认识对象是自然界，人们对自然界的认识属于自然科学。在原始社会，社会关系比较单纯，同氏族的人共同劳动，共同生存，自然界是人们认识的主要对象。这从我

---

① 参见温公颐：《先秦逻辑史》，上海人民出版社1983年版；汪奠基：《中国逻辑思想史》，上海人民出版社1979年版；周文英等：《中国历史上的逻辑家》，人民出版社1982年版；温公颐主编：《中国逻辑史教程》，上海人民出版社1988年版。

② 黑格尔：《小逻辑》，贺麟译，商务印书馆1986年版，第39页。

国原始神话传说中主要人物的名字可以看出来：有巢氏、燧人氏、伏羲氏、神农氏，这些神人合一的传说人物，无一不是人与自然斗争中的英雄。随着氏族公社的解体和私有财产的出现，剥削制度逐步形成，社会关系日益复杂，人类社会开始成为人们重要的认识对象。此时传说中的人物黄帝、尧、舜等，身份已是社会的领导者管理者的楷模，这反映人们的认识对象已从自然界扩大到人类社会。我国奴隶社会早期的夏、商两代，已经有了比较发达的自然科学（以计算精确的夏历和精湛的青铜冶炼技术为标志）和社会科学（以比较完备的夏礼、殷礼等典章制度为标志），但直到殷商灭亡，人们始终没有把思维本身作为认识对象，这从殷商甲骨文和青铜铭文中未发现"思"字可以得到佐证。

"思"字的出现，大约始于周初。《尚书·大诰》有"肆予冲人，永思艰"之语，《诗经·郑风》有"子惠思我，褰裳涉溱"的诗句，这说明周人已经认识到"思"的存在。

自周初至春秋末年，中国历史上曾出现周公、管仲、晏婴等杰出的政治家，但他们都无著述留世（现传《管子》《晏子春秋》系后人假托管、晏之名而作），都算不上思想家，史书中也没有他们关于思维的言论的记载。孔子是第一个自觉地把思维作为认识对象的学者，在主要记载孔子言论的《论语》中，"思"作为认识对象被反复提及。现略举数例：

①学而不思则罔，思而不学则殆。（《为政》）

这里说的是思和学的关系，只读书不思考，就会迷惘，得不到新的知识；不读书不学习，只是一味苦思冥想，思维就会失去根据，那也是很危险的。

②君子有九思：视思明，听思聪……（《子罕》）

孔子在这里道出了思维在认识中的重要作用。"视""听"即视觉和听觉，属于感性认识；"明"即明智，"聪"即聪慧，指的是理性认识。由"视""听"的感性认识达到"聪""明"的理性认识，必须经过"思"。离开了思维，不经过认真的思考，认识只能停留在感性阶段。

《论语》直接提到"思"的地方很多，如"博学而笃志，切问而近思"（《子张》），"季文子三思而后行……子曰：'再斯（思）可矣'"（《公冶长》），"未之思也，夫何远之有？"（《子罕》）等。

上述例子说明，孔子已经自觉地把思维作为认识的对象，他对思维的重要性已经有了充分的认识，孔子的逻辑思想正是在这个基础上产生的。

二

"名"是中国逻辑史的一个极为重要的范畴，以至于中国古代逻辑学就叫作"名学"。"名"的意义相当于名词、概念，"名实"问题是先秦诸子争论最激烈的逻辑问题。"名"作为逻辑范畴，最早就是由孔子提出来的。

《论语·子路》记载了孔子与子路的一段对话：

> 子路曰："卫君待子而为政，子将奚先？"子曰："必也正名乎？"子路曰："有是哉！子之迂也。奚其正？"子曰："野哉由也，君子于其所不知，盖阙如也。名不正则言不顺，言不顺则事不成，事不成则礼乐不兴，礼乐不兴则刑罚不中，刑罚不中则民无所措手足。故君子名之必可言也，言之必可行也。君子于其言，无所苟而已矣。"

这段话集中阐述了"正名"逻辑思想，它对中国古代逻辑的影响主要有以下几个方面：

第一，孔子的正名理论第一次提出"名"（概念）这一逻辑范畴，指出了"名"在思维中的重要作用。"名不正则言不顺"，是说名正是言顺的必要条件。"名"就是名称、概念，"名正"就是名实相符、概念明确、准确；"言"就是表达思想的语句，即命题、判断，"言顺"指判断恰当，合乎情理。"名之必可言也，言之必可行也"，是说正确使用概念可使判断恰当，判断恰当可以指导正确的行动。因此，"君子于其言，无所苟而已"，君子不能随便下判断，必须在明确概念的前提下遵循一定的法度去思维，才能做到判断恰当。

自从孔子提出"名"这一范畴并指出"名正"是正确思维的必要条件之后，研究"名"成了一门专门学问——名学，名学就是中国古代逻辑学，与之有关的学术问题有名法、名理、名言、名实、名辩、名分、名守、形（刑）名等。必须指出，"名学"绝不仅指《汉书·艺文志》所言"名家"的学说，而是指研究"正名（概念）""析辞（判断）""立说（推理）""明辩（证明）"有关规律的学说，即古代的逻辑学。因此，可以说"正名"理论的提出标志着中国古代逻辑史的发端。

第二，孔子的正名理论最先强调了逻辑的政治伦理意义，使中国古代逻辑从一开始就具有明显的政治伦理色彩。孔子认为，春秋末年之所以会出现社会动荡、礼崩乐坏的混乱局面，乃是由于"名实相违"已久的缘故，他认为"名失则愆"（《左传·哀公十六年》），所以他提出"为政必先正名"（《鲁论》），只有通过正名而正实，才能消除社会动荡，恢复礼治。孔子的政治观点虽然是保守的，但他首次提出逻辑思想就把逻辑与政治伦理紧密结合，对其后逻辑学的发展产生了极大影响。自孔子以后，墨家、名家、法家和后期儒家（以荀子为代表）虽然政治主张各异，伦理观念不同，但他们的逻辑学说无不具有明显的政治伦理色彩。即使是政治色彩最淡的名家如公孙龙者流，也自我标榜"以正名实而化天下"（《公孙龙子·迹府》）。

第三，孔子的正名理论最先提出了名实关系问题，发起了春秋战国时期名实问题的长期争论。孔子的正名理论是针对当时"名实相怨"已久的现实而提出来的，所说的"名正"就是要求"名实相符"，但他的名实观颠倒了思维和存在的关系，企图以主观的名去正客观的实。《论语·雍也》记载了孔子对"觚"的一番感叹："觚不觚，觚哉觚哉！"意思为：觚本来是腹足有棱角的，而现在的觚已经没有棱角了，这哪里还能算是觚呢！他不是要求对已经变易的酒器改一个名称，而是要求恢复觚原来的样子。孔子的感叹绝不仅仅是对觚这种酒器而发的，他实际上是在对周礼制度名存实亡的现实发感慨，要以周礼的名分来正春秋末期礼崩乐坏的现实，也就是要求以事实去迁就"名"。

自孔子提出"以名正实"的逻辑原则后,墨、道、名、法各家以及荀子等纷纷就此提出各自的逻辑原则和理论:墨子提出"取实予名"的原则,后发展为后期墨家"以名举实"的完整理论;庄子提出"名者实之宾也"的观点;公孙龙认为"名者,实谓也";后期儒家的荀子则在《正名》篇中全面阐述了"制名以指实"的名实观;韩非子注重"综合名实"来推行法制。延续数百年之久的名实问题大讨论,促进了对概念(名)、判断(辞)、推理(说)、论证(辩)等问题的研究,推动了中国古代逻辑学的发展。

三

正名理论是孔子逻辑思想最重要的内容,但孔子的逻辑思想决不限于正名。从《论语》中我们可以看到,孔子在概念、判断、推理、逻辑规律等方面都有十分丰富的逻辑思想。下面择其要者简述之。

1.关于概念

孔子的"名"即相当于今天所说的概念,正名理论主要是关于概念的理论。除此而外,孔子还第一次提出了概念的内涵和外延问题。孔子的政治伦理思想中有一些基本概念,如"仁""恕""智""孝"等。在《论语》中,孔子用类似于定义的方法揭示这些重要概念的内涵,例如:"克己复礼为仁"(《里仁》);"其恕乎,己所不欲,勿施于人"(《卫灵公》);"知之为知之,不知为不知,是知(智)也"(《为政》)。特别值得一提的是《为政》篇中孔子答子游的一段话:

> 子游问孝。子曰:"今之孝者,是谓能养,至于犬马,皆能有养。不敬,何以别乎?"

孔子首先引用了他人对孝的定义:孝就是能养。然后指出"孝就是能养"这个定义不正确。如果孝就是能养,那么人们对于犬马也能养,这能够叫作孝吗?对父母长辈不尊敬,能养父母与能养犬马又有什么区别！孔子这里实际上指出了他人对孝的定义犯有"定义过宽"的错误，定义项（能养）的外延大于被定义项（孝）的外延，因为对于犬马皆能有养不能算是孝；对父母长辈只有养而不敬也不能算是孝。孝的本质（内涵）是敬，而不仅仅在于有养。

2.关于判断

判断在孔子的语言中叫作"言"。孔子第一个提出判断要恰当、要合乎情理（言顺）的一般要求。"言不顺则事不成"，"君子于其言，无所苟而已"，就是说判断要恰当，而要做到这一点，下判断就必须慎重，不可随便。

孔子不但提出了判断要恰当的一般要求，而且注意到运用不同形式的判断来表达不同的思想。在《论语》中可以看到近代形式逻辑所介绍的各种判断形式。下面举例说明：

直言判断〔S是（不是）P〕："克己复礼为仁。"（《里仁》）"政者，正也。""己所不欲，勿施于人。"（《颜渊》）

关系判断（aRb）："知之者不如好之者，好之者不如乐之者。"（《雍也》）

联言判断（p并且q）："可与言而不与之言，失人；不可言而与之言，失言。"（《卫灵公》）"老者安之，朋友信之，少者怀之。"（《公冶长》）

充分条件假言判断（如果p，则q）："学而不思则罔，思而不学则殆。"（《为政》）"恭而无礼则劳，慎而无礼则葸，勇而无礼则乱，直而无礼则绞。"（《泰伯》）

必要条件假言判断（不p不q）："不学诗，无以言；不学礼，无以立。"（《季氏》）"不愤不启，不悱不发。"（《述而》）

值得指出的是，《论语》所记录的孔子言论中，假言判断和联言判断运用得特别多。假言判断通常反映事物的规律性，联言判断则从多侧面反映事物的属性，这两种判断形式运用得多，说明孔子的理性认识具有深刻而全面的特点。

无可否认，孔子没有从纯形式的角度来研究判断，但是，由于孔子是我国历史上第一位大学问家，学说流传极广，他所使用的判断形式也必然对后世学者产生很大影响，我们不可低估孔子所使用的判断形式在客观上的逻辑意义。

3.关于推理

孔子是第一个把"思"（即思维）作为认识对象的学者。孔子所说的"思"，主要是指推理。孔子多次论及推理的作用。《学而》篇说："告诸往而知来者。"朱熹《集注》："往者，其所已言也；来者，其所未言也。"告往知来，就是从过去推知未来，从已知推出未知，这正是推理的功能。可见孔子已自觉地认识到推理对认识的巨大作用。在《为政》中所说的"温故而知新"，也是强调推理有从已知推出新知的作用。

孔子在推理方面另一重大贡献就是提出了"能近取譬"和"举一反三"的类比推论方法和原则。"夫仁者，己欲立而立人，己欲达而达人，能近取譬，可为仁之方也已。"（《雍也》）"己所不欲，勿施于人。"孔子在这里是将自己和他人进行类比，但"能近取譬"的原则决不限于己和人的类比。己和人之所以能进行类推，是因为己和人属于同类，性质相近的事物（同类）才可以类比，因此，"能近取譬"不仅是类比的方法，而且是类比的普遍原则，这和一百多年后《墨经》提出的"异类不比"的原则是相通的。

"举一反三"是孔子对学生治学的要求，他说："举一隅而不以三隅反，则不复也。"（《述而》）房间有四只角，告之一只角的情况，如果不能推知另外三只角的情况，就不再教他了。孔子要求学生善于类推，他的学生中有"闻一知二"的，有"闻一知十"的（《公冶长》），这都是根据孔子的要求学会举一反三的类推方法的结果。

《论语》中还有一些表达完整的演绎推理。如前文所引《子路》中孔子答子路那段关于"正名"的著名议论中，就包含着一个典型的假言连锁推理：

> 如果名不正，则言不顺；
> 如果言不顺，则事不成；
> 如果事不成，则礼乐不兴；
> 如果礼乐不兴，则刑罚不中；
> 如果刑罚不中，则民无所措手足；
> 所以，如果名不正，则民无所措手足。

这是一种形式比较复杂的演绎推理，孔子把它表达得如此完整规范，可见孔子思维中所运用的演绎推理形式是非常广泛而严密的，可惜这方面没有留下全面的记录。

4.关于思维规律

在《论语》中，我们可以看到同一律和矛盾律思想的萌芽。

孔子非常注意运用概念的准确性，主张概念（名）应有确定的意义和用法，对表面相似而实质不同的概念不能加以混淆。例如：

> 冉子退朝，子曰："何晏也?"对曰："有政。"子曰："其事也。如有政，虽吾不从，吾其于闻之。"（《子路》）

孔子严格区分了"政"（决策大事）和"事"（日常事务）两个不同的概念，指出冉子把"事"说成"政"，混淆了概念，应该纠正。

类似的例子还有很多，如孔子严格区分"和"与"同"（"君子和而不同，小人同而不和"——《子路》），"周"与"比"（"君子周而不比，小人比而不周"——《为政》）、"达"与"闻"（"是闻也，非达也。夫达也者，质直而好义，察言而观色，虑以下人……夫闻也者，色取仁而行违，居之不疑"——《颜渊》），等等。

孔子把相近的概念加以严格区分，要求概念具有确定性，不容混淆，这正是形式逻辑同一律对运用概念的要求。因此，可以说《论语》中已经有了同一律思想的萌芽。

孔子对思维中的矛盾现象也有所涉及。《颜渊》中说，"爱之欲其生，恶之欲其死，是惑也。"这里的"惑"就是思维中的错误，"惑"不在于"爱之欲其生"，也不在于"恶之欲其死"，它指的是把二者对举，对同一对象既"爱之欲其生"又"恶之欲其死"的自相矛盾现象。这种错误显然是逻辑错误，即违反了形式逻辑的矛盾律。

从以上对《论语》的分析可以看出，孔子的逻辑思想是十分丰富的，其内容涉及概念、判断、推理和逻辑规律等各个方面。《论语》可以说是中国先秦逻辑思想的宝库。

四

以上我们从三个方面论证了孔子是中国逻辑史的开创者。但现在已经出版的中国逻辑史专著都认为中国逻辑史的开创者不是孔子，而是邓析，其理由何在呢？对此，我们有必要作一些分析。

认为邓析是中国逻辑史的开创者的第一条论据是："邓析的年代略前于孔子"[①]。

这一条论据是站不住脚的。按孔子和邓析均为春秋末年人。据史书记载，邓析为郑国的大夫，生于鲁襄公二十八年（公元前545年），被杀于鲁定公九年（公元前501年）；孔子生于鲁襄公二十二年（公元前551年），卒于鲁哀公十六年（公元前479年）。从年龄上看，孔子比邓析大6岁，怎么能说年龄小的邓析略前于年龄大的孔子呢？当然，孔子比邓析晚死22年，倘若有史料证明孔子的学说思想（包括他的逻辑思想）都形成于邓析死后的那二十来年（即孔子50岁以后），则"邓析略早于孔子"一说尚有一定的道理，可惜史料中并没有这方面的记载。相反，我们能找到许多资料可以证明孔子的主要学说思想形成于邓析被杀以前。《论语·为政》载孔子语："吾十有五而志于学，三十而立，四十而不惑，五十而知天命，六十而耳顺，七十而从心所欲，不逾矩。"据此推断，孔子的主要学说思想当形成于三十岁（而立之年）到四十岁（不惑之年）之间。当然不能排除一个人的思想在其晚年时会有某些发展变化，但孔子的主要学说思想形成于四十岁之前是另有佐证的。《论语·颜渊》记载了孔子与齐景公的一段对话：

> 齐景公问政于孔子。孔子对曰："君君，臣臣，父父，子子。"公曰："善哉！信如君不君，臣不臣，父不父，子不子，虽有粟，吾得而食诸？"

孔子回答齐景公的话"君君，臣臣，父父，子子"，就是孔子

---

① 温公颐：《先秦逻辑史》，上海人民出版社1983年版，第200页。

"正名"逻辑思想的具体内容。据《左传》记载,"孔子适齐"这件事发生在鲁昭公三十年(公元前510年,齐景公三十四年),那一年孔子只有41岁。已经在位三十多年之久的齐景公应该说有了比较丰富的执政经验,他这时向孔子"问政",足以说明孔子的学说思想早已形成,并且在各国有了较大影响。这一年邓析只有35岁,距其被杀尚有9年。由此可见,说"邓析的年代略早于孔子",无论是从实际年龄看,还是从学说思想形成的时间和影响看,都没有什么根据。我们最多只能说他们是同时代人。

认为邓析是中国逻辑思想史的开创者的第二条论据是:"《汉书·艺文志》上把邓析列为名家之首,名家基本上即我们现在所称的逻辑学家。"[1]

中国古代研究逻辑的学问统称"名学"或"名辩之学",因此把古代逻辑学家叫作"名家"并没有错。但中国古代并没有"逻辑"一词,《汉书·艺文志》所言"名家"并不等同于今日统称中国古代逻辑学家之"名家"。伍非百先生在《中国古名家言》一书中所收列的先秦逻辑学(即"名学")著述,包括《墨辩》《大小取》《尹文子》《公孙龙子》《齐物论》《正名》《形名杂篇》七种,其中只有《尹文子》和《公孙龙子》两篇为班固在《汉书·艺文志》中所列"名家"之作,其余分别为墨、道、儒、法诸家之著作(《邓析子》作为伪书附录于书后)。伍先生将名家分为"名理""名法""名辩"三派,指出其中名辩派"乃研究'名''辞''说''辩'(相当于今天所说的概念、判断、推理、证明——引者按)四者之原理和应用的……班固《艺文志》所列的'名家',大约以属于此派者居多。这派在当时最盛,差不多各家都有人研究它,如儒家的孔子和孟、荀,墨家的墨子和南方墨者,都极深研,或有专著。不过他们别有专长,没有归入'名家'。"[2]伍非百先生的看法是符合史实的,《艺文志》所列"名家"确实是研究逻辑的,他们是逻辑学家,但研究逻辑的却不限于《艺文志》所说的"名家",儒家、墨家(还有道家、法家)研究逻辑的大有人在,其中墨家的逻辑成就高于"名家",后期儒家荀子的逻辑成就也不低于"名家",这都是学界公认

---

[1] 温公颐:《先秦逻辑史》,上海人民出版社1983年版,第8页。
[2] 伍非百:《中国古名家言·总序》,中国社会科学出版社1983年版,第5、6页。

的事实，只不过他们别有专长，没有被班固列入"名家"，我们能因此否认他们是逻辑学家吗？惠施、公孙龙只因为别无专长（仅以逻辑为专长），才被列入"名家"。

由此可见，《艺文志》所说的"名家"，其外延远远小于"中国古代逻辑学家"的外延。因此，邓析虽然被《汉书·艺文志》列为"名家"第一人，并不足以证明他是中国古代逻辑学家的第一人。邓析是不是中国逻辑思想史的开创者，只能根据其逻辑思想形成的年代、逻辑思想的价值以及它对后世逻辑学发展的影响来确定。

认为邓析是中国逻辑思想史的开创者的第三条论据是：《邓析子》一书中提出了一些重要的逻辑思想。在温公颐先生的《先秦逻辑史》和汪奠基先生的《中国逻辑思想史》中，介绍邓析逻辑思想大都引用《邓析子》的一些章句①。

按今本《邓析子》并非邓析本人所著，乃后人伪托邓析所成。钱穆《先秦诸子考辨》认为："《邓析子》乃战国晚世桓团辩者之徒所伪托，邓析仅有《竹刑》，尚未别自著书。"②中国社会科学出版社为《中国古名家言》所写的出版说明断言："《邓析子》《尹文子》都是伪作。"伍非百先生在该书正文部分未收《邓析子》，而将《邓析子》作为伪书附录于书后。其《序》云："《邓析子》，伪书也。何为辩之？以其为名家之祖，恐后世转相沿伪也。"其《按》云："《邓析子》一书，乃杂凑诸家之语而成……《无厚》《转辞》二篇之首章，辞意浅鄙，不类诸子家言，依题作训，望文生义，其为伪作甚明。余则杂凑古籍……其杂凑诸子之文，已检寻者，计一百二十四句。"③伍非百先生还进一步指出，被作为邓析逻辑思想重要内容引用的《转辞》篇中"循名责实，实之极也；按实定名，名之极也"两句，"语出《管子·入国篇》"；《无厚》篇中"见其象，致其形；循其理，正其名；得其端，知其情"三句，"语出《管子·白心篇》"④。《邓析子》一书只有两篇三千余字，像这样抄录自其他著作并能找到确凿出处的就达一百二十四句之多，其为伪作是很

① 参见《中国逻辑思想史》第57—60页，《先秦逻辑史》第8—15页。
② 钱穆：《先秦诸子系年考辨》，中华书局1960年版，第18页。
③ 伍非百：《中国古名家言》，中国社会科学出版社1983年版，第843、859页。
④ 伍非百：《中国古名家言》，中国社会科学出版社1983年版，第854、850页。

明显的。

以上材料说明，是否有《邓析子》原书尚是一个问号，但现存《邓析子》是伪书是没有多大疑问的。这种公认的伪书是万万不能作为确定邓析在中国逻辑思想史上的开创者地位的根据的。假如根据伪书中的逻辑思想来确定一个人在逻辑思想史上的地位，那么中国逻辑思想史的开创者也不是邓析，而是管仲，因为后人伪托管仲所撰的《管子》一书也包含许多重要的逻辑思想，而管仲是春秋中期人，比邓析要早一百多年。

认为邓析是中国逻辑思想史的开创者的第四条论据是：先秦逻辑思想分为"辩者派"和"正名派"两大派，辩者派"立足于逻辑本身来讲逻辑"，而正名派则"以政治伦理为主，逻辑为辅，因而是一种政治伦理逻辑"。孔子最先提出正名，是正名派的创始者，而辩者派的"首创人物应推邓析"。①

先秦逻辑思想是否截然分为"辩者派"和"正名派"两大派，本文不予讨论。但辩者派既然被认为是"立足于逻辑本身来讲逻辑"的，而邓析又被认为是辩者派的首创人物，据此推断，邓析的逻辑思想也应是"立足于逻辑本身来讲逻辑"了，事实情况又是如何呢？

即使以伪托的《邓析子》为据，邓析也绝不是立足于逻辑本身来讲逻辑的。仅举一例为证，《邓析子·无厚篇》曰："循名责实，君之事也。奉法宣令，臣之职也。下不得自擅，上操其柄而不理者，未之有也。君有三累，臣有四责……君无三累，臣无四责，可以安国。"这段议论显然是在阐述"正君臣上下之名以安国"的道理，这与孔子"君君臣臣"的正名逻辑根本就没有什么实质上的差别。当然，《邓析子》是伪书，我们不能根据伪书来确定邓析逻辑思想的性质和价值。但是我们从《左传》《吕氏春秋》《列子》和刘向的《别录》等典籍中可以找到有关邓析的一些资料，这些资料也都说明邓析并不是一个立足于逻辑来讲逻辑的纯逻辑学家。

邓析是积极参与政治活动的。《列子·力命篇》说："邓析操两可之说，设无穷之辞。当子产执政……数难子产之治，子产屈之。"

---

① 温公颐：《先秦逻辑史》，上海人民出版社1983年版，第4—5页。

《吕氏春秋·离谓》又记载："子产令无悬书，邓析致之。子产令无致书，邓析倚之。令无穷，则邓析应之亦无穷矣。是可不可无辩也。"这些记载说明，邓析与当权者持不同政见，并以其"两可之说""无穷之辞"诘难子产等当权者。邓析最终因得罪当权者而于鲁定公九年（公元前501年）被当时郑国执政驷颛杀害。由此可见，邓析是用他的逻辑武器（两可之说、无穷之辞）为其政治主张和参政行为服务的，这与后来"名家"的代表人物持"坚白"之论、"白马"之说而淡泊于政治的公孙龙等有很大的不同。

邓析还是一个很有造诣的法学家。子产执政时，"邓析作《竹刑》，郑国用之。"（《列子·力命》）后来郑国执政驷颛"杀邓析而用其《竹刑》"（《左传·定公九年》）。刘向《别录》云："《竹刑》，简法也。"即《竹刑》是写于竹简上的刑书。孔颖达《左传正义》："昭公六年，子产铸刑书于鼎。今邓析别造《竹刑》，明是改郑所铸旧制。若用君命遣造，则是国家法制，邓析不得独专其名……驷颛用其刑书，则其法可取，杀之不为作此书也。"邓析是反对子产的，其《竹刑》的内容显然有别于子产铸于大鼎上的刑书。驷颛杀邓析，却不因人废言，而继续用其《竹刑》，说明《竹刑》不但在形式上优于刑鼎（前者可以携带流传而后者只可在固定的地点观看），而且在内容上也优于子产所铸的刑书。按照孔颖达的观点，《竹刑》非用君命所造，乃是邓析研究刑罚法律的个人专著。

邓析不但研究刑罚法律，著述刑书，而且积极从事诉讼活动。《吕氏春秋·离谓》记载："（邓析）与民之有狱者约：大狱一衣，小狱襦裤，民之献衣襦裤而学讼者，不可胜数。以非为是，以是为非，是非无度，而可与不可日变。所欲胜因胜，所欲罪因罪。"依此说，邓析相当于近代社会的挂牌律师，明码标价收费提供法律咨询服务，教人怎样打官司，帮人去打官司。他因为善辩，想让谁胜诉就能使之胜，想让谁败诉就能使之败，所以，花钱向他请教打官司的人不可胜数。邓析可以说是中国历史上第一位大律师。

邓析研究法律刑罚，从事诉讼活动，必然要研究逻辑。刘向《别录》说："邓析好刑名。"先秦法家将"刑名"与"法术"联系起来，《韩非子·二柄》曰："人主将欲禁奸，则审合刑名。"因而后人称他们的学说为"刑名""刑名之学"。刘向是西汉末年人，他说

"邓析好刑名"而不说"好形名",是受法家对"刑名"解释的影响的。由是观之,邓析研究的"刑名"之"刑",保留着"刑罚""法律"的本义,与惠施、公孙龙等专指名实关系的"形名"是有区别的。邓析的"刑名"逻辑实际上是法律诉讼逻辑,是为其法律研究和诉讼活动服务的。

根据上面的分析我们可以得出结论:如果说孔子的"正名"逻辑是以政治伦理为主、逻辑为辅的政治伦理逻辑,那么邓析的"刑名"逻辑就是以法律诉讼为主、逻辑为辅的法律诉讼逻辑。二者都不是什么"立足于逻辑本身来讲逻辑"的纯逻辑。既然如此,我们就没有理由厚此薄彼,以孔子逻辑不是纯逻辑为据取消孔子作为中国逻辑思想史的开创者的资格,而将这顶桂冠戴在其逻辑思想也并非纯逻辑的邓析头上。

综上所述,在中国历史上最早把思维作为认识对象的是孔子,最先提出"名"这个重要范畴、使名学成为一门学问的是孔子。孔子的正名理论奠定了中国古代逻辑为政治伦理服务的传统,孔子提出的"名实"关系问题发起了延续几百年的名实问题大讨论,推动了中国古代逻辑的发展。孔子的言论中包含着非常丰富的逻辑思想,而且孔子的出生年代略前于邓析,其逻辑思想的形成也不晚于邓析。这一切都说明,中国逻辑史的开创者是孔子而不是邓析。

[原载《孔子研究》1996年第2期,人大复印报刊资料《逻辑》1996年第3期全文转载。]

论儒家义利观的历史演变及现代意义

"义"与"利"是中国哲学的一对范畴，从本质上说，它是一个有关社会财富分配的重大问题，因此，在社会生产关系转型时期总是受到人们的特别关注。我国目前正在建立市场经济体制，如何评价和对待传统义利观的问题又被提了出来。近有学者撰文指出："由孔子提出的儒家重义轻利的价值观念与市场经济下的物质利益原则是相悖的。"[①]类似的观点还常见于报刊时评；《中国大百科全书哲学卷》"义与利"条也说"孔孟主张义利对立，尚义排利"。笔者认为，笼统地用"重义轻利""义利对立"来概括儒家的义利观，并不十分妥帖，将它的发明权归于孔子则更不符合史实。本文仅对儒家义利观的历史发展作一些初步的探讨，以期对儒家义利观的本来面貌形成一个客观而完整的认识。

一、儒家义利观的提出——孔子和孟、荀的义利观

义利关系问题不是孔子首先提出来的，如形成于西周初年的《周易》就有"利者义之和也"的说法（《周易·乾卦》），略早于孔子的齐大夫晏婴也说过"义，利之本也"（《左传·昭公十年》），但作为一种明确的道德规范体系的义利观，确实是由孔子提出的。

孔子言论中的"义"，用他自己的话来解释，即"仁者人也……义者宜也"（《中庸》第二十章）。"宜"就是适宜、合乎情理的意思，匡亚明先生将它解作"公平合理"，甚为恰当。孔子言论中"利"就是利益、功利的意思，利益又有"公利"和"私利"之分，

---

① 胡德新：《论体制转型与观念更新》，《理论月刊》1999年第5期。

但与"义（公平合理）"相对应的"利"应理解为私利，从孔子的言论和行为中可以看出，孔子的义利观包括以下一些内容：

第一，承认追求私利是人的本能欲望。

他说，"富与贵，是人之所欲也……贫与贱，是人之所恶也"（《论语·述而》）。《论语》多处将"君子"和"小人"对举，对此处却笼统地说富贵是"人之所欲"，可见，他认为在追求私欲这方面，君子和小人是没有差别的。

第二，追求私利应该以合乎"义"为前提。

虽然人都有富贵的欲望，但孔子强调"不以其道得之，不处也"（《论语·述而》）。他还说："饭疏食饮水，曲肱而枕之，乐亦在其中矣。不义而富且贵，于我如浮云。"（《论语·宪问》）当孔子听说当时的"廉静之士"公叔文子并非如人们所传的"不取"私利，而是"义然后取，人不厌其取"时，他深表赞许："其然！岂其然乎？"（《论语·宪问》）

第三，对合乎义的私利应该去追求。

孔子自己表白："富而可求也，虽执鞭之士，吾亦为之。"（《论语·宪问》）这是说，如果能得到富贵（私利），自己宁愿去做低贱的"执鞭之士"，而不以为耻，因为当"执鞭之士"没有什么"不义"之处。他还说："邦有道，贫且贱焉，耻也；邦无道，富而贵焉，耻也。"（《论语·泰伯》）所谓"邦有道"者，国家管理有序、社会公平也，在这样的条件下，富贵是只能靠合乎义的方式才能得到的，如果一个人在有道之邦仍然贫穷卑贱，那就说明他不够勤奋或者缺少才能，因此是可耻的；但是，如果国家管理不善，社会不公，通过发不义之财来达到富贵的目的，那也同样可耻。这里孔子将义利关系放到不同的社会背景下去讨论，是相当深刻的。

第四，君子要用"义"来约束自己的取利行为。

过去人们把孔子"君子喻于义，小人喻于利"（《论语·述而》）两句作为他"重义轻利"的根据，但从上面引用的许多言论看，孔子认为利是人人都追求的东西，他并不反对君子取利。因此上面这两句话的准确理解应该是：只有君子才懂得义，而小人则只懂得利。孔子实际上是说，君子与小人的差别不在于是否取利，而在于能否明义，即能否用"义"来约束自己的取利行为。他说，"君子义以为质"（《论语·卫灵公》），应该"见利思义"（《论语·里仁》），否则"放于利而行，多怨"（《论语·述而》）。这是说，君子要将义作为内在的道德修养，在看到有利可得时应该想一想取之是否合乎义，如果不能用义来约束自己，而放任自己的私欲膨胀，就会招来很多抱怨。

孔子是主张言行一致的，他关于义利关系的以上主张，也体现在他自己的行为中。孔子本人并不拒绝物质利益，他招收学生要收"束脩"作为学费，在条件许可的情况下，他对衣食颇为讲究，"食不厌精，脍不厌细"，"缁衣羔裘，素衣麑裘，黄衣狐裘"（《论语·乡党》）。当鲁国搞叛乱的公山弗扰和晋国搞叛乱的佛肸先后邀请孔子去做官时，他都一度动心欲往，还说"我又不是匏瓜，哪能挂在那儿不食世禄呢？"（"吾岂匏瓜也哉？焉能系而不食？"）但当他的学生子路提醒他这不符合"义"时，他最后并没有去（《论语·阳货》），这也许是对"见利思义"最好的注解。

孔子一度从政，官至大司寇行摄相事（代理宰相），可谓"富且贵"也，但在鲁君和掌实权的季桓子耽于声色而怠于政事的情况下，孔子就主动辞官离开了鲁国，此举完全符合"邦有道，贫且贱焉，耻也；邦无道，富且贵焉，耻也"的义利观。

从以上孔子的言论和行为看，孔子认为义与利并不排斥，赞成"义然后取"，即在符合义的前提下人们可以而且应该去追求利。所以他的义利观不宜用"义利对立""重义轻利"来概括，如果说他"重义而不轻利"可能更为恰当。

先秦儒家后学孟子和荀子，基本上继承了孔子的义利观。孟子也认为人对私利的欲望是本能，君子也不例外。"天下之士悦之，人之所欲也……好色，人之所欲……富，人之所欲……贵，人之所欲。"[①]荀子则用更直接的语言表达了孔子的义利观："义与利者，人之所两有也"，"好利恶害，是君子小人之所同也；若其所以求之之道则异矣"[②]。

从以上分析可以看出，儒家的义利观在提出阶段并没有"重义轻利""义利对立"的特点，它虽然强调义的重要性，但同时又承认

---

① 朱熹：《四书集注》，海南出版社1992年版，第250页。
② 梁启雄：《荀子简释》，中华书局1983年版，第362页。

私利存在的必然性和普遍性，并不反对人们在合乎义的前提下对私利的追求。

二、儒家义利观的发展——董仲舒的义利观

儒家虽为先秦"显学"之一，但在思想领域并不占统治地位。秦朝"立国以法"，并有秦始皇"焚书坑儒"之举，汉初统治者则又崇尚黄老，致使儒家的影响一度很微弱。直到汉武帝采纳董仲舒"罢黜百家，独尊儒术"的建议，儒家思想才真正成为中国占统治地位的思想，但后世儒家学术中的许多观点并非孔孟本来的思想。

在义利观方面，董仲舒有两段比较集中的言论：

其一，"天之生人也，使人生义与利。利以养其体，义以养其心。心不得义不能乐，体不得利不能安。"①他虽然承认"利"为人生所必需，但又将"利"解释为维持生计（"养其体"）的低水平的物质需要，与孔、孟承认"富与贵，是人之所欲也"相比，已经大大减少了"利"的含意。

其二，"夫仁人者，正其谊不谋其利，明其道不计其功。"②此处的"仁人"与孔子所说的"君子"等义，而"谊"即"义"也。"谊，人所宜也。"（段玉裁注："谊，义，古今字"）这是说，有道德的人懂得了"义"便应该"不谋其利""不计其功"。董仲舒实际上否定了君子在合乎"义"的情况下追求"利"的合理性，这种观点与孔子赞许的"义然后取，人不厌其取"和荀子说的"好利恶害，是君子小人之所同也"，是明显不同的。

董仲舒将人人都需要的"利"解释为"养其生"的基本物质需要，而处于社会上层的"仁人"是不存在"养其生"问题的，所以他们没有必要也不应该追求"利"。表面看来，董仲舒的义利观比孔孟的道德境界还高，而实际上乃是一种倒退，用今天的语言说，就是讲空话、唱高调。南宋思想家叶适曾一针见血地评判道："仁人正谊不谋利，明道不计功，此语初看极好，细看全疏阔……后世儒者

---

① 董仲舒：《春秋繁露》，中华书局1963年版，第86页。
② 班固：《汉书》，中华书局1962年版，第1197页。

行仲舒之论，既无功利，则道义者乃无用之虚语耳。"①

董仲舒以儒家正统自居，在义利观上却篡改孔孟的本义，是有一定的社会历史背景的。他向汉武帝提出"罢黜百家，独尊儒术"的建议，目的就是强化封建国家的思想统治，巩固中央专制的国家政权，从这一目的出发，自然会得出"如果承认子民百姓乃至朝官公卿皆有追求私利的权利，是不利于封建国家的利益的"结论。对于老百姓，他认为"万民之从利也，如水之走下也"，必须"以教化堤防之"，即用"义"的教化来遏制老百姓对利的追求。而对于上层的"仁人"，就以虚空的"义（谊）"来反对他们去追功逐利，以维持封建国家的利益，这就是他主张"仁人""不谋其利，不计其功"的本义。

董仲舒还以"天人感应"的哲学理论为基础，赋予"义"以新的含意——"君臣父子夫妇之义"，并明确指出"君为阳，臣为阴，父为阳，子为阴，夫为阳，妻为阴"，"阳贵而阴贱，天之制也"②。这个意义上的"义"后来成了以"三纲五常"为核心的伦理思想的重要内容，它与孔子所说的"义者宜也"，即合乎情理、公平合理的"义"的内涵，已经相去甚远了。

如上所述，董仲舒虽然高唱仁人"不谋其利"的高调，反对人们对功利的追求，但他毕竟承认义与利二者于人皆不可少（"天之生人也，使人生义与利……心不得义不能乐，体不得利不能安"），只是"身之养莫重于义"而已③。因此，用"重义而轻利"概括董仲舒的义利观，应该说是比较贴切的。

三、儒家义利观的扭曲——宋明理学的义利观

中国社会到宋代以后，封建政治日益显出其腐朽性，而封建思想也日益显出其虚伪性。表现在义利观方面，就是宋名理学公开打出"存天理，灭人欲"的旗号，把"义"与"利"完全隔离对立起来。

① 叶适：《习学纪言序目》卷二三《汉书三·列传》，中华书局1977年版，第324页。
② 董仲舒：《春秋繁露》，中华书局1963年版，第193页。
③ 董仲舒：《春秋繁露》，中华书局1963年版，第194页。

宋明理学家非常重视义利关系问题，理学的奠基人程颢说"天下之事惟义利而已"，朱熹则说："义利之说，乃儒者第一义。①但是他们却以一种极为简单的思维方式来对待这个重大问题。程颢认为，"出义则入利，出利则入义"。这就是说，义利二者的关系如水火之不相容，有义则无利，有利则无义。

他们对义和利又是如何解释的呢？朱熹说："义者，天者之所宜也；利者，人情之所欲也。"②在他看来，符合天理的就是义，满足人欲的就是利。程颢的"出义则入利，出利则入义"到了朱熹笔下，就变成了"天理存则人欲亡，人欲胜则天理灭"，所以他主张"革尽人欲，复尽天理"③。程朱理学的后继者，明代心学主义代表王阳明也主张"去人欲而存天理"④。

宋明理学的义利观将义与利完全对立起来，已经不能用"重义而轻利"来概括，因为"重此而轻彼"与"去彼而存此"从语义上看是有实质区别的，前者并没有完全否定"彼""此"可以并存，而后者"去人欲而存天理"（即"去利而存义"），则从根本上否定了"利"存在的客观性和必要性。实际上如果不满足人的基本欲望，没有"养其体"的"利"，人本身就不能存在下去，存天理于人又有何意义呢？

在哲学史上，宋明理学被称为"新儒学"，它在一些方面对孔子开创的儒家思想有所发展，但在义利观这一点上，他们要灭掉连孔子都认为合理的"人之所欲"，这种"义利对立""去利而存义"的观点，是继董仲舒"重义而轻利"后的一次更大的倒退。

四、儒家义利观的复归——颜元的义利观

儒家思想发展到明代中叶王阳明以后，已经走到了尽头，此后再也没有出现过公认的儒学大家。但我们讨论儒家义利观的发展，却不能不提到清初学者颜元。

---

① 朱熹：《朱子语类》，海南出版社1993年版，第326页。
② 朱熹：《四书集注》，海南出版社1992年版，第95页。
③ 朱熹：《朱子语类》，海南出版社1993年版，第395页。
④ 王守仁：《工文成公全书》，中华书局1982年版，第391页。

颜元（1635—1704）是清朝初年唯物主义思想家，他年轻时仰慕古圣贤，曾潜心研究孔、程、朱、王之学，不久发现孔孟之学经过董仲舒和程朱陆王的嬗改已经面目全非，思想发生了根本性的转变。颜元从34岁后不再标榜崇尚儒学，哲学史界也没有人将他归入儒家。但颜元在义利关系上对董仲舒和宋明理学的观点作了尖锐的批判，在一定程度上恢复了孔子提出的义利观的本来面貌，并用比较接近现代语言的文字予以阐述，从这一角度上可以说，颜元的义利观是儒家义利观的复归。

历代许多儒家学者以《孟子》一书中孟子讲的第一句话"王何必曰利，亦有仁义而已矣"（《孟子·梁惠王》）为据，推定孟子主张只要义，不要利。颜元认为这是一种断章取义的误解。他说，"孟子极驳'利'字，恶夫掊克聚敛者耳"，因为孟子是在一个缺少仁义的国君（梁惠王）一见他就问"利"的情况下，才用"王何必曰利，亦有仁义而已矣"这种尖刻的语言把对方的话题挡开，这不能说明他否定人（包括君子和小人）可以有私利，孟子反对的仅仅是统治者对人民狂征暴敛的违反"仁义"的利。如果我们认真读完《孟子·梁惠王上》中孟子后面的议论，就会发现颜元的分析是中肯的。

颜元对董仲舒"仁人正其谊不谋其利，明其道不计其功"的义利观作了尖锐的批判。他说："世有耕种而不谋收获者乎？世有荷网持钩而不计得鱼者乎……这不谋不计两'不'，便是'老无''释空'之根……全不谋利计功，是空寂，是腐儒。"他指出，董仲舒的上述言论"实非先圣（指孔孟）之本也"[1]。

颜元对程朱理学将义利完全对立而主张存天理灭人欲的义利观尤为反感，他认为，朱熹提出"学者须是革尽人欲，复尽天理，方始是学"，要人们闭门读书，求理灭欲，其结果是使许多人"读书愈多愈惑，审事机愈无识，办经济愈无力"，"千余年来，率天下故纸堆中耗尽身心气力，作弱人、病人、无用人者，皆晦庵（即朱熹）为之"[2]。可见他对理学家们虚伪的义利观是深恶而痛绝的。

颜元在批评董仲舒和宋明理学的义利观的同时，也正面提出了

① 颜元：《颜元集》，中华书局1987年版，第262页。
② 颜元：《颜元集》，中华书局1987年版，第327页。

自己的观点。他认为，谋利度功是人的活动的普遍特征，道德（义）不是空话而存在于人们谋利计功的行动之中，"正谋便谋利，明道便计功"，所以他说"义中之利，君子所贵也"①。他的这些观点，继承了先秦儒家"富贵乃人之所欲"，但君子应该"义然后取"的义利观中的合理成分，比较好地将义与利统一起来，这可以说是中国封建社会中最为合理的义利观。

五、探讨儒家义利观历史演变的现代意义

在经济体制转轨的今天，人们的思想意识异常活跃，如何建构适应市场经济体制的、具有中国特色的现代义利观，是当前理论界、学术界十分关心的问题。

在如何评价传统的义利观方面，存在着两种截然相反的观点：一种观点认为儒家"重利轻义"的义利观不符合物质利益原则，不能适应市场经济运行规则，对我国社会生产力的发展构成一种无形的阻力，在当今的道德建设中应该加以淡化；另一些人则认为儒家的"重义轻利"作为一种传统美德永远不会过时，他们把市场经济起步阶段社会上出现的见利忘义、为富不仁现象，归结为西方"重利轻义"的价值观念随着改革开放进入中国的结果，强调继承"重义轻利"的传统美德是当前道德建设的重要内容。

我们认为，对传统文化的批判继承问题是一个异常复杂的大课题，不能用两极对立的简单思维方式评判儒家义利观的是非优劣。通过本文上述对儒家义利观历史演变的考察可以看出，笼统地用"重义轻利"甚至"义利对立"来概括儒家义利观的内容是不准确的，因为儒家义利观经过了几个不同的历史发展阶段，而每个阶段它的内容都有不同的特点。只有搞清楚儒家义利观的历史演变过程，才能具体区分它的精华和糟粕，才能正确评判它在现代精神文明建设中的作用。这就是探讨儒家义利观历史演变的现代意义。

[原载《社会科学辑刊》2001年第2期。]

---

① 颜元：《颜元集》，中华书局1987年版，第126页。

孔孟主张"义利对立、尚义排利"质疑

——兼论市场经济下对儒家义利观的批判与继承

《中国大百科全书·哲学卷》"义与利"条说:"孔孟主张义利对立,尚义排利",其理由仅仅列举了两句简短的言论:"孔子说:'君子喻于义,小人喻于利。'孟子对梁惠王说:'王何必曰利,亦有仁义而已矣。'"诚然,作为百科知识型的参考工具书,我们不能要求它在条目中对基本观点展开全面论证,但是它说"孔孟主张义利对立,尚义排利",确实代表我国哲学界和伦理学界的普遍观点,在一般知识阶层乃至普通老百姓中,它也基本上成为定论。

笔者认为,从现有典籍中有关孔、孟的言论和行为的全部材料看,说"孔孟主张义利对立,尚义排利",乃是对孔子和孟子一种极大的误解,用"义利对立,尚义排利"来笼统地概括儒家义利观的特点,也有失偏颇。必须澄清对孔、孟的误解,才能对儒家义利观有一个全面客观的认识,才能正确评价儒家义利观在现代精神文明建设中的作用。

一、从孔子的言论和行动看孔子义利观的本来面目

义利关系涉及社会财富的分配,它在私有财产和私有观念出现以后就受到人们的重视。《周易·乾卦》中有"利者,义之和也"的说法,《左传·昭公十年》记载,齐国大夫晏婴说"义,利之本也",《周易》和晏婴都早于孔子,可见义利关系问题不是孔子最先提出来的。但是对义利关系提出明确观点并把它作为道德规范体系中最重要内容之一者,孔子确为第一人。在《论语》中,"义"字出现凡24次,"利"字出现凡11次,可见孔子对义和利作过认真的思考,并发表过许多言论。孔子言论中的"义",用他自己的话来解释,即《中庸》第二十章所载之"义者,宜也"。汉代辞书《释名》

解释说:"义,宜也;裁制事物使各宜也。"可见孔子的"义"是适宜、合乎情理、公平合理的意思。孔子言论中的"利",就是利益、功利的意思,利益又有"公利"和"私利"之分,"公利"与"私利"是相对的,但与"义(公平合理)"相对应的"利"应该理解为私利。

要全面而准确地理解孔子的义利观,不能仅仅根据他所说的一两句话,而应对孔子有关义利关系的全部言论和孔子一生的行为作全面考察。《论语》中,孔子关于义利关系主要有以下一些言论:

1.《里仁》曰:"富与贵,是人之所欲也,不以其道得之,不处也;贫与贱,是人之所恶也,不以其道得之,不去也。"富者,财之丰也;贵者,位之显也。人们希望富贵,当然属于追求私利,而孔子认为富与贵乃"人之所欲"。值得一提的是,《论语》中孔子将"君子"和"小人"对举达19次之多。如《为政》云:"君子周而不比,小人比而不周。"《述而》云:"君子坦荡荡,小人长戚戚。"而此处却笼统地说富贵是"人之所欲",这里的"人"是既包括小人,又包括君子的,可见他认为在追求私利(富贵)这方面,君子和小人是没有差别的。孔子同时又强调,虽然人人(包括君子)都追求私利(富贵),但必须以合乎"义"为前提,所以他强调"不以其道得之,不处也",而这明显是对君子的要求。由此看来,前句"富与贵,是人之所欲也"中的"人",虽然包括所有的人,但孔子的意思重在强调君子同样有"富与贵"(私利)的欲望。

2.《述而》云:"富而可求也,虽执鞭之士,吾亦为之。""饭疏食饮水,曲肱而枕之,乐亦在其中矣。不义而富且贵,于我如浮云。"这两段话出现在同一篇中,而且是相邻近的两章,它们从正反两方面表达了孔子本人处理义利关系的准则。这是将"富与贵,是人之所欲也,不以其道得之,不处也"的一般原则应用于自己的必然结论。既然人人都追求富贵,我也不例外,假如能得到富贵(私利),我甚至宁愿去当低贱的"执鞭之士",而不以为耻(因为当"执鞭之士"虽然不够体面,却不属于"不义"之举);但我是君子,对富贵必须"以道得之",所以,不合乎义的富贵对我来说就像过眼浮云一样,我是不会去争取的。

3.《泰伯》云:"邦有道,贫且贱焉,耻也;邦无道,富且贵焉,耻也。"这里,孔子将义利关系放到不同的社会条件下去讨论,具有深刻的含意。所谓"邦有道"者,国家管理有序、社会公平也,在这样的条件下,富贵只能靠合乎义的手段才能得到。如果一个人在有道之邦仍然贫穷卑贱,那就说明他不够勤奋或者缺少才能,因此是可耻的。但是,如果国家管理不善,社会不公,通过发不义之财来达到富贵的目的,那也同样可耻。从这段话可以看出,孔子认为对合乎义的正当利益不去努力追求,与用不义手段追求不正当利益一样,同样都是可耻的。这就从正面肯定了对合乎义的私利不仅可以去追求,而且应该去追求。

4.《卫灵公》曰:"君子义以为质",《宪问》说应该"见利思义",《里仁》则认为若"放于利而行,多怨。"这几句话的含意是:君子要将义作为内在的品质修养,在看到有利可得时应该想一想取之是否合乎义,如果不能用义来约束自己,而放任自己的私欲膨胀,就会招来很多抱怨。孔子实际上是在肯定君子也有追求私利的欲望的前提下,要求君子用"义"来约束自己的取利行为。《论语·宪问》记载:当孔子听说当时有名的"廉静之士"公叔文子并非如人们所传的"不取"私利,而是"义然后取",而且"人不厌其取"时,他深表赞许:"其然!岂其然乎!"因此,"义然后取"虽不是孔子本人的原话,却可以代表孔子的观点。

孔子是一个言行一致的人,以上言论中表达的有关义利关系的主张,也体现在他自己的行为中:孔子并不拒绝物质利益,他招收学生要收"束脩"作为学费;他平时对衣食颇为讲究,《论语·乡党》记孔子的生活习惯,"缁衣羔裘,素衣麑裘,黄衣狐裘","食不厌精,脍不厌细",连坐椅的垫子也要用毛深温厚的狐貉皮毛来做("狐貉之厚以为居")。《论语·阳货》还记载,当鲁国搞叛乱的公山弗扰和晋国搞叛乱的佛肸先后邀请孔子去做官时,他都一度动心欲往,还说"吾岂匏瓜也哉?焉能系而不食"。但当子路提醒他这不符合"义"时,最后并没有去,这也许是对"见利思义"的最好注解。孔子五十岁从政,官至大司寇行摄相事(代理宰相),可谓"富且贵"也,但在鲁君和执政的季桓子耽于声色而殆于政事的情况下(此所谓"邦无道"也),孔子就主动辞去高官厚禄而离开了鲁国①（《孔子世家》），这种行为完全符合他"邦有道，贫且贱焉，耻也；邦无道，富且贵焉，耻也"的义利观。

从以上孔子的言论和行为看，孔子"尚义"无可怀疑，但说他"排利"则明显不符合事实，因为他不但明确承认人人都有追求富贵的欲望，而且表白自己为求富贵，"虽执鞭之士亦为之"，并认为在"邦有道"的情况下不去努力争取富贵而甘于贫贱是可耻的。至于说孔子主张"义利对立"，就更没有根据了，因为孔子反对的仅仅是不符合"义"的"利"（即"不义而富且贵"），他赞成"义然后取"，即在符合"义"的前提下人们可以而且应该去追求"利"，这哪里有一点"义利对立"的意思呢？

二、对"君子喻于义，小人喻于利"和"王何必曰利，亦有仁义而已矣"的语义分析

以上列举《论语》中有关义利关系的言论时，没有提及"君子喻于义，小人喻于利"一语，并不是有意回避它，而是因为这句话是认定孔子"主张义利对立、尚义排利"的主要根据（可能也只是唯一的根据），有必要单独加以重点分析。根据同样的理由，对孟子"王何必曰利，亦有仁义而已矣"一句，也有必要加以具体分析。

1.如何理解孔子所说的"君子喻于义，小人喻于利"。

"君子喻于义，小人喻于利"见于《论语·里仁》，句子本身的意思很清楚：道德修养好的人懂得义，道德修养差的人懂得利。但是根据逻辑常识，由此并不能推出"懂得义的人就是君子，懂得利的人就是小人"，也不能推出"君子不懂得利，小人不懂得义"。"君子"和"小人"是反义词，但并不意味着"义"与"利"也是反义词。我们可用同在《里仁》篇中的"君子怀德，小人怀土；君子怀刑，小人怀惠"作为旁证：这里的"怀德"（关心道德）与"怀土"（怀念乡土）、"怀刑"（关心法制）与"怀惠"（思得恩惠）之间，意义并不相反，相互之间没有对立关系。因

---

① 司马迁：《史记》，中华书局1959年版，第1917—1918页。

此，即使没有前面对孔子关于义利关系的许多言论和行为的考察，"君子喻于义，小人喻于利"这句话本身也不含有"义利对立"的意思。

《论语》中有许多"君子A，小人B"式的句子，大多是用来说明君子与小人道德修养的差别的，"君子喻于义，小人喻于利"也是如此。那么君子与小人在对待义利关系上的差别何在呢？前文已经指出，孔子承认利是人人（包括他自己）都追求的东西，他并不反对君子取利，甚至认为合乎义的利不去争取是可耻的，所以君子与小人的差别不在于是否懂得利，而在于是否懂得义，即是否能用义来约束自己的取利行为。荀子用更直接的语言表达了孔子的这一思想，他说："好利恶害，是君子小人之所同也，若其所以求之之道则异矣"①（《荣辱》）。因此，对孔子"君子喻于义，小人喻于利"两句话的准确理解应该是：君子不仅懂得利，而且懂得义，而小人则只懂得利而不懂得义。

2.如何理解孟子所说的"王何必曰利，亦有仁义而已矣"。

孟子这句话见于《孟子·梁惠王上》，是全书中孟子所讲的第一句话。很多人以这句话为据，推定孟子主张只要义，不要利，这实际上也是一种误解。

《孟子·梁惠王》全篇的主题是宣传"仁政"思想。当时的魏国，王公贵族"庖有肥肉，厩有肥马"，而老百姓则是"民有饥色，野有饿殍"，梁惠王又是一个缺仁少义的国君。孟子见梁惠王，目的是要说服他施行仁政，而梁惠王一见孟子就问："叟不远千里而来，亦将有以利吾国乎？"孟子就是在这种情况下才用"王何必曰利，亦有仁义而已矣"这句颇为尖刻的话把对方的问题挡了回去，然后再来阐述他的仁政思想的。梁惠王所问的"有利吾国"的"利"，按照朱熹的解释，此处"王所谓利，盖富国强兵之类"，与"尚义排利"的"利"并非一回事。清初学者颜元评论孟子这句话时说，"孟子极驳'利'字，恶夫掊克聚敛者耳"，此言极是，因为从后面孟子的言谈看，他反对的仅仅是统治者对人民狂征暴敛的违反"仁义"的行为，而不是一般地反对"利"。因此，仅仅根据"王何必曰利，亦有

---

① 梁启雄：《荀子简释》，中华书局1983年版，第29页。

仁义而已矣"来推断孟子主张"义利对立"或"尚义排利",是缺乏说服力的。

《孟子》一书中直接谈论义利关系的言论并不多,他重义,有"二者不可得兼,舍生而取义"的名言,但他也认为对私利的欲望是人的本能,君子也不例外。如《告子上》云:"欲贵者,人之同心也",《万章下》曰:"天下之士悦之,人之所欲也。……好色,人之所欲。……富,人之所欲。……贵,人之所欲"。这里的"天下之士悦之",意思是"被天下士人(有知识的人)喜爱",这只能是"君子"的欲望而不会是小人的欲望;孟子将它与"好色""富""贵"并列,说它们都是"人之所欲也",这里的"人"指的主要是"君子"。可见孟子基本上继承了孔子的义利观,认为君子也有追求私利的欲望。

从以上分析可以看出,由孔子提出并被孟子继承的儒家义利观虽然强调义的重要性(尚义),但同时又承认私利存在的必然性和普遍性,他们不反对人们(包括君子)在合乎义的前提下对私利的追求。从哲学上看,孔孟的义利观基本上属于唯物主义,即使用今天的标准来衡量,也具有很大程度的合理性。如果要用最简短的语言来概括孔孟的义利观,应该是"重义不轻利、尚义不排利",而不是"义利对立、尚义排利"。

三、孔孟义利观被曲解的主要原因
——儒家义利观在历史发展进程中的蜕变

后人之所以误认为"义利对立、尚义排利"是孔孟的主张,主要是因为孔孟开创的儒家学说在历史发展进程中发生了很大的变化。在义利关系上,儒家义利观在历史发展进程中经历了两次蜕变过程。

儒家义利观第一次蜕变发生在汉代,代表人物就是向汉武帝提出"罢黜百家,独尊儒术"建议的董仲舒。在义利观方面,董仲舒有两段比较集中的言论:其一,"天之生人也,使人生义与利。利以养其体,义以养其心。"[①]他承认"利"为人生所必需,但认为

---

① 董仲舒:《春秋繁露》,中华书局1963年版,第86页。

"利"只是维持生计（"养其体"）的需要，与孔、孟所说的"富与贵，是人之所欲也"相比，"利"的含意已经明显减少了。其二，"夫仁人者，正其谊不谋其利，明其道不计其功。"①"仁人"即"君子"也，而"谊"即"义"也（《说文》段玉裁注："谊，义，古今字。"）。董仲舒认为有道德的人懂得了"义"便应该"不谋其利""不计其功"，这就否定了君子在合乎"义"的情况下追求"利"的合理性，这种观点与孔子所赞许的"义然后取"也是明显不同的。表面看来，董仲舒的义利观似乎比孔孟的道德境界还高，而实际上乃是一种倒退，用今天的语言说就是讲空话，唱高调。经董仲舒改造后的儒家义利观可以用"重义而轻利"来概括，因为尽管董仲舒大唱仁人"不谋其利"的高调，但毕竟还承认义与利二者于人皆不可少（"天之生人也，使人生义与利"），尚没有将"义"与"利"完全对立起来。

儒家义利观第二次蜕变发生在宋代，代表人物是理学集大成者朱熹。宋明理学家非常重视义利关系问题，朱熹说"义利之说，乃儒者第一义"②。他对"义"和"利"又是如何解释的呢？请看朱熹的原话："义者，天理之所宜；利者，人情之所欲。"③这就是说，符合天理就是"义"，满足人欲就是"利"。他认为义利二者的关系就像水火一样，绝对不能相容，有义则无利，有利则无义，"天理存则人欲亡，人欲胜则天理灭"，所以他主张"革尽人欲，复尽天理"④。儒家义利观经过理学家们的再次改造，就将"义"与"利"完全对立起来了，它已经从根本上否定了"利"（私欲）存在的客观性和合理性。这种义利观才是真正的"义利对立，尚义排利"，从哲学上看乃是一种唯心主义的义利观。

董仲舒和以朱熹为代表的宋明理学家对孔孟提出的义利观的两次改造，从合理性程度上看，乃是儒家义利观的两次大倒退。历代一些有见识的学者已经看出了这一点，如南宋思想家叶适曾批评董仲舒的"仁人正其谊不谋其利，明其道不计其功"一语说："此语初

---

① 班固：《汉书》，中华书局1962年版，第2524页。
② 朱熹：《朱子语类》，海南出版社1993年版，第326页。
③ 朱熹：《四书集注》，海南出版社1992年版，第95页。
④ 朱熹：《朱子语类》，海南出版社1993年版，第395页。

看极好，细看全疏阔。……后世学者行仲舒之论，既无功利，则道义者乃无用之虚语耳。"①清初唯物主义思想家颜元更是一针见血地批判道："世有耕种而不谋收获者乎？世有荷网持钩而不计得鱼者乎？……这不谋不计两'不'字，便是'老无'、'释空'之根……全不谋利计功，是空寂，是腐儒。"②颜元对程朱理学将义利完全对立而主张"存天理灭人欲"的义利观特别反感，他认为朱熹提出"学者须是革尽人欲，复尽天理，方始是学"，要人们闭门读书；求理灭欲，其结果是使许多人"读书愈多愈惑，审事机愈无识，办经济愈无力"，"千余年来，率天下人故纸堆中耗尽身心气力，作弱人、病人、无用人者，皆晦庵（即朱熹）为之"③。颜元还明确指出，董仲舒和朱熹的有关义利关系的言论"皆非先圣（指孔孟）之本也"④。

通过以上对儒家义利观两次蜕变的分析，可知"义利对立，尚义排利"仅仅是以朱熹为代表的宋明理学的义利观。哲学史上称宋明理学为"新儒学"。因此，说"新儒学主张义利对立，尚义排利"未尝不可，但笼统地说"儒家义利观的特点是'义利对立，尚义排利'"就不够准确了，至于将"义利对立，尚义排利"说成是孔孟的主张，则更加不符合历史事实。

四、建立与市场经济相适应的义利观
——孔孟和儒家义利观的批判与继承

如何处理好义与利的关系，是一个与社会财富分配直接相关的重要问题，因此，在社会生产关系转型时期总是受到人们的特别关注。我国目前正在建立市场经济体制，如何建立适应市场经济体制的新的义利观，是从中央决策层到学术界乃至普通老百姓都十分关注的问题。任何新观念的形成都离不开对历史遗产的批判继承，在如何评价传统的义利观方面，目前学术界存在着两种截然相反的观

---

① 叶适：《习学纪言序目》卷二三《汉书三·列传》，中华书局1977年版，第324页。
② 颜元：《颜元集》，中华书局1987年版，第262页。
③ 颜元：《颜元集》，中华书局1987年版，第327页。
④ 颜元：《颜元集》，中华书局1987年版，第126页。

点，一种观点认为儒家"尚义排利"的义利观不符合物质利益原则，不能适应市场经济运行规则，对我国社会生产力的发展构成一种无形的阻力，在当今的道德建设中应该加以"淡化"；另一些人则认为儒家的"重义轻利"作为一种传统美德永远不会过时，他们把市场经济起步阶段社会上出现的一些见利忘义、为富不仁现象，归结为西方"重利轻义"的价值观念随着改革开放进入中国的结果，强调继承"重义轻利"的传统美德是当前道德建设的重要内容和紧迫任务。笔者认为，儒家义利观从孔孟提出到近代经过了漫长的历史演变过程，每个发展阶段上都有其特定的内容，不能用两极对立的简单思维方式笼统地评判儒家义利观的是非优劣，而应该对其内容作具体分析。下面对儒家义利观的精华和糟粕，以及现代精神文明建设中对儒家义利观的批判继承问题略陈管见。

1.必须坚决破除"义利对立"的旧观念，建立"义利统一"的新观念。

在市场经济条件下，物质利益乃是经济发展的巨大驱动力，如果按照"义利对立"的观念，认为追求"利"就必然违反"义"，就会否定人们追求物质利益的合理性和合法性，这与市场经济显然是不相适应的。因此，"义利对立"的旧观念必须坚决予以破除，而代之以"义利统一"的新观念。"义利对立"并非孔孟的主张，而是程朱理学的主张，他们从根本上偷换了孔子的"义""利"概念，把"义"解释为"天理之所宜"，将"利"解释为"人情之所欲"，提出所谓"存天理，灭人欲"，这种义利观与西方中世纪的宗教禁欲主义一样，是扼杀人性的，无论从哪个角度看，它都是传统文化中的糟粕。按孔子的本义，"义者，宜也"，即公平合理，而公平合理必然符合公众利益。因此，义利关系从更深层次上看是一个公众利益与个人利益的关系问题，它们之间应该统一而且不难统一。根据"义利统一"的观念，就能正确理解允许并鼓励一部分人先富起来的政策。因为对于先富者来说，个人财富仅仅是"利"，但只要这些财富是通过合法经营和诚实劳动得到的，致富的客观结果必然是为社会创造了新财富，而社会总财富的增加完全符合公众利益，这当然也就符合"义"。

2.继承"尚义"传统美德，摒弃"排利"陈腐意识。

"尚义排利"与"重义轻利"意思基本相同，人们习惯于将它作为一个整体来看待，有人说它违背市场经济赖以生存的物质利益原则，应该摒弃或淡化；有人说它是中华民族的传统美德，必须大力弘扬。我们认为，"义"与"利"既然不是对立的，"尚义"就不必"排利"，"重义"也不必"轻利"。用分析的眼光看，"尚义"（重义）就是主张正义和公平，它确实是中国传统文化中值得继承并弘扬的美德，但"排利"（轻利）却不能跟着"尚义"一道进入"中国传统美德"的行列。我们认为，无论是董仲舒主张的"仁人不谋其利，不计其功"，还是朱熹高谈的"革尽人情之所欲"，都带有明显的虚伪性，即使是"真诚"的"不谋其利"，用现代眼光来看，也不宜作为一种美德来弘扬。试想，如果大家都"排利"（轻利），企业不追求高效益，个人不追求高收入，市场经济的活力从何而来？单靠虚空的"义"能够激活经济吗？建国后近三十年时间里，我们曾经在一切领域强调"义"（尽管各时期对"义"的解释不同）而排斥"利"，结果是我国的发展水平在世界上落后了一大截，这一教训我们不应该永远记取吗？我们应该向孔子学习，"富而可求"时，必"以道得之"。前文曾指出，孔孟义利观的特点可用"尚义不排利"或"重义不轻利"来概括，这种义利观我们理所当然地应该予以继承。

3.倡导"见利思义"，"义然后取"，反对"不义而富且贵"。

在西方近代史上，资产阶级曾公开打出"利己主义"的旗号来冲击虚伪的封建伦理，形成了"重利轻义"的价值观念，它在推动资本主义生产力发展方面曾经起过巨大作用。我国社会没有经过资本主义发展阶段，"重利轻义"的价值观从来没有在我国占据主导地位。今天，有人在批评"重义轻利"的义利观不符合市场经济运行规则的同时，主张"彻底更新"价值观念，要用"重利轻义"来取代"重义轻利"。我们认为，这种想法不仅是十分有害的，而且是非常幼稚的。西方价值观念中的"重利"，强调物质利益对社会发展的巨大推动力，有其合理的因素，值得我们借鉴吸收，以取代陈腐的"排利"观。但对西方价值观念中的"轻义"，则要作历史的分析：当年资产阶级思想家公开提出"重利轻义"，其中的"义"（justice——正义）是有特定的历史含义的，因为中世纪的基督教伦理思想家把"justice"解释为"肉体应当归顺于灵魂，灵魂应当归顺于上帝"（这种意义上的"义"与我国宋明理学所讲的"理"可谓不谋而合），资产阶级正是为了冲击以宗教势力为代表的封建伦理道德（禁欲主义是其中的重要内容），才提出"重利轻义"的。正是在这个意义上，"轻义"曾经在历史上起过积极作用。但随着资本主义制度的确立，宗教势力失去统治地位，"轻义"已经失去了它的积极意义，并且给西方国家带来许多社会弊病。今天，如果我们不加分析地用"（重利）轻义"来代替我国"重义"的传统美德，则必然会带来难以想象的严重后果。目前社会上出现许多官员贪污受贿、商人制假售假等大发不义之财而不以为耻的现象，不能不说与"重利轻义"的价值观的影响有一定关系。在此情况下，我们应该继承孔孟义利观中的合理因素，大力倡导孔子对待义利的态度——"见利思义"，"义然后取"，学习他们"不义而富且贵，于我如浮云"的君子气度，以促进我国经济社会的健康发展。

[原载《东岳论丛》2001年第2期。]

《论语·先进》"侍坐"章辨疑两则

> 子路、曾晳、冉有、公西华侍坐。子曰："以吾一日长乎尔，毋吾以也。居则曰：'不吾知也！'如或知尔，则何以哉？"（《论语·先进》）

这段话有两个难通之处，古今学者各持己见。本文拟从语境学角度，通过对"侍坐"章、《论语》全书和孔子与弟子这段对话的背景场合等各个层次的语境分析，来解答这两个疑难之点，以求得对这段话比较合理的解释。

一、"以吾一日长乎尔，毋吾以也"

对这句中的"毋吾以也"，自古以来就有两种不同的解释。

第一种解释："不要因为我（比你们年长）而不说话。"持此说的有西汉的孔安国："言我问女，女无以我长，故难对。"（见邢昺《论语注疏》）东汉郑玄："毋以我长之故，已而不言。"（见刘宝楠《论语正义》）按：已，停止也。《说文》"已，以也。"古代"以"通"已"乃常例。宋代的朱熹："言我年虽少长于女，然女勿以我长而难言。"（《四书章句集注》）近代康有为："汝勿以我长而退让不言。"（《论语注》）

第二种解释："没有人用我了。"此说以清代刘宝楠的《论语正义》为代表："'毋吾以'者，'毋'与'无'同……'以'，用也。言此身既差长，已衰老，无人用我也。"今人杨伯峻《论语译注》和郭锡良等编的《古代汉语》均取此说。

孤立地看句子本身，这两种不同的解释均可说得通。但是当我们把它放到语境中加以客观考察，就不难看出二说孰优孰劣。

按照现代语境学的观点，语境可以分为内部语境和外部语境，"所谓内部语境，是指在一定的言语片段中，一个词同其他词在词义搭配、语法组合、文章照应等方面的关系。所谓外部语境，是指说话的背景、场合、意向等存在于言语片段之外的因素。"①下面我们就结合《论语·先进》章和整部《论语》的"内部语境"和《史记》等典籍提供的"外部语境"，来比较它们的优劣。

笔者认为，上述第一种解释明显优于第二种解释。理由如次：

先看《论语·先进》"侍坐"章的"内部语境"。后文当子路、冉有、公西华回答孔子提出的"如或知尔，则何以哉"的问题后，孔子问曾皙"尔如何"时，他不好意思回答，主要原因是他的想法"异乎三者之撰"——他的意愿是优哉游哉地游玩（"浴乎沂，风乎舞雩，咏而归"），无意于从政，因而羞于在年长的老师面前说出这种"没有出息"的话。为了解除他的顾虑，孔子鼓励他："何伤乎？亦各言其志也。"（这有什么关系呢？只不过各人说说自己内心的想法罢了）。孔子这两句开导鼓励的话与他前面所说的"不要因为我比你们年长而不说话"（第一种解释）正好相照应。而第二种解释（因为我老了，没有人用我了）则与后文缺乏这种照应。

再从孔子说这些话的时间和地点等"外部语境"看，孔子也不会发出"没有人用我"的感慨。关于孔子与四位学生这段对话的时间和地点，虽然《论语》中没有直接交代，史书中也无确切记载，但我们从一些资料可以间接推出其大致的情况。

据《史记·仲尼弟子列传》，公西华少孔子四十二岁，故孔子五十六岁离开鲁国出游时，公西华只有十四岁，还不到"弱冠"的年龄。古代贵族子弟"年八而入小学，年十五入大学"（班固等撰《白虎通义》）。《论语·述而》："子以四教：文、行、忠、信。"《论语正义》说，"此四者，皆教成人之法"。古人以"弱冠"为成人之"礼"。故公西华从孔子为师，应在十五岁以后。从以上材料看，"侍坐"章所述的事不会发生在孔子出游之前。又据《孟子·尽心下》记载，万章问孟子："孔子在陈曰：'盍归乎来？吾党之士狂简，进取不忘其初。'孔子在陈，何思鲁之狂士？……敢问何如斯可谓狂

① 西槙光正编：《语境研究论文集》，北京语言学院出版社1992年版，第283页。

矣?"孟子答曰:"如琴张、曾皙、牧皮者,孔子之所谓狂矣。"这说明孔子在陈所思念的留在鲁国的弟子中有曾皙,可见曾皙没有跟随孔子周游列国,故"侍坐"章所述之事也不会发生在孔子游历各国的途中。根据以上考证,"侍坐"章记载的孔子与弟子们的对话,只能发生在孔子回到鲁国以后的那几年,即孔子七十岁以后。

又据《史记·孔子世家》记载,孔子年轻时"尝为季氏史……尝为司职吏……由是为司空。"五十岁"为中都宰……由中都宰为司空,由司空为大司寇。"五十六岁"由大司寇行摄相事(代理宰相)……与闻国政。"后因鲁君和季桓子耽于声色怠于政事,孔子无法容忍,自己离开了鲁国。这在《史记·孔子世家》中有详细记载。《论语·微子》则略记为"齐人归(馈)女乐,季桓子受之,三日不朝。孔子行。"这些经历说明不是当权者不用孔子,而是孔子觉得在礼崩乐坏的国度无法实现自己以礼治国的政治理想,主动辞官而去。他周游列国的初始目的也许是寻找赞同自己政治主张的明君,但却到处碰壁,未能如愿。等他归来时,已经充分认识到在"君不君,臣不臣"的局面下根本无法实现自己的政治主张,从政的热情已经很淡了。正如《史记·孔子世家》所言,"鲁终不能用孔子,孔子亦不求仕"。孔子中年时自己辞官而去,年老时不主动求仕,所以他在晚年不大可能会发出"我老了,没有人用我了"的感慨的。

根据语境分析得出的上述结论,可以通过对《论语》其他篇章中所使用的"毋"字的意义的考察来加以证明。"毋"字在先秦汉语中最常用的意义是禁止副词"不要(别)",如《诗经·邶风·谷》"毋逝我梁……毋发我笱",《左传·文公二年》"毋念尔祖",《礼记·月令》"毋伐大树",等等。"毋"偶尔可用作一般否定副词"无(不)",如《礼记·内则》"毋敢视父母所爱"。但先秦文献中尚未发现"毋"用于无指代词"没有谁(人)"之义者。《辞源》"毋"字条未列"代词'没有谁'"义项,可说明此义项在古汉语中不是常用的。列举义项较全的《汉语大词典》虽然列有"代词,相当于'没有谁'"一义,但其后举的两个用例均为《史记》中的句子,也可说明先秦的"毋"字尚无代词"没有谁"的用法。先秦诸子中除《论语》外,"毋"字用得很少,《老子》《孟子》《庄子》中甚至连一个"毋"字也找不到。

在《论语》中，除"毋吾以也"外，"毋"字出现四处凡七次，现全部引录于下：

> ①原思为之宰，与之粟九百，辞。子曰："毋！以与尔邻里乡党乎！"（《雍也》）——（毋[辞]，不要推辞）
>
> ②子贡问"友"。子曰："忠告而善道之，不可则止，毋自辱焉。"（《颜渊》）——（毋自辱，不要自取其辱）
>
> ③子曰："主忠信。毋友不如己者。过，则勿惮改。"（《子罕》）——（毋友，不要与之为友）
>
> ④子绝四：毋意，毋必，毋固，毋我。（《子罕》）

以上①②③例中的"毋"为"不要"的意思当无疑问。例(4)中的"毋"有两种解释：段玉裁、王引之、刘宝楠皆认为此处"毋"字也是"禁止之辞"（见刘宝楠《论语正义》）。而朱熹《论语集注》则注为："毋，《史记》作'无'，是也。程子曰：'此毋字，非禁止之辞'。"以上两种解释虽有差别，但都不含有"没有谁"的意思。

既然《论语》中其他"毋"字均没有代词"没有谁"的意思，且先秦其他文献中也没有将"毋"用于此义者，所以将"毋吾以也"的"毋"释为"没有谁"，就是一个孤例。除非没有任何其他合理的解释，否则此说难以成立。

先秦汉语中本来有一个兼有不定代词"谁"和否定副词"无"的意义的常用词"莫"（可译为"没有谁""没有人""没有什么"）。在《论语》中，"莫"用为此义者凡一十六次。现略举数例于下：

> ⑤上好礼，则民莫敢不敬；上好义，则民莫敢不服；上好信，则民莫敢不用情。（《子路》）
>
> ⑥不患莫己知，求为可知也。（《里仁》）
>
> ⑦在陈绝粮。从者病，莫能兴。（《卫灵公》）
>
> ⑧子曰："莫我知也夫！"子贡曰："何为其莫知子也？"（《宪问》）

从这些例子看，《论语》的写作者很熟悉"莫"的用法。如果他确实要表达"没有谁用我"的意思，只要说"莫我用也"或"莫吾以也"就行了，无须用"毋"字来表达它在当时本来不具有的"没有谁"的意思。基于以上理由，"毋吾以也"还是译为"不要因为我（比你们年长）而不说话"为好。

二、"居则曰：'不吾知也！'如或知尔，则何以哉？"

对孔子的这几句话，历来也有不同的解释，其主要差别在于对文中的两个"知"字和"何以"的意思以及它们之间的意义联系的理解不同。兹将各家的解释列表如下，以示其差异：

学　者	"不吾知"	"如或知尔"	"何以"	出　　处
孔安国	人不知己	如有用女者	何以为治	《十三经注疏》中华书局1983版，第2500页
朱　熹	人不知我	如或有人知女	何以为用	《四书章句集注》中华书局1983版，第29页
杨伯峻	人家不知道我	假如有人知道你们，[要请你们出去]	怎么办呢	《论语译注》中华书局1958版，第120页
王　力	知，了解	(知未另注，应同左)	打算做些什么事情	《古代汉语》中华书局1981版，第186页
郭锡良	不知吾(本义)	(知未另注，应同左)	怎么办	《古代汉语》北京出版社1981版，第574页
朱东润	人家不了解我	如果有人了解你们	将以什么来为治	《中国历代文学作品选》上编，上海古籍出版社1979版，第143页
盛书刚	不举用我	如果有人举用你们	怎么办	《孔子研究》1997年第4期，第111页

将两个"知"都解释为"举用"，是盛书刚先生最新提出的观点。如果仅从句子本身看，盛先生的解释最为文通理顺："你们平时总说人家不举用你，如果现在有人要举用你们，你们打算怎么办呢？"但是，如果我们把它放到整部《论语》中去考察，这种解释却明显不能成立，因为《论语》中与"不吾知"同构同义的句子出现许多次，而其他句子都不能解释为"不举用我"。如：

⑨不患人之不己知，患不知人也。（《学而》）

⑩子曰："莫我知也夫！"子贡曰："何为其莫知子也？"子

曰："不怨天，不尤人；下学而上达。知我者，其天乎！"（《宪问》）

这些句子中的"不己知""莫我知"，只能解释为"不了解我""没有人理解我"，不能解释为"不举用我""没有人举用我"。否则，如何解释"患不知人"和"知我者其天乎"中的"知"？难道能将这两句译为"怕的是你不举用别人""能够举用我的，只有老天吧"？"不吾知"与此处的"不己知"和"莫我知"意思完全相同，也不可以解释为"不举用我"。

孔安国将"不吾知"的"知"解为本义"了解"，而将"如或知尔"的"知"解释为"用"，其可取之处是：使"如或知（用）尔"的假设与下面的"何以（为治）"的问句在语义衔接上显得自然。但是，这里的"如或知尔"与上文的"不吾知也"两句明显有语义相承关系，两个"知"字应该是同义的。说过"你们平时总说人家不了解你们"后，接着自然应该问"假如有人要了解你们"，怎么会突然又问"假如有人要用你们"？故此说未免牵强。

朱熹、王力、郭锡良、朱东润的解释基本相同，对两个"知"字的解释保持了一致性，但都将"何以"解释为"你们打算怎么办"（何以为用）。而"如果有人要了解你们"的假设与"你们打算怎么办"的问题之间，似缺少内在的联系。"了解"一个人只是"举用"一个人的必要条件，知之未必用之。因此，"怎么办"的问题接在"假如有人了解你们"的假设之后，语义难以衔接，显得很不自然。

杨伯峻先生看出了这两种解释的不足，他采用了一个折中的处理方法，将此句译为"你们平时闲居，就说：'人家不知道我呀！'假如有人知道你们，（要请你们出去），那你们怎么办呢？"（《论语译注》）译文用加括号的方式添上一句话——"要请你们出去"，既解决了两"知"异训的矛盾，又完成了"假如有人知道你们"的假设与"你们怎么办"的问题之间意义上的衔接。

但是，借助于括号添加整句话的方法来完成古籍原著中句义的转接，有"增字为训"之嫌（此为训诂之忌也），毕竟不是值得提倡的方法。笔者认为，正确解读这段话的关键，不在于如何解释清楚第二个"知"字与前后句的意义联系，而在于正确理解后一句话"则何以哉"的意思。

"何以"是"以何"的倒置，是古汉语疑问句中一个常用的介词结构。《论语》中"何以"凡八例，除本例外，其余七例如下：

⑪子游问孝。子曰："今之孝者，是谓能养。至于犬马，皆能有养；不敬，何以别呼？"（《为政》）——用什么，怎样

⑫子曰："人而无信，不知其可也。大车无輗，小车无軏，何以行之哉？"（《为政》）——靠什么

⑬子曰："居上不宽，为礼不敬，临丧不哀，吾何以观之哉？"（《八佾》）——凭什么，怎样

⑭子贡问曰："孔文子何以谓之'文'也？"子曰："敏而好学，不耻下问，是以谓之'文'也。"（《公冶长》）——为什么

⑮棘子成曰："君子质而已矣，何以文为？"（《颜渊》）——为什么

⑯或曰："以德报怨，何如？"子曰："何以报德？以直报怨，以德报德。"（《宪问》）——用什么

⑰孔子曰："求，无乃尔是过与？夫颛臾，昔者先王以为东蒙主，且在邦域之中矣；是社稷之臣也，何以伐为？"（《季氏》）——为什么

以上七例中的"何以"代表了它在先秦汉语中的一般用法，可以训为"凭什么""用什么""为什么"，有的也可以训为"怎样"，但均不能训为"怎么办""做什么"。"何以"是介词结构，在句子中只能充当状语，不能充当谓语。以上诸例"何以"后均跟有动词谓语即为明证。所以，将"何以"解释为"怎么办"，从语法上也说不通。

"则何以哉"是一个省略了谓语中心词的疑问句。朱熹、朱东润看到了这一点，给"何以"补上了谓语"为治""为用"，但这与他们将前面的"知"训为"了解"（"知"的本义）又不相协调。因为既然前句假设的是"如果有人了解你们"，则后句省略的谓语就应该

与"了解你们"在意义上有直接联系，而"何以为治（用）"与"了解你们"并没有这种联系。

"则何以哉"省略的谓语是什么呢？我们从孔子关于"不己知"的其他谈话中不难找到答案。请看以下两例：

⑱不患莫己知，求为可知也。（《里仁》）
⑲不患人之不己知，患其不能也。（《宪问》）

孔子平时一再告诫弟子："不要怕别人不了解自己，而应该去追求值得别人了解的东西（学识才能）"，"不愁别人不了解自己，只愁自己没有（值得别人了解的）才能"。因此，当他假设了"有人要了解你们"的情境后，自然会提出"你们用什么东西让人家了解呢"的问题。由此可见，"则何以哉"省略的谓语是"为人知"，即"让别人了解"。"则何以哉"也就是"用什么让人家了解呢"。

"则何以哉"的确切意义，也可用语境分析的方法给以合理的解释。当孔子提出"则何以哉"的问题后，子路等四人回答了一些什么内容呢？以子路的回答为例：

⑳"千乘之国，摄乎大国之间，加之以师旅，因之以饥馑；由也为之，比及三年，可使有勇，且知方也。"

这段话的大意可概括为"我有管理好一个中等国家的才能"。后面冉有的回答可以概括为"我有管理好一个小国的才能"，公西华的回答则是"我不敢说我有什么才能，但我愿意学习，甘愿当一个小小的司仪官"。如果说以上三人的回答是国家之事，那么曾皙回答的则仅仅是暮春之际如何结伴郊游的事——"浴乎沂，风乎舞雩，咏而归"，其中心意思是"我的志向不在从政"。

四位弟子回答的内容都是"了解"的对象，即可供别人了解的东西，而不是被别人了解后自己打算采取的行动。如果问的是"打算怎么办"，弟子们怎么会回答"我有治理国家的才能"？如果问的是"何以为治"，曾皙怎么会回答"我的志向不在从政"？四位弟子岂不都是所答非所问？而如果将"如或知尔，则何以哉"解释为

"假如有人要了解你们，你们用什么来让人家了解呢"，则四位弟子的回答都非常切合题意：如果有人要了解我，我将告诉他我有管理中等国家（或小国）的才能；如果有人要了解我，我不敢说我有多大的才能，但我愿意学习；如果有人要了解我，我将告诉他我的志向不在从政。

搞清了"则何以哉"的含义，前面"不吾知也"和"如或知尔"两句中的"知"都应该训为"了解"，也就自明了。

综合以上两点，《论语》"侍坐"章开头的几句话应该译为：

因为我比你们大几岁，不要为此而不回答我的问题。平时你们总是说："人家不了解我呀！"假如有人要了解你们，你们用什么让人家了解呢？

[原载《孔子研究》2000年第3期，人大复印报刊资料《中国哲学》2000年第11期全文转载。]

"人不知而不愠"新诠
——兼论"知"不可训为"举用"

对《论语·学而》"人不知而不愠,不亦君子乎"这句话中的"人不知",清刘宝楠《论语正义》解释说"'人不知'者,谓当时君卿大夫不知己学有成举用之也。"[1]按此说,孔子这句话是对自己不被举用发出的感慨。但此说并未被今人采纳。杨树达《论语疏证》将"人不知而不愠"训为"自足乎内者,固无待于外也"[2];杨伯峻《论语译注》则译为"人家不了解我,我却不怨恨",他在注释中又说:因为"'知'下没有宾语",加上不知道"说话的实际环境","给后人留下一个谜",故"这种说法我嫌牵强"[3]。

盛书刚先生试图从语境学角度来解开这个"谜"。他从分析语境入手,认定"人不知"的"知"不能训为"了解",而应训为"举用",并主张将整句话翻译为"人家(指执政者)不举用我,我也不怨恨(我只怨自己无能耐),这不是君子的品格(或风格)吗?"[4]笔者认为,将"人不知"译为"人家不了解我"固然有点牵强,但将它译为"人家不举用我"似更为不妥。本文先论证"人不知"的"知"不能训为"举用",然后对"人不知而不愠"提出一种新的解释,供学界参考。

一、"知"和"举"虽然在客观上具有条件关系,但在语义上没有包含关系

古汉语中的动词"知",如果对象(宾语)是事物,一般训为

---

① 刘宝楠:《论语正义》,中华书局1990年版,第4页。

② 杨树达:《论语疏证》,上海古籍出版社1986年版,第2页。

③ 杨伯峻:《论语译注》,中华书局1958年版,第2页。

④ 盛书刚:《"人不知而不愠"的"知"是"了解"吗?——从语境学角度谈"知"含"举"义》,《孔子研究》1997年第4期。

"知道""懂得"，如果对象是人，一般训为"了解"。盛先生认为《论语》中"知人"的"知"应训为"举"，其重要理由是《论语》有的章句"透露出'知'和'举'的密切联系"。

其实，"知"（了解）和"举"（举用）之间的密切联系，不仅在《论语》中，在古今中外任何场合都是十分明显的。成语中有"知人善任"，汉代即有选拔官吏的"察（考察）举"制度，现代社会任何组织正式任用一个人之前，也少不了必要的考察。只有"知之"，才会"举之"，前者是后者的必要条件。但是，这种条件关系的存在能够说明《论语》中的"知"含有"举"义吗？让我们来看一看《论语》中的具体例子吧。

例1：仲弓……问政。子曰："先有司，赦小过，举贤才。"曰："焉知贤才而举之？"曰："举尔所知。尔所不知，人其舍诸？"（《子路》）

仲弓问话中的"知……而举之"和孔子答话中的"举尔所知"，虽可说明"知"和"举"有内在的条件联系，但也同时说明"知"和"举"的意义是迥然不同的。否则孔子为什么不直接回答"知贤才"而要说"举贤才"？如果"知"含"举"义，为什么仲弓又要问"焉知贤才而举之"？这段话中的三个"知"，没有一个可以解释为"举"；三个"举"，也没有一个可以解释为"知"。

例2：子曰："不患无位，患所以立；不患莫己知，求为可知也。"（《里仁》）

盛先生说这句中的"知"的"举用"之义不言自明。而笔者则认为，这里的"知"恰恰不含"举用"之义。从结构上看，全句将"无位"与"莫己知"相对应，将"所以立"与"为可知"相对应；如果这里的"知"为"举"义，则"无位"（没有职位）和"莫己知"（没有人举用我）完全等义，"所以立"（任职的本领）和"为可知"（可被人举用的才能）完全等义，那样前后两个分句岂不完全是同义重复？这句话的意思是："不愁没有职位，只愁没有任职的本领；不愁没有人了解自己，只追求具有值得别人了解的学识才能。"可见原句中的"知"根本不能训为"举"，只能训为"了解"。

> 例3：子曰："臧文仲，其窃位者与？知柳下惠之贤，而不与立也。"（《卫灵公》）

此句中的"与立"，就是"举用"的意思：臧文仲了解柳下惠的品德才能，却并不"举用"他。这里的"知"当然不含有"举用"之义。

《论语》多处将"知"和"举""立"（义同"举"）同时使用，足以说明"知"虽然在客观上是"举"的必要条件，但两者毕竟不是同一层次上的东西，在语义上前者并不包含后者。

二、从《论语》的"内部语境"看，"人不知"的"知"不能训为"举用"

高守纲先生说，"所谓内部语境，是指在一定的言语片段中，一个词同其他词在词义搭配、语法组合、文章照应等方面的关系。"① 按此理解，"人不知而不愠"的内部语境就是它所在的"语言片断"，即《论语》首章《学而》；而盛书刚先生则认为"研究《论语》的'内部语境'，应当着眼于整部著作"②。他们对"内部语境"的解释不完全一样，但这并不影响我们用语境分析的方法来考察"人不知而不愠"的真正意义。下面我们就从《学而》篇内和整部《论语》两个层次来考察"知"是否具有"举用"的"语境意义"。

杨伯峻先生说，"人不知——这一句，'知'下没有宾语"，所以"给人留下了一个谜"。实际上只要考察一下"内部语境"，"知"的宾语是显而易见的，那就是"己（吾、我）"。

《学而》篇中"知"共出现四处5次，现全部列举于下：

---

① 西槙光正编：《语境研究论文集》，北京语言学院出版社1992年版，第283页。

② 盛书刚：《"人不知而不愠"的"知"是"了解"吗？——从语境学角度谈"知"含"举"义》，《孔子研究》1997年第4期。

例4：人不知而不愠，不亦君子乎？

例5：知和而和，不以礼节之，亦不可行也。

例6：告诸往而知来者。

例7：不患人之不己知，患不知人也。

5、6两例"知"的对象不是人，与"人不知而不愠"的"知"显然不同。例7中的"知"与"人不知而不愠"中的"知"相同，当无疑义，因为不仅"人不知"与"人不己知"在词义搭配和语法组合上相同，而且"不愠"和"不患"的意义也相近。因此，只要考察例7中的"知"为何义，就能判断例4中的"知"具有何种"语境意义"。由于例7将"不己知"与"不知人"对举，故两"知"字必同义，其不能训为"举用"也就非常明显了。全句既不能译为"不愁别人不举用自己，而愁自己不举用别人（何来此愁？）"，也不能译为"不愁别人不举用自己，而愁自己不了解别人（一词何以二解？违反逻辑同一律）"。唯一正确的译法只能是："不愁别人不了解自己，而愁自己不了解别人。"

在《论语》中，孔子对"不己知"发表议论和感慨达7次之多，盛先生的文章引用了其中的3个例子（含上述例2）：

例8：不患人之不己知，患其不能也。（《宪问》）

例9：君子病无能焉，不病人之不己知也。（《卫灵公》）

盛书刚先生说，"上述三段引文中的四个'知'字，其'举用'之义不言自明"[1]。真的如此吗？例2中的两个"知"不能训为"举用"，前文已予分析。至于8、9两例，只要与例7"不患人之不己知，患不知人也"相对照，也就清楚其中"知"训为"举用"是不恰当的。完全相同的句子"不患（病）人之不己知"，既然例7只能译为"不愁别人不了解自己"，例8、例9为什么要译为"不愁别人不举用自己"呢？后两例译为"不愁别人不了解自己"，于义于理不也非常贴切吗？

---

① 盛书刚：《"人不知而不愠"的"知"是"了解"吗？——从语境学角度谈"知"含"举"义》，《孔子研究》1997年第4期。

在整部《论语》中，"知"字出现凡116例，其中用作以人（吾、己、我、尔）为宾语的动词者共19例（包括前文列举的1、2、3、4、7、8、9诸例）。笔者仔细研究了这19个"知"字，得出的结论是：没有一处必须解释为"举用"！下面再分析其中一个例子，它被视为"知"应训为"举用"的最有说服力的根据。

例10：樊迟问"仁"，子曰："爱人。"问"知"，子曰："知人。"樊迟未达。子曰："举直错诸枉，能使枉者直。"（《颜渊》）

樊迟问什么是聪明，孔子说"聪明就是'知人'"，而樊迟"未达"。他没有搞懂什么呢？肯定不是"'知人'是什么意思"，因为无论是将"知人"理解为"了解人"还是"举用人"，都没有什么难懂之处。樊迟没有搞懂的是"为什么说聪明就是'知人'呢"，而孔子回答的"举直错诸枉，能使枉者直"，也不是对"知人"的语义解释（即盛先生文章中说的"孔子在这里给自己的'知'加了'举'的注释"），而是在回答"为什么说聪明就是'知人'"这个问题："因为只有善于了解人（"人"应该包括"直者"和"枉者"），才能做到将'直者'放在'枉者'之上，并使'枉者'变得'直'起来。"盛先生说"为了给学生'解惑'，孔子把'举直'拿来代替'知人'"，是错误地理解了这段话的意思。由于孔子用的是一个比喻（"将直的木头压在弯的木头之上，能使弯的木头也变直"），连当时听话的樊迟也难以理解，所以才有后面他对子夏的问话："乡也吾见于夫子而问知，子曰：'举直错诸枉，能使枉者直'，何谓也？"

为了充分证明这段话中的"知人"不是"举用人"，下面我们引用《荀子·子道》中的一段话作为印证：

例11：子路入，子曰："由，知者若何？仁者若何？"子路对曰："知者使人知己，仁者使人爱己。"子曰："可谓士矣。"

子贡入，子曰："赐，知者若何？仁者若何？"子贡对曰："知者知人，仁者爱人。"子曰："可谓士君子矣。"

颜渊入，子曰："回，知者若何？仁者若何？"颜渊对曰：

"知者自知，仁者自爱。"子曰："可谓明君子矣。"①

对孔子提出的"什么叫作'知'（聪明）"的问题，子路、子贡、颜渊分别作了三种不同的回答：聪明就是"使人知己"；聪明就是"知人"；聪明就是"自知"。其中三个"知"字显然是等义的。如果将"知"理解为"举用"，除"聪明就是（善于）举用人"勉强可解释得通外，"聪明就是（善于）使人家举用自己""聪明就是（善于）自己举用自己"均不可通；而如果将"知"解释为"了解"，则"聪明就是（善于）使人家了解自己""聪明就是（善于）了解别人""聪明就是（善于）了解自己"三句均文通理顺。可见这里的"知"只能解释为"了解"，而不能解释为"举用"。例10中"知人"的"知"与此处的三个"知"字意义完全相同，当然也只能训为"了解"，而不能训为"举用"。

三、从《史记·孔子世家》提供的"外部语境"看，"人不知而不愠"中的"知"也不能训为"举用"

高守纲先生说："只知'知'的字面义是了解，而不弄清它的具体所指，是不能弄懂这段话的意思的。孔子是在什么背景下讲的这段话，《史记·孔子世家》作了介绍：'定公五年，……孔子不仕。退而修诗书礼乐，弟子弥众，至自远方，莫不受业焉。'前面那段话，是孔子自述'道之不行，已知之矣'，'不仕'，'退而修诗书礼乐'时的心情的……'人不知而不愠'是对'不仕'的态度，'不知'指不被了解，不被举荐作官。"②

查《史记·孔子世家》原文，发现高先生引用的这段话中，省略掉一段至关重要的内容（即文中的省略号所代表的部分）：季氏家臣阳虎在鲁国作乱，囚季桓子而专国政，"是以鲁自大夫以下皆僭离于正道，故孔子不仕，退而修诗书礼乐……"③。按"仕"，做官也，"不仕"就是不做官，而不是不让他做官，可见其"退而修诗书

---

① 梁启雄：《荀子简释》，中华书局1983年版，第396页。

② 西槙光正编：《语境研究论文集》，北京语言学院出版社1992年版，第285页。

③ 司马迁：《史记》，中华书局1959年版，第1914页。

礼乐"的"退",是主动辞去官职。《论语·阳货》第一章详细记载的一个故事,可与《史记》所说的"孔子不仕"相印证:阳货"欲见孔子"而送孔子礼物(豚),并用激将法"讥孔子而讽使速仕",而孔子则"以顺辞免"并没有去当官①。

以上材料说明,孔子"不仕"是因为他看不惯鲁国当时政治的混乱,自己不愿意去做官,而不是"不被举荐做官"。因此,高先生所说的"'人不知而不愠'是对'不仕'的态度",是没有根据的。

据《史记·孔子世家》记载,"孔子贫且贱,及长(成年后),尝为季氏史……尝为司职吏……由是为司空。"②"定公九年……孔子年五十……以孔子为中都宰(相当于后世之京兆尹)……由中都宰为司空(六卿之一,掌管工程),由司空为大司寇(六卿之一,为国家掌管公安、司法的最高长官)。"③孔子在大司寇的职位上干了五年,政绩突出。"定公十四年,孔子年五十六,由大司寇行摄相事(代理宰相)……与闻国政。"④孔子后来失去这么高的官职,并不是因为当权者罢免了他,而是他自己离职而去:齐人听说鲁国重用孔子,害怕鲁国强大起来对齐国构成威胁,就送给鲁君美女好马,使鲁君和季桓子耽于声色而怠于政事,孔子对此无法容忍,就自己离开了鲁国。这件事在《史记·孔子世家》中有详细记载,《论语·微子》则略记为"齐人归(馈)女乐,季桓子受之,三日不朝。孔子行"。

从《史记·孔子世家》上述记载看,孔子在56岁前曾被当权者重用,并做了相当长时间的大官,只是由于看不惯当政者的腐败才主动辞官而去。因此,至少在56岁前以及以后的几年中,孔子不大可能就"人家不举用我"发表感叹。

孔子离职后在国外过了十四年动荡不安的日子,待他返鲁时已经是垂垂老矣(七十岁)。晚年他忙于编纂诗书,被"举用"的期望已经非常淡薄了,如《孔子世家》所言:"鲁终不用孔子,孔子亦不求仕",此时,他更不会表白"人家不举用我,我也不怨恨"了。

---

① 刘宝楠:《论语正义》,中华书局1990年版,第674页。
② 司马迁:《史记》,中华书局1959年版,第1909页。
③ 司马迁:《史记》,中华书局1959年版,第1914—1915页。
④ 司马迁:《史记》,中华书局1959年版,第1917页。

四、孔子一生最大的遗憾是其政治主张不被认同，这是正确解读"人不知而不愠"的关键

以上我们从三个方面论证了"人不知而不愠"的"知"不能训为"举用"，而杨伯峻先生又觉得"知"译为"了解"有点"牵强"。那么如何解释翻译这句话才能作到"信、达、雅"呢？

杨伯峻先生在《论语译注》的注释中提出一个问题："人不知——这一句，'知'下没有宾语，人家不知道什么呢？"前文我们已经根据上下文补充出"知"的宾语是"己（我）"，但"人家不知道什么"的问题仍然存在，因为"己"的内容很丰富，"不知己"，是不知道自己的名字？不知道自己的身世？不知道自己的品德修养？不知道自己的学识才能？还是不知道自己的其他什么东西？搞清楚这个问题是正确理解"人不知而不愠"的关键。

如果我们承认"人不知而不愠"是孔子对他不被人知发出的感慨和表白，那么解开这个"谜"的钥匙也就不难找到了。

根据《史记·孔子世家》记载，孔子在世时就是一个知名度极高的人物。

孔子年十七时，鲁大夫孟厘子临死前即告诫其子："孔丘年少好礼，其达者欤？吾即没，若必师之。"[1]说明孔子自少年起即美名在外。

孔子年三十时，齐景公和已经大名鼎鼎的晏婴来到鲁国访问，就向孔子请教"秦穆公'国小处辟'，其霸何也"这样重大的政治问题[2]。年三十五，孔子因鲁乱而适齐，齐景公多次"问政"于孔子，孔子答以"君君，臣臣，父父，子子"和"政在节财"[3]。说明孔子三十来岁时在政界的影响远及国外。

鲁国阳虎为乱时（此时孔子年约四十七八），"孔子不仕，退而修诗书礼乐，弟子弥众，至自远方，莫不受业焉"[4]。说明孔子的

---

① 司马迁：《史记》，中华书局1959年版，第1908页。
② 司马迁：《史记》，中华书局1959年版，第1910页。
③ 司马迁：《史记》，中华书局1959年版，第1911页。
④ 司马迁：《史记》，中华书局1959年版，第1914页。

学问水平已经名扬天下。

孔子年五十，"定公以孔子为中都宰，一年，四方皆则之。由中都宰为司空，由司空为大司寇"，两年以后，"齐大夫黎锄言于景公曰：'鲁用孔丘，其势危齐'"[1]。孔子年五十六，"由大司寇行摄相事……与闻国政三月"，鲁国大治，"齐人闻而惧，曰：'孔子为政必霸，霸则吾地近焉，我之为先并矣（担心对齐构成威胁）'"[2]。孔子年六十，鲁国季桓子病死前"喟然叹曰：'昔此国几兴矣，以吾获罪于孔子，故不兴也。'顾谓其嗣康子曰：'我即死，若必相鲁；相鲁，必召仲尼'"[3]。其后，楚昭王、卫出公等各国当权者亦多有"欲得孔子为政"者[4]。孔子七十岁返鲁后，鲁哀公和季康子还问政于孔子[5]。以上材料说明，孔子的治国才能得到鲁国及各国当权者的公认。

孔子的品行学问乃至治国才能既然名闻天下，他又为何发出"人不知我"的感叹呢？我们还是到《论语》和《史记》中来寻找答案吧。

《论语》全书贯串着孔子一贯的政治思想：克己复礼，以礼治国。请看《论语》中多次出现的例子：

例12：能以礼让为国乎，何有！不能以礼让为国，如礼何！（《里仁》）

例13：恭而无礼则劳；慎而无礼则葸；勇而无礼则乱；直而无礼则绞。（《泰伯》）

例14：克己复礼为仁……一日克己复礼，天下归仁焉；非礼勿视，非礼勿听；非礼勿言；非礼勿动。（《颜渊》）

孔子一生主张恢复周礼，倡导以礼治国，但他的主张没有得到别人的赞同。

---

① 司马迁：《史记》，中华书局1959年版，第1915页。
② 司马迁：《史记》，中华书局1959年版，第1917—1918页。
③ 司马迁：《史记》，中华书局1959年版，第1927页。
④ 司马迁：《史记》，中华书局1959年版，第1932—1933页。
⑤ 司马迁：《史记》，中华书局1959年版，第1935页。

齐景公问政于孔子时（当时孔子三十五岁），孔子答以"君君，臣臣，父父，子子"，本来深得景公赞许，但大臣"晏婴进曰：'夫儒者滑稽而不可轨法……君欲用之以移齐俗，非所以先细民也。'后景公敬见孔子，不问其礼"①。这是说，当晏婴指出孔子以礼治国的主张不可行后，齐景公对孔子的"礼"就不再感兴趣了。

阳虎作乱时，孔子退而不仕，是因为"鲁自大夫以下皆僭离于正道"，此时当官有违他"非礼不行"的行为准则②。他五十六岁愤而离职（原任大司寇行摄相事）去鲁，也是因为看不惯鲁君和季桓子耽于女乐，觉得无法在鲁国实行他以礼治国的方针③。

孔子的政治理想和"以礼治国"的方针，不但得不到当权者的赏识，而且也得不到一般平民甚至他的学生们的理解。他五十六岁后还不辞劳苦奔走各国宣传他的"礼治"，但老百姓却讥之为"知其不可而为之者"（《论语·宪问》），还形容他疲惫的样子"累累若丧家之狗"④；子路问他："卫君待子而为政，子将奚先？"他答道："必也正名乎！"这时子路竟当面讥之："有是哉，子之迂也！何其正也？"⑤

《史记·孔子世家》中有一处记载了孔子因自己的政治主张得不到理解而表现出来极大的痛苦：孔子困于陈蔡之间，"知弟子有愠心"，遂连续分别召见子路、子贡、颜渊三位得意门生，向他们问了同一个问题："诗云'匪兕匪虎，率彼旷野'。吾道非邪？吾何为于此？"⑥其内心痛苦之程度可以想见！

至此，我们已经解开了杨伯峻先生提出的"人不知……人家不知道什么呢"这个谜：原来，孔子感叹的是自己的"道"——克己复礼、以礼治国的政治理想——没有人理解，这是孔子一生最大的痛苦和遗憾。"人不知而不愠，不亦君子乎"，乃是他对自己痛苦感受的自我安慰。

最后，我们来对这句话的译文作两点探讨。

---

① 司马迁：《史记》，中华书局1959年版，第1911页。
② 司马迁：《史记》，中华书局1959年版，第1914页。
③ 司马迁：《史记》，中华书局1959年版，第1918页。
④ 司马迁：《史记》，中华书局1959年版，第1921页。
⑤ 司马迁：《史记》，中华书局1959年版，第1933页。
⑥ 司马迁：《史记》，中华书局1959年版，第1931—1932页。

其一，杨伯峻先生觉得"人不知"的"知"译为"了解"有点牵强，是有道理的，似应翻译为"理解"。"了解"和"理解"词义相近，但"了解人"的含义比较宽泛，可以是了解他的一般情况，如出身、资历、才能、品德等，也可以是了解一个人的内心世界；而"理解人"的含义比较具体，专指了解一个人内心深处的思想。另外，"理解"还含有赞同的意向，"了解"则无此含义，而孔子深感痛苦的正是自己的思想不被别人理解赞同。

其二，"不愠"译为"不怨恨"也不够妥帖。历代《论语》注本将"愠"注为"怒也"。"愠""怒"虽有程度上的差别（"怒"的程度重于"愠"，"怒"一般形于表，而"愠"则一般郁于心），但二者皆为不及物动词，只表示一种心理状态，而没有特定的指向。现代汉语中的"怨恨"是一个及物动词，虽然译为"我也不怨恨"没有带宾语，但使人感觉省略了宾语"人家"（即"不知我"的人）。盛先生的文章中说，"人家不了解我，我凭什么要怨恨？不怨恨世上那数不过来的不了解我的人，这是普通人都能做到的，并不难能可贵，怎么能同'君子'之品行情操挂上钩呢？"[1]这种疑问的产生跟将"愠"译为"怨恨"不太妥帖有一定的关联。笔者认为，"愠"应该译为"懊恼"，因为"懊恼"也是一个不及物动词，而且"懊恼"的程度又稍轻于"恼怒"，故"懊恼"的意义更加符合"愠"的本来意义。

综合以上两点，我们建议将"人不知而不愠，不亦君子乎"一句翻译为：人们不理解我，我也不懊恼，这不也算是一个君子吗？

[原载《社会科学辑刊》2000年第3期。]

---

[1] 盛书刚：《"人不知而不愠"的"知"是"了解"吗？——从语境学角度谈"知"含"举"义》，《孔子研究》1997年第4期。

"己所不欲,勿施于人"道德准则的历史局限性

一

"己所不欲,勿施于人"是孔子提出的道德准则,后来成为儒家伦理思想的核心内容之一。两千多年来一直被当作中华民族传统美德得到肯定和继承。不但历代封建士大夫把它奉为最高道德准则,连马克思主义的伦理学家也给以充分的肯定。罗国杰同志指出:"'己所不欲,勿施于人','已欲立而立人,己欲达而达人','我不欲人之加诸我者,吾亦欲无加诸人',都是从'仁'出发的……中国传统伦理道德中的这种人本主义道德原则,在长期的历史发展中,对于协调人际关系,发挥了极为重要的作用。"①最近在社会上引起较大反响的几种《新三字经》,也无一例外地写上"己不欲,勿施人",可见这一道德准则的影响之深。

诚然,封建士大夫对"己所不欲,勿施于人"道德准则的推崇与马克思主义伦理学家对它的肯定,有着本质的不同,前者把它当作最高道德原则,而后者则对它加以批判的继承。但是,几十年来,我国伦理学界对"己所不欲,勿施于人"的历史局限性的批评,仅仅限于"阶级本质"和"欺骗性质"两个方面。一些伦理学家指出:"春秋末年,奴隶主阶级的思想家孔丘对奴隶主的道德理论作了系统的总结和发挥,提出了以'仁'为核心的伦理学说……所谓'仁',根据孔丘的解释,就是'爱人',就是'己所不欲,勿施于人'。"②这里指出了"己所不欲,勿施于人"道德准则的奴隶主阶级本质。由于封建主阶级与奴隶主阶级在剥削本质上的一致性,

① 罗国杰:《什么是中华民族优良道德传统》,《人民日报》1994年3月23日。
② 罗国杰主编:《马克思主义伦理学》,人民出版社1982年版,第143页。

由孔子提出的这一奴隶主阶级道德准则被封建士大夫全盘继承并把它奉为最高道德原则也就不足为奇。另一些学者则认为，"己所不欲，勿施于人"的历史局限性主要表现在它的欺骗性，他们指出："历代统治阶级之所以宣扬'己所不欲，勿施于人'的道德观念，目的完全在于用来麻痹人民群众，阻止被压迫者起来进行反抗斗争，而统治阶级自己从来就没有也不可能真正实行这一道德准则。"[1]

我们认为，仅仅从"阶级本质"和"欺骗性质"两个方面来认识"己所不欲，勿施于人"道德准则的历史局限性，不利于我们对它作客观的历史评价，也无助于我们正确认识它在现代社会的实际价值。例如，假如我们撇开阶级性和欺骗性，仅仅从其本来意义上理解，"自己不想要的，就不要施加给别人"，能否成为现代社会调节人与人之间关系的一条道德准则？这种道德行为准则与社会主义精神文明是否相一致？把"己不欲，勿施人"写进被称为启蒙德育教材的《新三字经》是否妥当？我们认为，这些问题的答案都应该是否定的。下面我们从哲学、社会学、伦理学三个层面来分析一下"己所不欲，勿施于人"的历史局限性。

（一）从哲学上看，"己所不欲，勿施于人"是主观唯心主义世界观在个人道德行为准则上的一种表现

在个人道德行为准则方面，唯物主义和唯心主义历来存在着根本的分歧：唯物主义认为，一个人应该做什么和不应该做什么，可以做什么和不可以做什么，必须以是否合乎社会、集体、他人的需要和是否损害社会、集体、他人的利益（这些对于行为主体来说是一种客观存在）为准；而客观唯心主义则认为必须以是否合乎"天理""上帝的意志"为准，主观唯心主义则认为应以个人的主观欲望和心理体验为准。显然，"己所不欲"（或"己所欲"）属于个人的主观欲望和心理体验。按照"己所不欲，勿施于人"的行为准则，一个人在处理个人与社会、个人与集体、个人与他人的关系时，不应以社会、集体、他人的需要这一客观依据为准，而应以个人的主观认识为准。自己不想要的，就认为他人也不会想要，社会也不会

① 张孝华：《论道德的历史继承性》，《理论探讨》1981年第5期。

需要，于是就不给予他人，不给予社会。尽管奉行这一道德准则的人主观愿望可能是好的，但由于颠倒了个人主观认识与社会客观需要之间的关系，当这二者不一致的时候，其行为结果往往会违背行为主体的主观愿望。一知名教授出任某大学校长，由于他本人一心致力于教学科研，甘于清贫，对物质待遇没有什么过高的要求，便认为高校教师都应该像他一样，按照"己所不欲，勿施于人"的原则，任期内在改善学校教学科研条件方面做了大量的工作，而对增加学校经济收入、提高教师物质生活待遇则并不重视，在社会上其他单位、其他行业职工经济收入普遍增加的情况下，该校教师物质待遇并没有得到明显的改善，结果出现了全校教师怨声载道，联名要求该校长提前离职的情况，这难道不是"己所不欲，勿施于人"行为准则的悲剧吗？如果该校长不是以是否为"己所欲"为准，而是以是否为"人（教职工）所欲"为准来决定自己的行为，上任之初来一次深入的调查，搞清楚教职工到底在想些什么，并把这作为确定自己任期目标的重要依据，就不会出现最后的尴尬局面。

（二）从社会学角度看，"己所不欲，勿施于人"的准则抹杀了人与人之间的个性差异，不利于调整当代社会人与人之间的关系

在历史上，奴隶社会不把奴隶当人，占人口大多数的奴隶阶级根本谈不上个性的发展。封建社会是一个扼杀人的个性的社会，统治者用"三纲五常"等封建纲纪来约束人性的发展，宋明理学家更是公开提出"存天理，灭人欲"，就是要消灭不符合"天理"的一切"人欲"。资产阶级公开提出"个性自由""个性解放"的口号，个性在理论上得到了承认和尊重，但由于资本主义剥削制度的局限，很难使"个性解放""个性自由"得到真正的实现。马克思主义认为，未来的共产主义社会将是每个人的个性得到充分发展的社会，"在那里，每个人的自由发展是一切人的自由发展的条件。"①（《共产党宣言》）由此可见，个性是否得到充分的承认和尊重，是社会文明发展程度的一个重要标志。

人的个性差异包括各人有着不同的需要、不同的兴趣、不同

---

① 中共中央马克思恩格斯列宁斯大林著作编译局编：《马克思恩格斯选集》（第一卷），人民出版社1995年版，第294页。

的爱好等，这在任何社会都是一种客观存在，而"己所不欲，勿施于人"的道德准则否定了人与人之间这种个性差异。按照这种理论，自己不喜欢、不想要的，别人也一定不喜欢、不想要，所有人的需要和爱好都是一样的，不存在差异。在封建制度下，个性得不到承认和尊重，封建士大夫主张用"己所不欲，勿施于人"准则来调整人与人之间的关系（实质是维护封建秩序）是顺乎其然的。在个性得到充分承认和尊重的现代社会，如果还将这种建立在抹杀个性基础上的"己所不欲，勿施于人"奉为必须遵守的道德准则，就可能导致对他人个性发展的限制，从而产生新的社会矛盾。以前几年社会学界颇为关注的"代沟"问题为例，两代人在许多观念上存在差别，如年轻人想到外面去闯世界，而老年人则执着于贫瘠的黄土地，这本身并不构成社会矛盾，但是，倘若因"己不欲"而对年轻人闯世界的举动加以反对和阻止，或年轻人因"己不欲"而反对老一辈坚守贫瘠的黄土地，矛盾便会油然而生。我国有的地区的一些家长，因为自己年幼时不曾读书，也没有读书的欲望，就无视子女要读书的愿望，不让孩子读书，而让他们辍学经商或做工，以至有的孩子发出"我要读书"的呼喊。这些家长的行为完全合乎"己所不欲，勿施于人"的行为准则，却扼杀了孩子正常的发展要求。

（三）从伦理学角度看，"己所不欲，勿施于人"与共产主义道德的基本原则集体主义相违背。

所谓"集体主义"，就是从人民群众的根本利益出发，坚持集体利益高于个人利益，在二者发生矛盾时，个人利益必须无条件地服从集体利益，并在保证集体利益的前提下把集体利益和个人利益结合起来。集体主义是共产主义道德区别于一切旧道德的基本特征。"己所不欲，勿施于人"从表面看是要人们从他人的角度来思考利益问题，实质上它的出发点仍然是"己"：自己所不想要的，就不要施加给别人，自己不喜欢的，就不要给予别人。这一原则只有在自己和他人、个人和集体"所欲"完全一致的情况下才能协调自己和他人、个人和集体之间的关系，而在自己和他人、个人和集体"所欲"不一致的情况下，这一原则就是要别人服从自己，要集体服从个人，因为它从根本上忽视了他人的"所欲"，忽视了集体的需要，忽视了大多数人的利益。试问：当"己所不欲"正是他人"所欲"、正是集体所需要的时候，是不是应该"施于人"呢？按照集体主义的道德原则，毫无疑问应当"施于人"，而按照"己所不欲，勿施于人"的行为准则，又毫无疑问地应当"勿施于人"。只要我们认真分析，就会发现两种道德准则的差别竟是如此的明显。有位厂长自己不喜欢跳舞，并且看不惯别人跳舞，便对工会、团组织举办舞会采取不支持态度，后来干脆以"影响职工休息"为由，禁止在本厂工会活动厅举办舞会，引起许多职工的不满。这位厂长的行为完全符合"己所不欲，勿施于人"的行为准则，但却从根本上违反了"个人利益服从集体利益"的集体主义原则。

以上我们从哲学、社会学、伦理学三个方面分析了"己所不欲，勿施于人"道德准则的历史局限性。与这一行为准则互为补充的"己之所欲，施之于人"也存在相同的局限性，对此，我们无须作更多的理论分析，只需要指出以下几点：

1.如果将"己之所欲，施之于人"的行为准则使用于个人和社会之间的关系，就可能成为少数人将个人爱好强加于社会的伦理道德依据。二十年前曾发生过一件妇孺皆知的事：某人自己喜欢穿一种裙装，便要全中国的女性都来穿这种裙装，以致大中城市商店橱窗中的模特清一色地穿上这种"××裙"。此事后来之所以被人们引为笑谈，不是因为这种裙装本身不美观，而是因为这种行为方式行不通。你所喜欢的东西，别人不一定喜欢；你认为很美的东西，别人不一定也觉得它美。怎么能在着装上让全国的女性服从于个人的好恶呢？这种不尊重他人"所欲"的行为方式当然会受到人们的讥笑。

2.如果将"己之所欲，施之于人"的行为准则使用于个人与集体之间的关系，就可能出现少数人（特别是有权者）置大多数人需要于不顾而将自己的爱好强加于集体的现象。例如，一个单位的工会主席爱好游泳，便将有限的文体活动经费大多用于组织职工去游泳，除非这个单位真有大多数职工喜欢游泳，否则这种活动必然会受到职工的反对，因为他们的利益受到了损害：失去了许多参加其他更有趣的活动的机会。当一个班级的班长和团支部书记讨论决定春游活动到什么地方去时,他们应该以什么为准呢?如果他们自己想去A地便决定去A地,而班上大多数同学却希望去B地,去A地的决定是否损害了集体的利益?答案是不言而喻的。社会上类似的情况并不罕见,这不能不说与"己之所欲,施之于人"貌似合理而实质背离集体主义原则有着内在的联系。

3.如果将"己之所欲,施之于人"的行为准则使用于自己与他人之间的关系,就可能使"施于者"的一番好意变成一种强人所难的行为,甚至造成与"施于者"主观愿望完全相反的结果。只要稍微观察一下,就会发现这样的现象比比皆是。就拿家庭成员之间的关系来说,父亲喜欢理科,便千方百计动员儿子学理科,全然不考虑儿子是否真的喜爱理科;母亲是音乐迷,便让女儿三岁就学钢琴,即使经过五年的学习已经证明女儿对音乐并无兴趣,也不肯让女儿放弃努力;丈夫爱看足球比赛的现场直播,便要妻子陪着看,却不管她是不是正愁着足球赛耽误了两集连续剧;妻子戴上项链觉得很漂亮,便给丈夫也买了一根,可丈夫却觉得男子汉戴那玩意儿有点不伦不类,两千多元要是买架带变焦镜头的照相机该有多好。可以说"己之所欲,施之于人"的行为准则是造成许多家庭矛盾以及人与人之间矛盾的一个重要原因。

二

我们分析"己所不欲,勿施于人;己之所欲,施之于人"道德准则的历史局限性,绝不是要全盘否定它在历史上的进步意义,也不是否定它在现代社会一定程度上的合理性,更不是主张与其相反的"己所不欲,施之于人;己之所欲,勿施于人",而是要通过对"己所不欲,勿施于人;己之所欲,施之于人"局限性的客观分析,寻找一种合乎共产主义道德基本原则和现代社会实际、更有利于调整现代社会人际关系的道德行为准则。

笔者认为,"己所不欲,勿施于人;己之所欲,施之于人"之所以在许多地方行不通,其根本原因在于以"己所欲"和"己所不欲"为据,来决定"施于人"还是"勿施于人",是以"己"及"人",而不是以"人"律"己",这就不但从根本上颠倒了自己与他人、个人与集体的关系，而且也颠倒了"己所欲"这种主观认识和感受与"人所欲"和集体的需要这种客观存在之间的关系。如果我们摆正这些关系，就会承认，在对某事某物是否"施于人"这个问题上，不能以是否为"己所欲"为准，而应以是否为"人所欲"为准，"己所不欲，勿施于人；己之所欲，施之于人"应该改两个字，使它变成"人所不欲，勿施于人；人之所欲，施之于人"，这才是当代社会应该大力提倡的道德准则。

许多人其中包括马克思主义的伦理学家之所以对"己所不欲，勿施于人；己之所欲，施之于人"给予很高的评价并加以积极的倡导，主要原因在于没有认真分析"己所欲"和"人所欲"之间的同异关系。如果我们承认"己所欲"和"人所欲"并不完全一致，甚至可能存在着很大的差别，那么"己所欲"与"人所欲"之间的关系就可用线段图直观地表示如下：

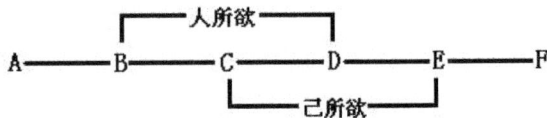

图 2-1

图中线段 A F 为与"己"和"人"有关的一切事物，B D 为"人所欲"，C E 为"己所欲"，A B 和 E F 为人、己皆所不欲，C D 为人己皆所欲，B C 为己所不欲而人所欲，D E 为人所不欲而己所欲。

下面我们根据这个示意图来分析几种行为准则的优劣：

1. "人所不欲，施之于人；人之所欲，勿施于人。"这是一种极端的"损他主义"行为准则，对 A F 间的一切事物使用这一准则，都只会损害他人（不一定有利于自己）。历史上不曾有人公开主张这种行为准则，行动上遵循这种行为准则的人也极为少见，仅见于少数患有复仇狂的精神病人。

2. "己所不欲，施之于人；己之所欲，勿施于人。"这是一种极端利己主义的行为准则，一个人对 B C、D E 段的事物使用这一准则，客观上不会有损于他人，甚至可能对他人有利，但是对 A B、C D、E F 段的事物使用这一准则，就会损害他人利益。历史上公开主张这种极端利己主义的人极为少见，但行动上遵循这种行为准则的人则并不罕见。

3. "己所不欲，勿施于人；己之所欲，施之于人。"前面已经从理论到实践上分析了这种行为准则的局限性，从示意图看，只有对ＡＢ、ＣＤ、ＥＦ段的事物使用这一准则，客观上才会有利于他人，而对ＢＣ和ＤＥ段的事物使用这一行为准则，在客观上就会有损于他人。可见，这不是一种理想的道德行为准则。

4. "人所不欲，勿施于人；人之所欲，施之于人。"对ＡＦ间的任何事物使用这一行为准则，都只会有利于他人。伦理学史上没有人正式提出过这一行为准则，但笔者认为，这一行为准则与毛泽东同志倡导的"全心全意为人民服务"的精神是一致的。如果我们把这一准则中的"人"不仅仅理解为"己"以外的个人，而且包括集体、社会、国家、人类，那么它就完全可以作为共产主义道德的一条行为准则。

从上面的分析可以知道，"己所不欲，勿施于人；己之所欲，施之于人"虽然优于极端"损他主义"和极端利己主义的道德行为准则，但它本身并不是一种理想的道德行为准则，从理论到实践，从主观到客观都存在着许多局限性。因此，我们不宜把它作为中华民族的传统美德评价过高，更不应将它写进《新三字经》一类的启蒙性的德育教材，让毫无分辨能力的幼童接受这种存在着种种局限的道德准则，而应该明确地提倡"人所不欲，勿施于人；人之所欲，施之于人"。

三

提倡以"人所不欲，勿施于人；人之所欲，施之于人"替代"己所不欲，勿施于人；己之所欲，施之于人"，会不会如有的同志所担心的那样，导致对个人（"己"）利益的否定和对个性的抹杀呢？不会。因为这一行为准则约束的仅仅是一个人将某事某物是否"施于人"，而不是"己"的个人利益是否应得到尊重，"己"的个性是否可以自由发展。一个人的利益是否可以满足，个性是否可以自由发展，应以是否损害他人和集体的利益为准，而不是以是否为

"人所欲"为准。损害他人和集体的个人利益不应得到满足，损害他人和集体的所谓个性也应该受到约束，反之，无损他人和集体的个人利益完全可以积极争取，无损他人和集体的个性也可以自由发展。"人所不欲，勿施于人；人之所欲，施之于人"的道德准则，对这种无损他人和集体的个人利益和个性发展不但没有任何约束，而且当人们都实行这一道德准则时，就避免了将"己所欲"加于人、"人所欲"不加于人的现象，每个人的个人利益将会得到更充分的尊重，个性也可以得到最充分的自由发展。

当我们将"人所不欲，勿施于人；人之所欲，施之于人"作为道德准则加以提倡时，应当将它和"投人所好"的市侩庸俗行为区别开来。二者之间至少在以下三个方面存在着本质的区别：第一，出发点不同。"投人所好"者总是从一己的私利出发，为了达到个人的目的（通常是非常具体的目的）而去揣摩别人（主要是当权者）的好恶，并以此来决定自己的行为；而"人所不欲，勿施于人；人之所欲，施之于人"主张充分尊重他人的利益，以他人的利益为自己行为的出发点，以是否为"人所欲"作为是否将某事某物"施于人"的依据。第二，适用范围不同。"投人所好"中的"人"，仅限于少数与自己个人利益直接相关的人（主要是当权者），"投人所好"者是不会也不可能投所有人之"所好"的；而作为道德准则的"人所不欲，勿施于人；人之所欲，施之于人"中的"人"，不仅泛指"己"以外的个人，而且也包括集体、社会、国家、人类。第三，客观效果不同。"投人所好"者以满足与自己利益有关的少数人的暂时欲望为手段，达到获取私利的目的，为此他们往往不惜损害第三方利益，损害集体、社会、国家、人类的利益，甚至也不惜牺牲对方个人的根本利益和长远利益。因此，"投人所好"行为的结果是损害第三方、损害集体甚至从根本上损害对方；而"人所不欲，勿施于人；人之所欲，施之于人"的"人"包括集体、社会、国家、人类，在将这一准则使用于自己与其他个人之间的关系时，必须以不损害第三方利益，不损害集体、社会、国家、人类的利益为前提。因此，实行这一行为准则不会造成损害第三方利益，损害集体及他人根本利益的结果。

"人所不欲，勿施于人；人之所欲，施之于人"与19世纪法国哲学家孔德提出的"利他主义"伦理观也有着根本的区别。"利他主义"把社会关系仅仅理解为个别人之间的关系，认为"利他"必须以"利己"为基础，宣称如果没有利己心，人类就会灭亡，也就不存在"利他"的行为。因此，利他主义实质上是一种从利己主义出发的伪善理论。而我们所主张的"人所不欲，勿施于人；人之所欲，施之于人"则认为，一个人应以是否符合他人、集体、社会、国家的需要为依据来决定自己应该做什么或不应该做什么，可以做什么或不可以做什么，它与共产主义道德的基本原则集体主义是完全一致的。

[原载《云南师范大学学报》(哲学社会科学版)1996年第3期，人大复印报刊资料《伦理学》1996年第9期全文转载，《新华文摘》1996年第9期作为学术新论点转载。]

试论孔子的素质教育思想

孔子是世界公认的文化伟人，作为一位伟大的教育家，孔子提出并在教学实践中加以实行的教育思想具有极其丰富的内涵，经过两千多年社会实践的检验，直到今天仍然散发出熠熠的光辉。孔子教育主张和教育实践的一个极为重要的特点，就是比较全面地体现了素质教育思想。本文从教育对象、教育内容、教学方法三个方面论证孔子的素质教育思想。

一、在教育对象方面的素质教育思想

(一)孔子在教育对象方面的基本原则——"有教无类"及古今学者对它的不同解释

在教育对象方面，孔子提出"有教无类"的主张，它是孔子整个教育思想体系的总纲。据考，古今学问大家对"有教无类"大致有三种不同的解释：

第一种解释：人无论出身贵贱，都可以接受教育。何晏认为，"有教无类""言人所在见教，无有贵贱种类也"[①]。皇侃疏："人乃有贵贱，宜同资教，不可以其种类、庶鄙而不教之也。教之则善，本无类也。"[②]近人梁启超在其《先秦政治思想史》中说孔子"本其'有教无类'之精神，自缙绅子弟以至驵侩大盗，皆'归斯受之'。"[③]

第二种解释：人无论品行善恶，都能够进行教育。这一解释以

① 何晏：《论语集解》，中华书局1990年版，第233页。
② 皇侃：《论语义疏》，中华书局1986年版，第190页。
③ 梁启超：《先秦政治思想史》，中华书局1963年版，第78页。

朱熹为代表。他在《论语集注》中将"有教无类"注为"人性皆善，而其类有善恶之殊者，气习之染也。故君子有教则人皆可以复于善，而不当复论其类之恶矣"[①]。

第三种解释：凡是贵族，不分族类，都必须接受强制的政治、军事训练。这是当代著名学者赵纪彬先生的一种特殊观点。他从训字入手，认为"有教无类"中的"有"应释为"域"，即分划居住区域的意思；"教"应释为"军事训练和政治教化"；"类"则是"族类"的意义，是贵族实行世袭统治的社会基础。他得出的结论是"有教无类"是奴隶主贵族弱私家、强公室的政令、军事思想，与孔子的教育宗旨风马牛不相及。[②]

赵纪彬先生特别反对望文生义地解释"圣人之言"，这无疑是对的，但仅从"训字"入手，逐一疏正，亦并非科学的方法。对孔子提出的"有教无类"的主张的真正含意，必须从孔子作为职业教师的教学实践中去考察，才能得出比较科学的令人信服的结论。

（二）从孔子的教学实践看"有教无类"包含的丰富的素质教育思想

从《论语》《史记》以及其他典籍关于孔子教学活动的记载看，上述第一、二两种解释是能够成立的。

孔子的学生大多出身于平民之家，有的学生家境十分贫寒。如颜回"一箪食，一瓢饮，在陋巷"（《论语·雍也》）；冉雍"父，贱人"，家"无置锥之地"[③]。曾参"缊袍无表，颜色肿哙，手足胼胝，三日不举火，十年不制衣"；子思家贫，其居处"蓬户不完"，"上漏下湿"[④]。以上诸多记载说明，孔子招收学生确实是不论出身贵贱的。

孔子的学生有品行素养较好的，也有本来品行素养较差的。如孔子曾评价宰予"予之不仁也"（阳货）；子路"性鄙，好勇力"，在成为孔子学生之前曾经"陵暴孔子"[⑤]；子张秉性邪辟（孔子云

---

① 朱熹：《四书章句集注》，中华书局1983年版，第175页。
② 赵纪彬：《赵纪彬文集》（第二卷），河南人民出版社1985年版，第273页。
③ 梁启雄：《荀子简释》，中华书局1983年版，第65页。
④ 王先谦：《庄子集解》，中华书局1985年版，第352—353页。
⑤ 司马迁：《史记》，中华书局1959年版，第2191页。

"师也辟"），公冶长坐过牢（《论语·公冶长》）。孔子并未因品行上的缺陷而歧视他们，照样收为弟子，他们后来都成为孔子最好的学生。这些事实说明，朱熹将"有教无类"解释为人不分善恶，都可以进行教育，也是符合孔子的教育实际的。

笔者在认真研究有关孔子教学活动的古籍材料后发现，孔子"有教无类"的教育纲领还有两方面重要含意，古今学者少有论及，而这两点对我们今天全面实施素质教育具有极为重要的借鉴意义。

其一，孔子认为人不论聪明愚笨，都是可以接受教育的。孔子的弟子中有聪明过人的，如"闻一以知十"的颜回，"闻一以知二"的子贡等，但大多数弟子本来智力平平，有的甚至属于天资较差的，如子羔"受业孔子，孔子以为愚"，但仍然认为他可以受教，澹台灭明"欲事孔子，孔子以为材薄"，但孔子并不因他智力很差而拒收他为学生，澹台灭明后来成为孔门重要传道者之一。就连孔子学术最正统的传道者曾参，也并非聪明过人的弟子，孔子对他智力水平的评价是"参也鲁"，犹言"曾参这个人很笨"。以上材料说明，虽然孔子在招收学生时对他们的智力要进行一番考查，但他从来不因其愚笨而拒之门外，相反，对他认为愚鲁材薄的弟子，孔子根据他一贯主张的因材施教原则，给以更多的启发诱导和鼓励，使他们通过自身的努力最终学而有成。

其二，人不论年龄大小，不论是否有了职业，都应该接受教育。孔子同一时期的学生中有各种不同年龄的人。如《先进》记载，孔子与他的四个学生讨论志趣问题，在座的子路已六十余岁，而公西华只有二十几岁。孔子的学生有不少已经有了职业。如《子路》载，冉有为季氏宰，"退朝"回到孔子那儿，孔子跟他讲国政和家事不能混淆，可见冉有一边在季氏家当总管，一边跟孔子读书，是典型的在职业余教育。又如子贡，在从孔子读书之前已经是一个著名的富商，"子贡……与时转货赀"[1]。以上材料说明，孔子招收学生时是不论其年龄大小，也不管是否已经有了职业。

从以上分析可以看出，"有教无类"作为孔子在教育对象方面的基本原则，具有极其丰富的内涵，其中许多思想与现代教育理论相

---

[1] 司马迁：《史记》，中华书局1959年版，第2201页。

一致。例如，孔子主张人人都应该接受教育，与今天所说的"教育要立足于提高全民族的文化素质"并在全国范围推行普遍的义务教育是相通的；孔子关于"人无论品行善恶、不管聪明愚笨，都可以接受教育"的思想，与我们今天强调的"教育要面向全体学生"是相通的；孔子关于"人不论年龄大小，不管是否有了职业都可以接受教育"的思想，与我们今天主张的继续教育和终身教育是相通的。

联合国教科文组织总干事泰勒博士说："如果人们思索一下孔子的思想对当今世界的意义，人们很快便会发现，人类社会的基本需要，在过去的二千五百多年里，其变化之小是令人惊奇的。"①孔子提出的"有教无类"原则，之所以与现代教育理论相通，正是因为这种思想是以人类社会的一种基本需要为基础的，这就是人人都有接受教育、不断完善自我的需要；孔子时代的人们有这种需要，孔子提出"有教无类"的原则，并大办私学，广招学生，满足了人们这种基本需要；今天我们提出对所有学龄儿童和少年实行义务教育，对全体国民实行广泛的继续教育和终身教育，我们的教育要面向全体学生，包括那些在智力或品行方面有缺陷的学生，同样是满足了人们接受教育，完善自我的基本需要。

必须指出，孔子虽然主张人人都有受教育的权利，但他所说的"人"，是不包括占人类一半的妇女的。孔子的三千弟子中没有一个是女性，在孔子时代，男尊女卑观念根深蒂固，妇女不仅被剥夺了政治权利，而且也被剥夺了受教育的权利，《论语》中孔子鄙视妇女的言论时或见之，这里不作引述。我们不能要求两千多年前的孔子具有男女平等的现代意识，但孔子把妇女排斥在教育对象之外，则是他"有教无类"原则的一个极大的缺陷。

二、在教育内容方面的素质教育思想

美国著名学者威尔·杜伦在他所著的《哲学概论》中将孔子的言论与西方古代伟大的教育家进行比较，得出如下结论："孔子与苏格拉底、亚里士多德等言论极为相似……他们教育的目的都是使人

---

① 潘富恩：《孔子思想研究》，上海古籍出版社1999年版，第8页。

格得到全面发展"。

使受教育者的人格得到全面发展，这是现代教育思想的精髓之一。两千多年前的孔子，是否真的如威尔·杜伦所言，已经自觉地将"人格的全面发展"作为自己教育学生的目的呢？由于教育目的（要把学生培养成什么样的人）决定了教育的内容，因此，只要我们认真考察孔子的教育内容，就可以反观他的教育目的。

（一）孔子教学的主要内容——"六艺"之教

"六艺"为孔子教学的主要内容，这已为古今学者所公认。"六艺"有大小之分，"小六艺"指礼（礼仪制度）、乐（音乐舞蹈）、射（射箭）、御（驾车）、书（文字读写）、数（算术），是周王朝和各诸侯国官办贵族学校的必修课程，孔子教学中保留了其中部分内容，如"射""御"等，但它们不是孔子教学的主要内容。

作为孔子教学主要内容的乃是"大六艺"，即《诗》《书》《礼》《乐》《易》《春秋》等六部经典，又称"六经"。这是孔子为自己的弟子专门编订的系统的教科书。孔子编订"六经"对古代文化的贡献，历代学者已经有全面评价，此处仅从"六艺"的学科性质和孔子设置这些课程的目的来对他的素质教育思想作一些初步探讨。

《诗》为六经之首，孔子为何将《诗》列为最基本的教育内容，在《论语》中有非常明确的说明。孔子曾对儿子鲤说："'不学《诗》，无以言！'鲤退而学《诗》。"（《论语·季氏》）关于"无以言"，朱熹等人曾作过微言大义的解释，未必可信，我们认为，"言"即语言，"无以言"就是说不好话，没有良好的语言文学修养。孔子教弟子学《诗》，主要目的是培养学生的语言文学修养，但这不是学《诗》的唯一目的，他曾说"《诗》可以兴，可以观，可以群，可以怨；迩之事父，远之事君；多识于鸟、兽、草、木之名。"（（《论语·阳货》））这段话用现代汉语来解释就是："学习《诗》，可以培养联想力，可以提高观察力，可以提高与他人和睦相处的修养。《诗》中浅近的道理可以用来侍奉父母，深远的道理可以用来效力于国家君王。读《诗》还能够了解许多鸟兽草木的名称，增长一些自然知识。"可见《诗》这门课程的性质与今天基础教育中的语文课非常相似。语文教学以提高听说读写能力和文学修养为主要目的，同时兼有思想品德教育、思维能力培养以及增长综合知识等其他功能。

《书》即《尚书》，乃"上古帝王之书"的汇编，收集有夏、商、西周三代的重要历史文献。孔子将《书》列为必修课，是把它作为政治历史教材来用的。孔子希望培养出一批杰出的治世之才以实现自己的政治理想，他把培养学生的从政能力作为重要目标，所以他很注重要求学生从古代杰出帝王那里学习治国经验。《论语·先进》篇中记载，"子路使子羔为费宰。子曰：'贼夫人之子！'子路曰：'有民人焉！有社稷焉，何必读《书》……'子曰：'是故恶夫佞者。'"孔子认为子羔还没有修好《书》这门课，子路就推荐他去做官，这是误人子弟。这说明孔子是把读好《书》作为从政的必要条件来看待的。

《乐》作为经典之一，今已不传。孔子作为教材使用的《乐》的内容难知其详。但"乐"的本义是音乐当无疑义。《论语·八佾》有关于孔子向鲁国的乐官讲解演奏理论的记载："子语鲁大师乐，曰：'乐其可知也：始作，翕如也；从之，纯如也，皦如也，绎如也，以成。'"可见孔子的音乐修养足以胜任教授音乐。孔子教授"乐"，不仅仅是教会学生弹琴唱歌和一般的音乐理论，而且将音乐作为提高审美能力、陶冶情操、修身养性的一种手段。《礼记》云："乐所以修内也，礼所以修外也。"《论语·泰伯》："子曰：'兴于诗，立于礼，成于乐。'"这些都说明，孔子之所以将《乐》列为必修课，是因为他深知音乐教育在培养学生综合素质中的重要作用。

《礼》也是孔门的一门必修课。在孔子的言论中，"礼"的含义比较宽泛，大体有三种含义：一为祭祀仪式，如《八佾》："子曰：'大哉问！礼，与其奢也，宁俭；丧，与其易也，宁戚。'"二为政治制度，如《为政》："子张问：'十世可知也？'子曰：'殷因于夏礼，所损益，可知也；周因于殷礼，所损益，可知也。其或继周者，虽百世，可知也。'"三为"君子"的行为规范，如《尧曰》："不知命，无以为君子也。不知礼，无以立也。"再如《子罕》："夫子……博我以文，约我以礼。'"以上三种"礼"相互之间有一定的内在联系，但孔子教授的主要是后一种"礼"。据匡亚明先生考证，现存的三部"礼经"(《周礼》《礼记》《仪礼》),虽然其内容都与孔子有关,但有迹可寻能够确认经过孔子整理并作为教材传授过的,仅有《仪礼》①。《仪礼》主要讲的是士(君子)在各种场合的典礼节仪,也就是君子行为规范之"礼"。由以上分析可知,孔子的《礼》教,实际上就是我们今天所讲的德育,即以培养学生良好行为规范为主要目的思想品德课。

《易》的内容比较深奥复杂,大体说来,它用及其简略的语言说明事物变化的规律,以及事物之间的辩证关系,我们可以把它看成一本哲学教材。而《春秋》是记载鲁国历史的编年史,可以说就是一部"本国当代史"教材。

"六艺"之教中,《诗》《书》《礼》《乐》是孔门的必修课。《史记·孔子世家》说,"孔子以诗、书、礼、乐教,弟子盖三千焉,身通'六艺'者七十有二人。"②这说明《易》和《春秋》不是每个弟子都学的必修课,而是部分高材生选修的课程。

(二)从孔子教育内容的特点看他的素质教育思想

通过以上对"六艺"学科性质和设置这些课程目的的分析,可以看出孔子教育内容方面的几个明显特点:

第一,孔子将道德品质修养作为教育最重要的内容。如上所言,作为孔门必修课的《礼》教,实际上就是专门的德育课,此外,在《诗》《乐》《书》等诸门功课中,也始终贯串着培养学生良好品德情操这根主线。除了这几门功课以外,孔子平时在与学生相处中,也处处对学生进行言传身教的品德教育。这方面例子在《论语》中比比皆是,此处无须举例赘述。今天我们要求教育者不仅要传授学生以知识,而且要教会他们做一个品德高尚之人,即所谓的"教书育人",在这方面,两千多年前的孔子可以作为我们的典范。

道德价值的标准和道德教育的内容是随着历史的发展而变化的,孔子德育教育的内容与今天的德育无疑有很大差别,但是,品德修养是人的综合素质中最重要的一方面,决定了教育必须将德育

---

① 匡亚明:《孔子评传》,南京大学出版社1990年版,第335页。
② 司马迁:《史记》,中华书局1959年版,第1938页。

作为首要内容，由孔子开创的这一传统将永远不会过时。

第二，孔子十分重视美育，强调文学和音乐在陶冶情操方面的重要作用。作为六经之首的《诗》，是一部典型的文学作品集，而他教授的《乐》，则是地道的音乐教育。文学和音乐都属于美育的范畴，可见孔子对美育的重视。在《论语》等典籍中，我们还可以找到孔子重视艺术教育的其他佐证，如《雍也》中提出"质胜文则野，文胜质则史。文质彬彬，然后君子"的美学原则，要求弟子们做到内在美和外在美的统一。《论语》多处记载孔子"鼓瑟""击磬""与人歌"，《述而》记有"子于是日哭，则不歌"，说明孔子经常与弟子们一起进行音乐活动，这是他实施乐教，陶冶学生情操的一种重要方式。

第三，孔子不仅注意知识的传授，而且重视对学生能力的培养。他说："子曰：'诵诗三百；授之以政，不达；使于四方，不能专对；虽多，亦奚以为？'"（《论语·子路》）这说明孔子将《诗》列为第一必修课，绝不仅仅是要求学生背熟"诗三百"，而是为了培养学生的能力，包括语言能力（"不学《诗》，无以言"）、联想力（"兴"）、观察力（"观"）以及与人相处的能力（"群"）等；孔子将《书》列为必修课，也不是要学生背诵古代的文书，而是要学生从中学习古代帝王的治国经验。这些都属于能力的范围。孔子用启发式方法进行教学，其目的也在于培养学生"举一反三"、"闻一知十"的思维能力。

第四，孔子重视学生的体育锻炼。孔子保留了官办贵族学校的"射""御"等科目，它们都属于现代体育的范畴，他还经常与弟子一道进行体育锻炼。清初著名教育家颜元在对孔子及其后裔的教育活动进行深入研究后得出结论："孔门司行礼、乐、射、御之学，健人筋骨，和人气血，调人情性。"①孔子本人也是一个体格健壮之人，他活到73岁，在当时属于高寿。这些都说明，虽然体育不是孔子教学的主要内容，但他对体育是十分重视的。

综上所说，在教学内容上，孔子重视品德教育、美育陶冶和体育锻炼，重视培养学生的能力，这些都与我们今天教育方针的精神

---

① 匡亚明：《孔子评传》，南京大学出版社1990年版，第308页。

是一致的，是符合现代素质教育精神的。因此，前文所引威尔·杜伦关于孔子"教育的目的"是"使人格得到全面发展"的评价是符合孔子的教育实际的。

必须指出的是，在孔子时代，我国的农业生产和手工业生产已经相当发达，天文历法等自然科学以及军事科学等都达到了相当高的水平，而孔子的教育内容中不包含这些方面的知识。他的学生樊迟向他请教农业和园艺方面的知识，他还讥之为"小人"（《论语·子路》），可见孔子是不精通也不屑于传授这方面的知识的。不重视自然科学的研究和教学，这是孔子教学内容方面一个明显的局限，也是孔子与亚里士多德等西方古代教育家的重要差别。

三、在教学方法方面的素质教育思想

孔子关于教学方法的理论和实践，历来为学界所重视。其中许多主张和做法完全符合现代素质教育的理论，对于我们今天全面施行素质教育仍然有着极为重要的参考价值。

（一）"愤悱启发"，循循善诱，鼓励学生独立思考，调动学生的学习积极性

启发式教学方法是相对于注入式教学方法而言的，是实施素质教育必须大力提倡的。西方教育史过去公推苏格拉底是启发式教学法的鼻祖，而实际上比苏格拉底早一个世纪的孔子就提出了系统的启发式教学的主张。匡亚明先生认为，"孔子是我国古代首创启发式教学法的教育家"[1]。启发式教学的特点是："强调学生是学习的主体，教师要调动学生的学习积极性，实现教师主导作用与学生积极性相结合……"（《中国大百科全书教育学卷》）启发式教学的这些特点，我们从孔子的言论和教学实践中都能找到源头。

孔子说"不愤不启，不悱不发。举一隅而不以三隅反，则不复也"（《论语·述而》）。按照朱熹的解释，"愤者，心求通而未得之意。悱者，口欲言而未能之貌。启，谓开其意。发，谓达其辞。"[2]

---

① 匡亚明：《孔子评传》，南京大学出版社1990年版，第312页。
② 朱熹：《四书章句集注》，中华书局1983年版，第95页。

这里的"愤"和"悱",是强调学生学习的主动性和积极性,"启"和"发"则是教师在学生有了强烈求知欲望的情况下用具体的方法去加以点拨,开其心智,让学生能举一反三,闻一知十,使知识转化为智力。颜渊说"夫子循循然善诱人"(《论语·子罕》),在《论语》中,处处都能找到孔子不断地通过交谈、提问诱导学生提出问题的记录。孔子认为,学习不能满足于全盘接受老师讲的或教材上的知识,而要善于独立思考,从中发现问题,然后才能变成自己的知识。他提出"学而不思则罔,思而不学则殆"(《论语·为政》)的著名论断;他要求学生在学习过程中要不断地提出问题,他认为学习中不能经常提出几个"为什么"的学生绝不是好学生。"不曰'如之何,如之何'者,吾末如之何也已矣。"(《论语·卫灵公》)他鼓励学生发表自己的独立见解,并且批评对自己的话从来没有提出过不同意见和疑问的颜回:"回也,非助我者也!于吾言,无所不说(悦)。"(《论语·先进》)

(二)了解学生,尊重学生个性,针对学生的不同特点实行"因材施教"

人的智力、性格等是有自然的个性差异的,马克思也认为"天赋的特殊性是分工依此长芽的基础"[①]。"有教无类"原则的一个重要含意就是人不论智力高下都可以接受教育。孔子认为人的智力既然有高下之别,在教学内容和教学方法上就应该有所区别。他说,"中人以上,可以语上也;中人以下,不可以语上也。"(《论语·雍也》)就是说对智力水平中等以上的人,可以跟他讲高深的学问;对智力水平中等以下的学生,就不能跟他讲高深的学问。

孔子对学生的智能、志趣和个性有比较深入的了解:"柴也愚,参也鲁,师也辟,由也喭。"(《论语·先进》)孔子尊重学生的个性差异,除了在道德上提出基本要求外,他并不要求学生改变自己的个性特点,而是根据学生的个性特点施以不同的教育。《先进》中记载子路和冉有先后问孔子"闻斯行诸",孔子给以完全相反的回答,公西华对此感到不解,孔子解释说:冉求胆子小,好退缩,所

---

① 马克思:《资本论》(第一卷),郭大力、王亚南译,人民出版社1963年版,第456页。

以我要他遇事要抓紧时间去做，不要犹豫；子路胆子大，办事比较急躁冒失，所以我要他遇事先退一步，先与父兄商量商量再做。（"求也退，故进之；由也兼人，故退之。"）《论语》中先后记载了子张、子路、子夏、子贡、仲弓等学生都曾向孔子"问政"，而孔子则根据各人对政治的态度和个性特长的不同，给他们作了各不相同的回答。可以说，孔子是世界上最早明确提出并实行"因材施教"的教育家。

（三）主张教学相长，发扬教学民主，将师生共同讨论作为经常性的教学形式

"教学相长"语出《礼记·学记》，原意是教师的"教"和"学"可以互相促进。后来这个成语更多地被用来表示教师与学生可以互相学习。无论是教与学可以互相促进，还是师与生应该互相学习，其本身都不是具体的教学方法。但孔子能将"教学相长"的思想应用于具体的教学过程中，他不是采用单一的教师讲解传授、学生听记接受的单一教学形式，而是将师生共同讨论、互相切磋作为主要的教学形式。一部《论语》，大半篇幅都是记载孔子与弟子间互相讨论问答的情况。如有一次子夏与孔子讨论对《诗》中"巧笑倩兮，美目盼兮，素以为绚兮"几句的理解，孔子说了"绘事后素"，而子夏则说出了自己的感悟，"礼后乎？"孔子认为子夏的见解有独到之处，对自己也有很大的启发，便赞扬道："起予者商也！始可与言诗矣。"（《论语·八佾》）还有一次，孔子与子路、曾晢、冉有、公西华等在一起谈论各自的志向，当子路、冉有、公西华谈过以后，曾晢因为自己的志向与三人不同，不好意思发表见解，孔子就鼓励他"何伤乎？亦各言其志也。"在孔子的鼓励下，曾晢谈了自己的想法，孔子喟然叹曰："吾与点也！"（《论语·先进》）这些记载说明，孔子虽然在学生的心目中德高望重，但他在教学中没有一点师道尊严的架子，而总是与学生一起相互切磋，让他们自由地发表各自的不同见解。这种以讨论为主的教学形式体现了师生平等的教学民主精神，有利于激发学生的学习欲望，使他们能生动活泼地、主动地学习，培养独立思考的习惯和积极主动的创造精神。

以上我们从教育对象、教育内容、教学方法三个方面论证了两千多年前的孔子提出并在教学实践中加以实行的素质教育的某些思想，这些思想是中国古代文化中一份极其珍贵的遗产。用现代教育理论全面总结孔子给我们留下的这份遗产，对我们今天深刻理解素质教育的内涵，推进教育改革有着不可低估的现实意义。

［原载《北方论丛》2001 年第 2 期。］

试论孔子在中国档案史上的地位

中国作为东方文明古国，自古以来就十分重视档案的保管和利用。古代保管档案的官职是史官，《吕氏春秋·先识》记载："夏之亡也，太史终古抱其《图》《法》以奔商；商之亡也，太史向挚抱其《图》《法》以奔周。"这里所说的《图》即版图档案，《法》即法典档案。到了周代，王室和各诸侯国保管档案的也是史官，如春秋末年的老子就是"周守藏室之史"，相当于今天的国家档案馆馆长。但是对中国古代档案事业作出最大贡献的人物，却不是史官，而是从来没有做过史官的孔子。孔子不管理档案，为何说他对中国古代档案事业作出了巨大贡献呢？

一、"六经"的档案性质

孔子对我国档案事业的贡献，主要表现在他对历史档案材料的搜集、整理和利用上，其有形成果就是"六经"，即《诗》《书》《礼》《乐》《易》《春秋》等六部儒家经典。清代学者章学诚曾提出"六经乃周官之旧典"的观点，但他没有展开详细论述。下面我们试以这些经典的内容为主要论据来论证"六经"的档案性质。

1.《书》和《春秋》的档案性质

在"六经"中，《书》和《春秋》的档案性质比较明显。《书》即《尚书》，是中国最早的一部历史文献汇编，主要收录的是商、周两代最高统治者发布的政令和重要讲话的记录，如《盘庚》就是商王盘庚迁都到殷前后对百官和庶民的讲话和命令。《牧誓》是武王伐纣攻克殷都城牧野前的誓师之词（讨伐令）。从《书》的许多篇名如《大诰》《吕刑》《文侯之命》等也可以看出它们是地地道道的古代公文。今本《尚书》与孔子编订的《书》可能有较大差别，但其文书档案的性质是相同的。

《春秋》是中国第一部编年体史书，按年记载了鲁国从隐公元年到哀公十四年间（前722—前481）的历史大事。内容包括政治、军事、经济、文化、天文气象、物质生产、社会生活等诸方面，是当时有准确时间、地点、人物的原始记录，其档案性质非常明显。有人认为《春秋》就是"鲁史记"的原本，此说虽然否定了孔子对《春秋》的著作权，但另一方面也强调了《春秋》的档案性质。据匡亚明先生考证，《春秋》确为孔子晚年"呕心沥血之作"，而不可能是"鲁史记"原本①。《史记·孔子世家》说：孔子"因鲁史记作《春秋》，约其文辞而指博"，"约"者，精简、压缩也。因此，准确地说《春秋》是孔子精选的历史档案的摘录。

2.《诗》的档案性质

《诗》就是流传极广的《诗经》，是我国第一部诗歌总集，所收诗歌分为《风》《雅》《颂》三大类。《诗经》在文学史上地位很高，为什么说它也具有档案性质呢？理由有三：

第一，《诗经》有相当多的篇目属于史诗，它们的文学价值不高，而史料价值却很高。《雅》中所收之诗多属史诗。《颂》为庙堂祭祀时演唱的歌颂祖先功业的颂歌，也具有史诗的性质。如《大雅·緜》记述了周族古公亶父自豳迁岐的故事，其资料后来成为司马迁撰写《史记·周本纪》的重要根据；再如《周颂·臣工》《大雅·桑柔》等篇保存了有关土地分配和耕作的资料，《大雅·公刘》等篇保存了关于赋税的资料，《小雅·十月之交》留下的周幽王六年（前776）九月六日地震的同时发生日食的情况，这是中国最早的有确切日期的地震记录。

第二，从周王朝采诗的目的和方式看，《诗经》中的"风诗"具有社会调查资料的性质。《诗经》中最具文学价值的是"十五国风"，共160篇，占总数一半以上。风诗主要是各地民歌，其内容有反映政治黑暗、民生疾苦的，也有表现男女爱情的，这些诗之所以能进入宫廷和贵族上层社会，是周王朝实行"采风"制度的结果。西周的"采风"制度在我国行政管理史上是独具一格的：中央政府

---

① 匡亚明：《孔子评传》，南京大学出版社1990年版，第364页。

设置专职的采风官员（"行人"），定期到民间"采诗"。《汉书·食货志》记载："孟春之月，群居者将散，行人振木铎徇于路以采诗，献之大师……以闻于天子。"《汉书·艺文志》："故古有采诗之官，王者所以观风俗，知得失，自考正也。"《礼记·王制》也说："天子……命太师陈诗以观得失。"可见采风的主要目的是"观政"，即了解各诸侯国政绩的好坏和各地的风俗民情，然后安邦理国，赏功罚罪，而不是如有些文学选本所说的仅供王公贵族"制礼作乐"。《诗经》中保存有如《伐檀》《硕鼠》等反映劳动人民生计维艰、对贵族剥削表示强烈不满的民歌，将它们配乐演唱是不会给宫廷贵族带来愉悦的，这也能说明"采风"的目的是了解民情。从"采风"的目的（"观政"）和方式（专人定期采集）看，它实际上是一种社会调查，采风所得的诗，在当时乃是原始的调查材料，这些材料被王室保存起来，也就转化为档案。所以说《诗经》中的《风》，原本也具有档案的性质。

3.《礼》的档案性质

关于《礼》，现存有三部礼书：《周礼》《仪礼》和《礼记》。《周礼》原称《周官》，是一部官制汇编，规定了西周中央政府"天、地、春、夏、秋、冬"六部的职掌和属官人数，其档案性质比较明显；《仪礼》是记载典礼仪节的书，记录的是商、周统治者名目繁多的典礼的复杂程序，有学者认为就是职业司仪据之经办这些典礼的"仪节单"，也就是今天所说的"程序单"；《礼记》是儒家论说或解释礼制的文章汇编，其中一半以上是解说《仪礼》相应篇章的，另有少数则是《仪礼》所失收的古代典礼仪节的文件。从这些内容看，三部礼书中，前两部是关于典礼程序的档案材料汇编，《礼记》则是对《仪礼》的阐释和补遗。

4.关于《乐》和《易》

"六经"中另外两部，《乐》自秦始皇焚书后即已不传，其内容已无从考定；《易》（周易）本是周代卜筮之书，含有阐释哲理的内容，比较深奥，从内容上不能直接判断它是"先王之政典"。但相传《易》为周文王所作，如此说成立，则《易》的原本必为周王室所收藏的重要档案。

根据以上对六部经书的内容分析，我们认为章学诚关于"六经乃周官之旧典"之说是有一定道理的，但笼统地说"六经"就是周代官方的文书档案，则抹杀了孔子搜集、整理它们的历史功绩，确切的说法应该是："六经"大多为孔子搜集并加以整理的档案材料的汇编或摘要。

二、编纂"六经"的过程是档案搜集、整理的过程

"六经"既然是文书材料的汇编和摘要，编订它们就必然要利用大量档案资料，孔子是从何处得到这些档案资料的呢？孔子在鲁国是有影响的文人，且任过大司寇等高官，他是可以看到鲁国官方保存的档案的。鲁国当时虽为小国，但因鲁君为周公后人，所以保存的档案典籍比较丰富，《左传·昭公二年》载，晋国的韩宣子到鲁国看到鲁太史所保存的档案，发出"周礼尽在鲁矣"的感慨。鲁国官方档案比较丰富，为孔子利用档案编订"六经"提供了较好的条件。但从"六经"的内容看，仅仅依靠鲁国官方档案是不足以编订"六经"的，《诗经》中的《风》收有"十五国"民歌，这十五国遍布北方各地，且其中没有"鲁风"，可见《诗经》大部分内容不可能取自鲁国的官方档案。《春秋》虽然纪年依据鲁国，但所记述历史事件的范围也遍及当时整个中国，包括被视为蛮夷的楚、越等南方诸国，其内容也不可能仅仅依据鲁国的国史档案。

1.春秋时代档案的损毁和流散情况严重

我国上古夏、商、西周三代，最高统治者对档案十分重视，档案被当作神圣之物深藏于王宫之中，有专人保管，秘不外传。春秋前期，各诸侯国档案管理基本沿袭西周旧制，由史官管理档案，并记注本国大事，保管颁发的册命。但到了春秋后期，诸侯国与周王室的矛盾日益尖锐，世卿制度也渐趋瓦解，维护周王室利益和保护世卿贵族利益的档案典册在社会变革中不断被销毁或流散于世。

关于档案被销毁的情况，《左传》和《孟子》中有两段记载颇能说明其严重程度。《左传·襄公十年》载：郑国新兴地主阶级为确立自己的合法地位，纷纷要求焚毁维护贵族特权的"载书"典册，当政的子孔想杀掉他们，"子产止之，请为之焚书"，并告诫说："众怒难犯，专欲难成……不如焚书以安众"，否则"专欲无成，犯众兴

祸"，子孔不得不"焚书于仓门之外，众而后定"。《孟子·万章下》记载：北宫锜问孟子，周朝制定的官爵俸禄的等级制度是什么样的呢？孟子答道，详细情况已经不知道了，因为诸侯"恶其害也，而皆去其籍"。这说明那些记录等级制度的档案是维护中央王权的利益的，对诸侯不利，所以被毁掉了。这些记载表明，春秋后期，档案的损毁情况相当严重，以致孔子想了解古代礼制的情况，却苦于找不到有关档案，而发出"文献不足"的感叹。

春秋后期，王室衰微，诸侯纷争，"杀君三十二，亡国五十六，诸侯奔走不得保其社稷者，不可胜数"，在这种情况下，档案流散的情况十分严重。《左传·昭公二十二年》载，王子朝率召氏、毛氏等旧族和官工带着王室所有典籍逃至楚国。宋司马光描述当时档案流失情况是"周室微，道德坏，五帝三王之文飘沦散失，弃之不省"[①]。在王室和诸侯自身地位不保的情况下，以保管档案为主要职掌的史官，社会地位也明显下降，一些史官常带着自己掌管的档案作为见面礼，奔走于各国以求取官职，谋求生路，这也是当时档案大量流散的一个重要原因。档案大量流散于社会，对档案的保管留存非常不利，但从另一方面看，这也使社会上一些知识分子（士）获得了接触、了解和利用档案的机会。孔子就是在这种背景下，对古代档案资料进行大规模的搜集和整理的。

2. 古代典籍关于孔子及其弟子搜集档案情况的记载

"六经"具有档案性质，但"六经"是否确为孔子所编纂，学界曾有不同见解。否定者最极端的观点是钱玄同提出的，他认为"孔子无删述或制作'六经'之事"[②]。肯定者最极端的观点是康有为提出的，他认为"凡'六经'皆孔子所作，昔人言孔子删述者，误也"[③]。这两种观点一说孔子与"六经"无关，一说"六经"皆孔子所作（不仅仅是删述），各持一端，实际上皆为偏颇之论。准确的说法是："六经"是孔子依据搜集到的档案材料加以整理而形成的，他不是"六经"的著作者，但肯定是"六经"的"编纂者"。

---

① 司马光：《司马温公文集》，中华书局1986年版，第69页。

② 钱玄同：《论诗说及群经辨伪书》，载《古史辨》（第一册），1920年北平朴社印行，第69—70页。

③ 康有为：《孔子改制考》，中华书局1958年版，第179页。

历史典籍中有许多记载可以证明，孔子为编订"六经"曾长期有意识地进行档案材料的搜集和积累。现略举数例：

其一，《史记·孔子世家》载："孔子之时，周室微而礼乐废，诗书缺，追迹三代之礼，序书传……"这里的"追迹三代之礼"就是搜集有关夏、商、西周有关礼的文献资料。《论语·八佾》载："子曰：'夏礼，吾能言之，杞不足征也；殷礼，吾能言之，宋不足征也。文献不足故也。足，则吾能征之矣。'"这也说明，孔子为研究"礼"的演变曾搜集、考察过杞国（杞侯为夏的后人）和宋国（宋侯为殷的后人）所保存的有关夏礼和殷礼的档案典籍，他发现材料不全，不足以为据，因此才发出"文献不足"的感叹。

其二，《史记》"孔子世家"和"老子列传"以及《孔子家语》中都有孔子专程到周都城洛邑向"周守藏室之史"老子"问礼""孔子西观书于周室"的记载。现存汉代石刻中有一块孔子见老子的画像，画中就有"一人手捧简策，交孔子翻阅"的细节，这可以说明孔子向老子"问礼"，绝不是仅仅聆听几句教诲，而主要目的是考察搜集周守藏室中的档案资料。

其三，《尚书纬》记载："孔子求《书》，得……三千二百四十篇……定可以为世法者百二十篇，以百二篇为《尚书》"；《公羊传注疏》引闵因《序》：孔子"制《春秋》之义，使子夏求周史记，得百二十国宝书"。这里所讲的"求"当然是寻找、搜求的意思。这些记载中的确切数字未必可靠，但孔子为编《尚书》《春秋》而亲自或派他的学生到各地去搜集有关档案资料，应当是没有什么疑问的。

3.孔子在整理档案过程中所做的主要工作

孔子是为教学需要编纂"六经"以作为教材的，其直接目的不是保存档案。因此，他不是简单地将搜集到的档案资料汇集成册，而是依据一定的指导思想加以整理。孔子在档案整理过程中主要作了以下几项具体工作：

一是"考其真伪"（杜预《左传序》），即经过考订将不合事实的荒诞无稽的材料去掉。"六经"主要取自夏、商、周三代的历史档案，而上古帝王都崇拜神灵，每有重要活动，必行祭神占卜，神灵旨意和占卜结果的记录也留作档案，于是上古档案就出现了"天道鬼神灾祥卜筮"与帝王的人事政治活动"备述于策"的现象①。这就是说，在上古档案中，充斥着大量鬼神巫术的内容。孔子相信天命，不能算唯物主义者，但他不相信鬼神（《论语·述而》："子不语怪、力、乱、神。"），在整理历史档案的时候，他就把有关"天道鬼神灾祥卜筮"之类的虚假材料去掉了，这是我们今天所看到的"六经"中很少有鬼神巫怪之类内容的原因。

二是"删去重复"（王充《论衡·正说》），即将不同途径搜集来的材料中重复的材料删去。这主要体现在孔子对《诗》的整理上。《史记·孔子世家》载，"古者《诗》三千余篇，及至孔子，去其重……三百五篇孔子皆弦歌之"。从"三千余篇"减至"三百五篇"，去掉了百分之九十，司马迁不说"去其劣"，而说"去其重"，可见这一过程不是内容上的精选和删减，而是版本的鉴定和选择，即将不同版本而内容重复者去掉。

三是"编次其事"（《史记·孔子世家》），即按照一定的标准排列归类并编定目录。经过孔子编订的"六经"，其内部篇目排列归类的标准非常清楚。例如，《春秋》作为编年史，当然是按年排序的，《书》作为历代重要文书的汇编，是按朝代先后和帝王世系排列的。至于《诗》，因为篇目较多，其排列分类有几个层次，首先按照"诗篇之异体"分为"风""雅""颂"。"风"为民歌，"雅"为史诗，"颂"为颂歌；对其中篇目最多的"风"诗，又根据其来源的地域分为"十五国风"。

四是"存其精要"（梁启超语），即经过对档案材料的认真鉴定，将有较高价值的保留下来。上文提到，孔子搜集到的古代帝王的公文，多达三千二百四十篇，孔子"断远取近，定可以为世法者百二十篇，以百二篇为《尚书》"。这里的具体数字未必准确，但孔子以"是否可为后世效法"为标准，对古代公文档案的价值作了认真的鉴定，然后将具有"永久保留"价值的档案编纂成册，这完全符合孔子的政治思想以及培养治世之才的教育目的，因而这一点是比较可信的。

孔子在整理档案材料时所作的这四项工作，与今天档案整理工

---

① 周谷城：《中国通史》，上海人民出版社1957年版，第104页。

作内容十分相近，可以说"六经"的成书过程就是孔子按照一定的指导思想有意识地搜集档案文献并加以整理的过程。

三、孔子对中国古代档案事业的贡献

孔子编条"六经"主要目的不在于保存档案文献，而在于用它作教材，或作"为政"的参考，但他在客观上对中国古代档案事业作出了巨大贡献，这主要表现在以下四个方面：

1. 为后世保存了比较系统的历史档案文献

春秋后期，王室衰微，诸侯纷争，社会动荡，周王朝和各诸侯国的档案管理十分混乱，档案大量损毁流失。就在这样的社会背景下，孔子对历史档案进行了一次大规模的搜集和整理工作。应当特别指出的是，孔子本人不是史官，他不能以鲁国官方的身份来进行档案搜集和整理，也不具有"修史"的资格，他是以学者的个人身份做这些事的，这就尤其显得难能可贵。孔子将搜集到的档案史料整理成"六经"，并将它们作为教材传授给众多学生，使这些宝贵的上古档案文献得以保存到今天，成为后世研究上古社会的珍贵文献资料。试想，如果没有"六经"，我们今天要了解上古社会的具体情况将是何其难哉！

2. 开创了利用档案资料编纂史书的优良传统

在孔子之前，虽然夏、商、西周三代对档案保管比较重视，但保管的都是原始档案，没有人利用它们编写过真正的"史书"，"六经"中的《春秋》是公认的我国第一部编年体史书，在它之前也没有什么其他体例的史书，所以说孔子修《春秋》，开创了根据档案资料编写史书的优良传统。在《春秋》之后不久出现的《左传》和《国语》两部重要史书，前者是编年体，后者是国别体，都是依据大量档案编著而成，旧说它们是解释《春秋》的姐妹篇，未必可信，但它们的出现毫无疑问受到《春秋》的影响。到汉代司马迁完成《史记》、班氏兄妹完成《汉书》后，利用官方档案编修前代史书成为历代惯例；隋唐后，这一传统又为历代最高统治者认同并予以支持。中国史学界引以为豪的材料齐全、体例合理的"二十五史"，无不是利用档案的成果，而开利用档案资料编修史书之先河者，就是孔子。

3.提出了"述而不作"的编纂档案资料的原则

"述而不作"语出《论语·述而》。朱熹《论语集注》解释这句话："孔子删《诗》《书》，定《礼》《乐》，赞《周易》，修《春秋》，皆传先王之旧，而未尝有所作也。故其自言如此。"用现代语言来说，就是孔子编纂"六经"，只是对原有的档案材料作删、定、赞（简评）、修，一般不改动原文。这与目前我国档案馆编纂档案文献的原则"尊重原文形成的历史，不能以己意对原文润色或改写"是完全一致的。当然，孔子编纂"六经"是用作教材，是为了传授、弘扬自己以"仁"为核心的儒家思想，因此编纂中不可能不反映自己的思想，但这只体现在删留的标准或自己对有关材料的"赞语"之中，而没有过多地改动档案材料的原文。

4.开辟了利用档案资料的广阔领域

官方档案虽然主要是上层社会活动的记录，但任何档案都是全社会共有的文化财富。商、周统治者为了垄断文化，一方面将档案深藏固守于王宫官府，秘不外传，另一方面又通过"学在官府"的教育体制，剥夺平民受教育的权利。孔子首创私学，明确提出了"有教无类"，广招各阶层人士入学（《史记》载孔子弟子有三千人之多），并且将其搜集到的档案编纂为"六经"作为系统的教材，向学生传授，这就从档案利用和教育对象两个方面打破了贵族对文化的垄断，扩大了文化的传播。自此以后，档案不再纯粹是贵族阶级的统治工具，而被广泛用作传道授业的工具，这是孔子在我国古代档案提供利用方面所作出的巨大贡献，它开辟了档案利用的新领域，其直接结果是极大地加快了古代文化的传播。在孔子之后，效法孔子利用档案典籍招徒讲学蔚然成风，如墨子、孟子、淳于髡等，弟子都在千人以上。私学的发展，使文化人（士）的数量激增，于是中国历史上出现了思想异常活跃，学术空前发展的百家争鸣的局面。

［原载《江汉论坛》2001年第5期。］

第三编
逻辑与语言研究

"或者（或）"的多重逻辑意义

普通逻辑在谈到概念与语词的关系时，指出"一个语词在不同的情况下可以用来表达不同的概念"，但举的都是实词与具体概念的例子[①]。其实这种一词多义的现象不仅存在于实词与具体概念之间，也存在于一些虚词与它们所表达的逻辑常项之间。下面我们以"或者（或）"为例来说明这种现象。

据笔者研究，自然语言中的"或者（或）"一词至少可以表达四种不同的逻辑常项。

一、表达相容的选言命题的联结项，其逻辑意义相当于现代逻辑中的析取词"∨"

例如，相容的选言命题的公式写作"p 或者 q"。下列语句都是相容的选言命题：

①胜者或因其强，或因其指挥无误。
②张某或者犯了盗窃罪，或者犯了贪污罪。

二、表达特称命题的量项，其逻辑意义相当于现代逻辑中的存在量词"∃"，即日常语言中的"有的"

在古代汉语中，"或"的主要义项就是"有的（人）"。例如：

③或谓孔子曰，"子奚不为政？"（《论语·为政》）

---

① 《普通逻辑》编写组：《普通逻辑》（修订本），上海人民出版社 1986 年版，第 20 页。

④句读之不知，惑之不解，或师焉，或否焉。小学而大遗，吾未见其明也。(韩愈《师说》)

⑤夏日消融，江河横溢，人或为鱼鳖。(毛泽东《念奴娇·昆仑》)

例③中的"或谓孔子曰"，就是"有人对孔子说"。例④中"或师焉，或否焉"，就是"有的从师，有的不从师"(据高中语文课本注释)，例⑤中的"人或为鱼鳖"就是"有的人成了鱼鳖"。

在现代汉语中，"或者""或"仍然保留着"有的(人)"这一义项。例如：

⑥每天早晨都有许多人在公园里锻炼，或者跑步，或者打拳，或者做操。(吕叔湘主编《现代汉语八百词》)

⑦罗汉堂内五百尊泥塑罗汉，或怒目圆睁，或秀眉微展，或咧嘴憨笑，或颔首沉思，神态各异，栩栩如生。(李超《游苏州西园寺》)

上述例子中，"或""或者"都只能理解为量词"有的(人)"，而不能理解为选言连接词。

三、表达或然模态命题的模态词，其逻辑意义相当于现代逻辑中的模态算子"◇"，相当于自然语言中的"可能""也许"

例如：

⑧你赶快走，或者还能赶上最后一班车。(吕叔湘主编《现代汉语八百词》)

⑨这时把手中的股票全部抛出去，或者是你最明智的选择。

⑩或者因为高等动物的缘故罢，黄牛、水牛都欺生，敢于欺侮我……(鲁迅《社戏》)

在上述例子中，"或者"既不是选言联结项，也不是特称量项，而是可能模态词。"或者 p"就是"可能 p"，它断定的是事物情况的可能性。

四、表达词项外延的相加，即现代逻辑中集合的并 "∪"

用"或者"联结若干概念而构成一个新概念，这个新概念的外延是原来的若干概念的外延之和。例如：

⑪凡省属重点中学保送生或者高考总分在 600 分以上的新生，第一年享受 A 等奖学金。（东南大学 1994 年招生简章）

⑫非法管制他人，或者非法搜查他人身体、住宅，或者非法侵入他人住宅的处三年以下有期徒刑……（《中华人民共和国刑法》）

上述两例中的"或者"连接的都是词项，构成新的词项（并集）充当整个命题的主项。命题形式可记作"S_1 或 S_2—P"。

以上我们举例分析了"或者（或）"的四种不同的逻辑意义，旨在说明在自然语言中一个虚词可以表达不同的逻辑常项。了解这一点对于我们正确分析自然语言材料具有十分重要的意义。请看下面两个例子：

⑬地主的剥削方式，主要地是收取地租，此外或兼放债，或兼雇工，或兼营工商业。（《毛泽东选集》第 1 卷，人民出版社 1991 年版，第 127 页）

⑭中国古时候有个文学家叫做司马迁的说过："人固有一死，或重于泰山，或轻于鸿毛。"（《毛泽东选集》第 3 卷，人民出版社 1991 年版，第 1004 页）

有两本影响很大的逻辑教材引例⑬作为相容的选言判断的例子，另一本逻辑专著认为例⑭中"所引司马迁的话可以理解为一个选言命题，记为 A∨B"①。笔者认为，将例⑬以及例⑭中司马迁的原话分析为相容的选言命题是不符合原义的。

如果例⑬是一个选言命题，则它断定了每一个地主除收取地租外，至少还用其他三种方式中的一种进行剥削，也就是否定了既不放债，又不雇工，也不经营工商业的地主的存在，这是明显不符合实际的。如果例⑭中所引司马迁的原话是一个选言命题，则它断定了任何人的死只有两种可能：比泰山重，或者比鸿毛轻，而事实上大多数人的死并不比泰山重，也不比鸿毛轻。

不是作者作出了明显虚假的判断，也不是作者引用了司马迁明显虚假的格言，而是我们对这两段话作了不正确的逻辑分析，其原因就在于把"或"不加区别地看成选言联结项。如果我们了解"或"在自然语言中可以表达特称量词"有的"，则例⑬就应分析为联言命题，即"地主剥削的方式，主要地是收取地租，除此而外，有的（地主）兼放债，有的兼雇工，有的兼营工商业"，其命题形式为"$p∧（q∧r∧s）$"；例⑭中所引司马迁的原话也应分析为一个联言命题，即"每一个人都有一死，有的（人的死）比泰山还重，有的（人的死）比鸿毛还轻"，其命题形式为"$p∧（q∧r）$"。这样分析，例⑬就完全符合实际，例⑭所引司马迁的原话也就是完全正确的至理名言。

以上对"或者（或）"的几种不同的逻辑意义的分析说明，逻辑常项与表达它们的自然语言的语词之间不是一一对应的，一个常项可以用不同的语词来表达，一个语词在不同的语境中可以表达不同的常项。因此，我们对自然语言材料进行逻辑分析时，必须结合语境联系上下文作具体分析，才能准确理解原文的意义。

[原载《思维与智慧》1995 年第 1 期。]

---

① 陈宗明：《说话写文章中的逻辑》，求实出版社 1989 年版，第 168 页。

"只要"和"只有"表示什么条件

——《现代汉语八百词》两处释义析疑

吕叔湘先生主编的《现代汉语八百词》（以下简称《八百词》）是一本极具权威性的以探讨汉语虚词意义和用法为主的语法专著，但书中对"只要"和"只有"两词的释义似有不妥，现提出浅见，以求教于语言学界的专家。

一、关于"只要"

《八百词》：连词，表示必要条件。①

必要条件是指对某事物情况来说必不可少的条件，逻辑学认为："必要条件是这样一种条件，没有它一定不会有某种结果，有了它不一定有这种结果……即无 p 必无 q，有 p 未必有 q，p 就是 q 的必要条件。"② 例如："年满十八岁"是"有选举权"的必要条件，"高考成绩合格"是"被高校录取"的必要条件。显然，用"只要"作关联词的语句是不能表示这种必要条件关系的。

　　①只要年满十八岁，就有选举权。
　　②只要高考成绩合格，就能被高校录取。

一个稍具语文知识的人，就能看出这两个句子的关联词"只要"用得不恰当。可见，"只要"不能用于表达必要条件。

汉语中"只要"不表达必要条件，而表达充分条件。《现代汉语

---

① 吕叔湘主编：《现代汉语八百词》，商务印书馆1980年版，第607页。

② 中国人民大学哲学系逻辑教研室编：《形式逻辑》（修订本），中国人民大学出版社1980年版，第95页。按：这里对必要条件的解释并不准确，正确的解释是：必要条件的特征是，没有条件 P 存在，就不会有结果 Q 存在，即无 P 必无 Q。必要条件包括必要不充分条件和充分必要条件。

词典》："只要，连词，表示充足的条件，下文常用'就'或'便'呼应。"逻辑学认为："充分条件是这样一种条件，有了它一定有某种结果，没有它不一定没有这个结果……即有 p 必有 q，无 p 未必无 q，p 就是 q 的充分条件。""在汉语里，充分条件常用'如果……那么……''只要……就……'等来表示。"[①]

《八百词》"只要"条下所举的例句表示的也是充分条件：

③我们只要打个电话通知他，他就可以把东西送来。

《八百词》在对"只要"和"只有"进行比较时，也说"'只要'表示具备了某条件就足够了"，这与前面所说的"只要，表示必要条件"不一致。不知是编写者的疏忽，还是编写者认为"必要条件"就是"具备了某条件就足够了"的意思。如果是后者，则与人们通常的理解和逻辑学的解释不一致。

二、关于"只有"

《八百词》：连词，表示唯一条件，非此不可。后面多用副词"才"呼应，有时也用"还"。

释义中说"只有"表示"非此不可"是对的，但说这种条件是"唯一条件"则欠妥。

事物之间的条件联系按其性质来说有四种：

1. 充分（不必要）条件：有 p 必有 q，无 p 未必无 q。如"天下雨"是"马路湿"的充分（不必要）条件。

2. 必要（不充分）条件：无 p 未必无 q，有 p 未必有 q。如"高考成绩合格"是"被高校录取"的必要（不充分）条件。

3. 充分必要条件：有 p 必有 q，无 p 未必无 q。如"三角形三条边相等"是"三角形三只角相等"的充分必要条件。

4. 不充分不必要条件：有 p 未必有 q，无 p 未必无 q。如一个国

---

① 中国人民大学哲学系逻辑教研室编：《形式逻辑》（修订本），中国人民大学出版社 1980 年版，第 93 页。按：这里对充分条件的解释并不准确，正确的解释是：充分条件的特征是：有条件 P 存在，就必有结果 Q 存在，即有 P 必有 Q。充分条件包括充分不必要条件和充分必要条件。

家"自然资源丰富"是该国"经济发达"的不充分不必要条件。

逻辑学中没有"唯一条件"的提法，按《现代汉语词典》对"唯一"的解释"只有一个，独一无二"，"唯一条件"似乎只能理解为"独一无二"的条件，而上述四种条件关系中没有一种是"独一无二"的。如"马路湿"的充分条件除"天下雨"外还有"洒水车洒了水"等；"被高校录取"的必要条件除"高考成绩合格"外，还有"政审合格""身体合格"等；三角形"三只角相等"的充分必要条件除三角形"三条边相等"外，还有三角形"三条高相等""三条中线相等"等；一个国家"经济发达"的不充分不必要条件除"自然资源丰富"外，还有"地理位置优越""人口密度适中"等。可见"唯一条件"的提法本身就是不科学的。

"只有"的正确释义应该是"表达必要条件"。《现代汉语词典》"只有，连词，表示必须的条件，下文常用'才'或'方'呼应。"逻辑学中用"只有 p 才 q"作为必要条件假言判断的公式。《八百词》所说的"非此不可"意思也是必要条件。前文所举的必要条件关系的例子，如果用"只有……才……"连接，就组成既合语法又合逻辑的通顺严密的句子：

⑤只有年满十八岁，才有选举权。

⑥只有高考成绩合格，才会被高校录取。

《八百词》所举的例子实际上表达的也是必要条件，而非"唯一条件"。

⑦你只有去跟他当面谈，才能消除误解。

⑧只有铁路修通了，这些木材才运得出去。

例⑦是说如果你不去跟他当面谈，就不能消除误解（即所谓"无 p 必无 q"），至于当面谈是否就一定能消除误会，则并没有断定，也许还需要其他条件，例如"他通情达理"等，可见"当面谈"并非"消除误会"的"唯一条件"。例⑧中"铁路修通"只是"木材运出去"的必要条件，因为要运出木材还得有车皮等。

综上所述，我们认为，"只要"的正确释义应是："连词，表示充分条件，常与副词'就''便'呼应。""只有"的正确释义应是："连词，表示必要条件，常与副词'才''方'呼应。"①

[原载《语文建设》1994年第12期。]

---

① "只有……才……"句式除表达必要条件假言判断外，还有其他逻辑表达功能，参见《"只有……才……"句式的两种逻辑表达功能》一文（本书第180页）。

"只有……才……"句式的两种逻辑表达功能

"只有……才……"句式是日常语言中一种常用句式，它通常被用来表示事物情况之间的必要条件关系。《现代汉语词典》："只有，连词，表示必须的条件，下文常用'才'或'方'呼应。"普通逻辑中用"只有p，才q"作为必要条件假言判断的公式。下面的句子都表达典型的必要条件假言判断：

①只有你意识到这一点，你才能更深刻地了解我们的战士在朝鲜奋不顾身的原因。（魏巍《谁是最可爱的人》）
②只有实行全方位的对外开放，才能加快经济发展的速度。（《人民日报》1992年12月3日）

"只有……才……"句式能够表达必要条件假言判断，看来没有人会对此提出疑义。但具有"只有……才"形式的句子是不是都表达必要条件假言判断呢？例如，在日常语言和书面材料中，我们常常可以看到诸如此类的句子：

③只有大医院才有条件做这种手术。
④只有精神麻木不仁的人，才会对此无动于衷。
⑤只有第三种方案才是切实可行的。
⑥只有实践才是检验真理的标准。

这类句子表达的判断是必要条件假言判断吗？由于这类句子包含有关联词"只有……才……"，所以有的逻辑书说它们是必要条件假言判断。例如：

⑦只有承认世界是可知的人才是辩证唯物主义者。①

⑧只有不畏劳苦沿着陡峭山路攀登的人，才有希望达到科学的光辉顶点。②

⑨只有能被2整除的数，才能被6整除。③

⑩只有年满十八岁的公民，才有选举权。④

⑦—⑩与③—⑥具有完全相同的句式，上述逻辑书都认为它们表达的是必要条件假言判断。我们认为这样分析是不对的。

必要条件假言判断作为复合判断的一种，是由两个支判断组成的，在其公式"只有p，才q"中，p和q即前件和后件各代表一个判断。然而在上述判断中，位于"只有"后面的，根本就不是一个判断，而只是一个概念（从语言上看是一名词性短语）。尽管它加有限制词，但它无论如何不是判断，因为它没有作为判断基本组成部分的谓项。位于"才"后面的，也不是完整的判断，因为它缺少主项。由此可见，③—⑩例都不包含两个（或两个以上）支判断，它们根本就不是复合判断，当然也就谈不上是必要条件假言判断。

上述例子不是复合判断，而是一种简单判断，其中位于"只有"后面的那个概念就是位于"才"后面那个不完整判断的主项（从语言的角度看，前者是后者的主语），二者构成一个完整的判断。它们具有的共同的逻辑形式不是"只有p，才q"，而是，"只有S才是P"。从形式上看，它显然不是关系判断，也不是现行普通逻辑教材所讨论的A、E、I、O中的任何一种，它是直言判断的一种特殊形式，在逻辑史上，这种判断被命名为区别判断。

区别判断"只有S才是P"概括地反映了S类与P类外延上这样两种关系：S真包含P或S全同于P。如图：

---

① 金岳霖主编：《形式逻辑》，人民出版社1979年版，第197页。

② 中国人民大学哲学系逻辑教研室编：《形式逻辑》（修订本），中国人民大学出版社1980年版，第61页。

③ 华东师范大学哲学系逻辑学教研室：《形式逻辑》，华东师范大学出版社1992年版，第153页。

④ 《逻辑学辞典》编委会：《逻辑学小辞典》，吉林人民出版社1983年版，第82页。

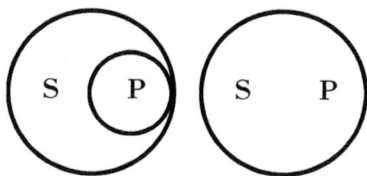

图3-1　　　　图3-2

　　在普通逻辑所介绍的 A、E、I、O 四种直言判断中，概括地反映 S 与 P 上述两种关系的判断形式是"凡是 P 是 S"。也就是说，"只有 S 才是 P"与"凡是 P 是 S"在逻辑上是等义的。例如：上述例④等义于"凡是对此无动于衷（的人）都是精神麻木不仁的人"，例⑦等义于"凡是辩证唯物主义者都是承认世界是可知的人。"

　　从以上分析可知，含有关联词"只有……才……"的语句有两种逻辑表达功能：1.表达必要条件假言判断，其逻辑形式为"只有 p，才 q"；2.表达区别判断，其逻辑形式为"只有 S 才是 P"。其中前者是复合判断，而后者是简单判断。

　　从语言学角度看，上述③—⑩例（即表达区别判断的句子）是复句还是单句呢？《现代汉语八百词》认为"如'只有'后面只是一个名词，全句很像一个单句。"①看来该书认为这种句子"像单句"而实质上仍是复句。笔者认为，"只有 + 名词短语 + 才 + 述语（动词或形容词）短语"的句子是单句而不是复句，理由如下：

　　1."复句是由两个或两个以上的单句组合而成的句子……各分句在结构上有相对的独立性，在意义上紧密相联。表达一个复杂的判断或推理。"②如前所述，③—⑩例表达的并非复合判断。而是简单判断，当然更不表达推理，所以从表达功能上看它不是复句而是单句。

　　2."一个复句包含几个分句，分句可以是主谓句，也可以是非主谓句。非主谓句当然谈不上有主语。"③（胡裕树主编《现代汉语》第353页）可见作为复句组成成分的单句可以没有主语，但不能没有谓语，而上述例句中"只有"与"才"之间的名词性短语不

---

① 吕叔湘主编：《现代汉语八百词》，商务印书馆1980年版，第608页。
② 王今铮等：《简明语言学词典》，内蒙古人民出版社1986年版，第124页。
③ 胡裕树主编：《现代汉语》，上海教育出版社1981年版，第389页。

带谓语，它们本身不能分析为一个缺谓语的句子，它只是"才"后面那个述语短语的主语。因此，从句法结构上看，这种句子也不是复句而是单句。

［原载《语文月刊》1994年第11期。］

对"理发师悖论"汉语译文的一点分析

悖论是一种特殊的逻辑矛盾，即假定某个判断是真的，可以推出这个判断是假的；假定这个判断是假的，又可推出它是真的。目前国内许多逻辑读物在介绍悖论时，都引用下面的例子：

> 某村子里有个理发师，他规定：我只给那些自己不刮胡子的人刮胡子。请问：这个理发师给不给自己刮胡子？①

这个例子本身确实很有趣，能够引起人们对悖论研究的兴趣。然而更为有趣的是，这个被当作悖论典型例子的著名的"理发师悖论"，按目前国内一般逻辑读物的汉语行文，其本身并不包含不可克服的矛盾。也就是说，它实际上并不是一个真正的悖论。

由于理发师规定他"只给自己不刮胡子的人刮胡子"，假定他给自己刮胡子，那么按规定他不应该给自己刮胡子。这里确实导出了逻辑矛盾。假定他不给自己刮胡子，是否能推出必然的结论呢？凡引用这个例子的逻辑读物。都推断说，"按照规定，他应该给自己刮胡子"，从而断定这也导致逻辑矛盾。这种推断是缺乏逻辑根据的。

为了说明这一点。我们有必要从语义和逻辑两个方面对汉语译文所表达的理发师的规定作一简要的分析。

先看下列与理发师的规定相似的例子：

> ①某甲对别人说："我只看京剧。"
> ②某旅行社规定："本社只为外宾和侨胞提供旅行服务。"
> ③某儿童医院规定："本院只给不满十五周岁的病人治病。"

---

① 《普通逻辑》编写组：《普通逻辑》（修订本），上海人民出版社1982年版，第288页。

④某街道托儿所规定："本所只给双职工的家庭照看孩子。"

例①中某甲的话意思是他不看别的剧种的戏，然而这并不包含"凡京剧演出他都得去看"之义。也就是说，一个戏是京剧，是某甲观看它的必要条件，而不是充分条件。如果有一出京剧某甲没有去看，谁也不会指责他说话不算数。同样，例②、例③、例④也反映事物之间的必要条件关系，即：一位旅客是外宾或华侨，是该旅行社为他提供旅行服务的必要条件；一位病人不满十五周岁，是儿童医院给他治病的必要条件；某个孩子的父母是双职工，是入托的必要条件。它们都并未反映充分条件关系。如果那家旅行社因某种原因（如客满）未能为某外宾提供旅行服务，儿童医院因某种原因（如家属拒付医疗费）未给某病孩治病，街道托儿所因某种原因（如幼儿患传染病）拒绝收托某双职工的孩子，人们都不能说它们违反了自己的规定。这些例子都说明，在汉语的"主＋只＋谓＋宾"和"主＋只＋给（为）＋介宾＋谓"句式中，副词"只"反映的都是事物之间的必要条件关系。由此可见，理发师的规定"我只给自己不刮胡子的人刮胡子"，其意义只能理解为"自己不刮胡子"是理发师给他刮胡子的必要前提，即"凡自己刮胡子的人，理发师都不给他刮胡子"，至于自己不刮胡子的人，理发师并不一定都得给他刮胡子（事实上一个理发师也不可能为所有自己不刮胡子的人刮胡子）。

既然"只"反映的是必要条件关系，理发师的规定就可分析为一个必要条件假言判断：

一个人只有自己不刮胡子，我才给他刮胡子。

以这个假言判断为前提，以"理发师给自己刮胡子"和"理发师不给自己刮胡子"两种假定分别对假言判断前提中的前件加以肯定和否定，就可以构成两个必要条件假言推理：

① 一个人只有自己不刮胡子，我才给他刮胡子；
理发师给自己刮胡子；
所以，我不给理发师（我自己）刮胡子。

② 一个人只有自己不刮胡子，我才给他刮胡子；

　　理发师不给自己刮胡子；

　　所以，我应该给理发师（我自己）刮胡子。（？）

　　推理①符合必要条件假言推理"否定前件就要否定后件"的规则，因此，导出逻辑矛盾是必然的。而推理②却违反"肯定前件不能肯定后件"的规则，因此不能成立，也就是说，由它的两个前提不能必然地导出逻辑矛盾。

　　由上面的分析可知，本文开头所引的用汉语表达的"理发师悖论"，其实并非悖论，那么为什么它被作为悖论的典型例子广为引用呢？这涉及这个例子的来源。在逻辑史上，最先引用此例的是英国逻辑学家、数学家罗素（1872—1970），此后这个例子在各国广为流传，这就是国内许多逻辑读物乐意引用它的原因。然而，这个例子在引进时，文字的翻译上有不够准确之处。我们不妨将英文原文引录如下：

　　A man of Seville is shaved by the Barber of Seville if and only if the man does not shave himself. Does the Barber of Seville shave himself?（摘自美国纽约出版《哲学百科全书》第五、六合卷第50页"逻辑悖论"条）

这段文字照字面直译应该是：

　　一个西维里男人由西维里的那个理发师为他刮胡子，当且仅当这个男人不为他自己刮胡子。那么，那个西维里的理发师为不为他自己刮胡子？

　　将本文开头所引那段文字与英文原文相对照，就会看出它们之间有一个非常明显的实质性差别：原文断定"西维里男人不为自己刮胡子"是理发师给他刮胡子的充分必要条件（用"if and only if"——"当且仅当"表示），而译文却误为必要条件（用"只"表示），这样就使原文中本来包含的逻辑矛盾消失了。

由于汉语和外语的语词并不一一对应，在引译外文时，有时难免出现不够确切的地方。但是，像"if and only if"之类关键性的联接词，是不能有丝毫的马虎的，否则就可能有悖原义。为此，我们应该大力推广运用像"当且仅当"一类虽不被广泛运用却精练准确的联接词。当然，为了照顾我国读者的阅读习惯，在一般普及性的逻辑读物中，可以根据汉语的特点对原文进行意译或改写，但对原文的意义不能有实质性的改变。如将上述"理发师悖论"改写如下，就既不违背原义，又适合我国读者的阅读习惯：

　　某村有个理发师，他只给那些自己不刮胡子的人刮胡子，并且本村所有自己不刮胡子的人都由他给刮胡子。请问，这个理发师给不给自己刮胡子？

[原载《逻辑与语言学习》1986年第1期，署笔名"罗长江"。当时因为在该刊发表文章频率过高,编辑建议改署笔名,遂取有"罗长江"之笔名,乃"长江岸边的逻辑爱好者"之意也。]

疑问句的真假和预设

形式逻辑在谈到句子和判断的关系时，认为疑问句（不含无疑而问的反问句）只是提出问题，并没有肯定什么或否定什么，没有真假可言，所以不表达判断。

我们认为，"疑问句没有真假可言"的观点不符合自然语言的实际，值得重新探讨。下面我们先从两个例子谈起。

  ①"文革"中，坚持共产主义真理的张志新同志受到四人帮及其爪牙的迫害。在一次"审讯"中，审讯者问："张志新，你能挖一挖你犯罪的思想根源吗？"张志新同志斩钉截铁地答道："不对！我根本就没有罪，不存在什么深挖犯罪根源的问题！"

  ②父亲误以为孩子说了谎话，找儿子谈心："你知道说谎的孩子不是好孩子吗？""知道。""那你为什么要对我撒谎呢？""不！我没有撒谎！"

在例①中，张志新同志回答中所说的"不对"是对审讯者所提问题的否定，即断定该问题提得不对。例②中，父亲向儿子提出两个问题，儿子对第一个问题作了正面回答，说明他认可了该问题，对第二个问题他加以否定，并指出了该问题的错误，说明他认为父亲第二个问题问得不对。

上述例子说明，疑问句存在着一个问题提得对不对的问题。而日常语言所说的"对"与"不对"（"正确"和"不正确"）就是逻辑上所说的真和假。因此，疑问句也有真假。对于一个真的疑问句，人们可以作出正面的回答，包括肯定的回答和否定的回答。而对于一个假的疑问句，人们却不能作出正面的回答。例如，对"你能不能挖一挖你犯罪的思想根源"这个问句，张志新无论回答"能"还是"不能"，都等于承认自己有罪，而这正中了审讯者的圈套。可见判定疑问句的真假是言语交际中一个十分重要的问题。

怎样判定一个疑问句的真假呢？有一种观点认为，疑问句的真假取决于该问句存在不存在一个真的答案。如果一个问句有真答案，则该问句是真的；如果一个问句没有真答案，则该问句是假的。这种观点在理论上有其合理性，但对于言语交际没有什么实用价值，因为面对一个疑问句，被问者必须首先判定该问句的真假，然后再决定是否从正面给予回答；在确定给予回答后，再去寻找一个真的答案（或者出于某种目的故意给出一个假的答案）。

疑问句的真假取决于它的预设的真假。预设是语言逻辑的一个重要概念，指言语交际过程中双方共同接受的事实或命题。对疑问句来说，预设就是它所隐含的使自身有意义的命题。任何问句都有预设，例如：

③ "世界上哪几个国家比中国领土面积大？"预设"世界上有比中国领土面积大的国家"。

④ "世界上哪几个国家比中国人口多？"预设"世界上有比中国人口多的国家"。

⑤ "英国国王是男的还是女的？"预设"英国有国王"。

⑥ "日本总统有六十岁吗？"预设"日本有总统"。

⑦ "《马氏文通》问世有没有一百年？"预设"《马氏文通》已经问世"。

⑧ "《牛氏汉语语法大全》是新中国成立前出版的吗？"预设"《牛氏汉语语法大全》已经出版"。

有的疑问句有若干个预设：

⑨ "张敏的妻子在哪儿工作？"预设"张敏是男的""张敏已经结婚""张敏的妻子有工作"。

如果一个疑问句的所有预设为真，则该疑问句为真；如果一个疑问句的预设有一个为假，则该疑问句为假。上述例子中，③、⑤、⑦都是真问句，因为它们的预设为真命题，④、⑥、⑧都是假问句，因为它们的预设是假命题。对于例⑨来说，当它的三个预设全部为真时，该问句才是真的；如果其中有一个预设为假，例如张敏不是男的，或者他虽然是男的但还没有结婚，或者张敏的妻子并没有参加工作，则该问句都是假的。

在言语交际过程中，人们一般都能从问句本身分析出它的预设，但要判定预设的真假，则要借助于相关的具体知识。例如，一个对汉语语法史有所了解的人，能够判定"《马氏文通》已经问世"为真，"《牛氏汉语语法大全》已经出版"为假，而对汉语语法史一无所知的人则无法判定这两个预设命题的真假。

对于真假值不同的问句，被提问者应该给予不同的回答。

对于一个真问句，被问者通常应按问句指定的答域给予正面回答，对"是不是"（"能不能""对不对"）的问句要表示肯定或否定；对"S是什么"的问题要描述S的性质；对"S有哪些"的问题要指出S的对象和范围，对"S怎么样"的问题要说明S的状况，对"为什么S"的问题要陈述事物的原因或理由。

对于一个假问句，被问者通常应对问句进行否定，然后指出问句预设的虚假，提出一个与预设相矛盾的真命题。例如，对"永动机是中国人发明的吗"这个假问句，我们既不能回答"是"，也不能回答"不是"，正确的回答是："你的问题不对，世界上从来没有也不会有永动机。"例①中张志新对审讯者的提问，用的也是这种回答方法。

对于一个无法确定其真假的问句，被问者一般不可能给出任何实质性的答案，此时他要么回答"不知道"，要么对原问句的预设反提一个新问句。例如："小李为什么要跟她丈夫离婚？"如果被问者不了解其预设"小李要跟丈夫离婚"是否为真，他最好的回答是："真是吗？小李要跟丈夫离婚？"

对问句给予正面回答表示被问人对问句预设的认可，因此在言语交际中分析问句的预设，判定问句的真假，有着重要的实践意义。1993年9月联合国大会期间，钱其琛外长会见某国外交大臣时，对方问钱外长："听说这几年中国的人权状况有所改善，是吗?"这一问句预设"中国前几年存在严重的人权问题并且至今没有得到根本改善",这当然是不能承认的,因此钱外长对该问句没有给出肯定或否定的回答,而是针对对方问句的预设发表了下述意见:"我们两国对人权问题有着不同的见解,中国自从'文革'结束以后,并不存在什么不尊重人权的问题。"钱外长的回答不失礼貌地否定了对方问句的预设,维护了中国主权的尊严。

美国首任总统华盛顿年轻时曾巧妙地利用问句预设帮助邻居抓住一个偷马贼。华盛顿邻居一匹马被偷,华盛顿陪他去找,终于在集市上找到了,原来小偷偷了马后正在集市上卖。失主找来警察,可小偷硬说马是他自己喂养的,由于丢马人一时拿不出真凭实据,警察和围观者无法判定谁是谁非。这时华盛顿灵机一动说:"这用不着争辩,很容易搞清楚。"他突然上前用双手捂住马的双眼,然后问小偷:"你说这匹马是你自己养的,那么你知道这匹马哪只眼睛是瞎的?"小偷一下被问懵了,因为他刚偷来马,根本没注意马瞎了一只眼,为了不露马脚,他只好故作镇静回答"是左眼"。华盛顿把捂左眼的手放开,马左眼是好的。小偷急忙改口:"我记错了,是右眼。"华盛顿拿开捂右眼的手,马的右眼也是好的。小偷在华盛顿的追问下终于暴露了真面目。华盛顿的问句中有一个假的预设"马有一只眼睛是瞎的",因而该问句也是假的,而偷马贼对这个假问句给了正面回答,就是认可了上述假预设,这就足以证明这匹马不是他自己喂养的,因为马的真正主人是不会不知道自己的马两只眼睛都是好的。

[原载《学语文》1994年第5期。]

从意义和功能看拟声词的归类

  《中学教学语法系统（试用）》（以下简称《系统》）在词类中增加了一类拟声词，这是完全必要的，因为像"丁冬""轰隆隆""乒乒乓乓"等在日常语言中大量运用的词，很难并入其他词类。但是，《系统》把拟声词列为虚词的一个小类似欠妥当。

  把汉语的词分为实词和虚词的标准，在语法学界历来有不同的看法。一些人认为应以意义为标准，凡有实在意义（或词汇意义）的词属于实词，凡没有实在意义而只有语法意义的词属于虚词，这种观点以黎锦熙、王力为代表。另一些人则认为应以语法功能为标准，凡能单独充当句子（或短语）成分的是实词，凡不能单独充当句子成分的是虚词，这种观点以朱德熙、赵元任为代表。目前高等院校通用的现代汉语教材多采用语法功能标准，如黄伯荣、廖序东主编的《现代汉语》、胡裕树编的《现代汉语》均把意义不太实在的副词列入实词类，其根据就是副词能单独充当句子成分。

  《系统》采用的是意义与语法功能相结合的标准，它列举了实词的三个特征：①实词表示实在的意义；②实词能够作短语或句子的成分；③实词能够独立成句。其中①属于意义特征，②、③属于语法特征。两结合标准是否科学，本文不作理论探讨。但在一个语法系统内部，既然提出了一个分类标准，就应严格按照此标准对词进行归类。我们认为，按照《系统》规定的标准，从意义和语法功能两个方面看，拟声词都应该归入实词，而不能归入虚词。

一、拟声词有实在的词汇意义

  所谓词汇意义是与语法意义相对而言的，即一个词（或短语）在没有进入句法结构孤立存在时表示出来的含义。拟声词是模拟客观事物某种声音的词，它反映客观事物在声音方面的特征，既具体，又形象。这些词即使离开句子，人们也能把握它们的确切意义。例如：

> 汪汪——形容狗叫的声音。
> 呼哧——形容喘息的声音。
> 轰隆——形容雷声、爆炸声、机器声等。
> 滴答——形容水滴落下或钟表摆动的声音。
> 扑通——形容重物落地或落水的声音。
> 劈里啪啦——形容爆裂、拍打等的连续声音。
> 喊喊喳喳——形容细碎的说话声。

以上拟声词的释义均选自《现代汉语词典》。这些例子说明，拟声词是有实实在在的词汇意义的。吕叔湘先生主编的《现代汉语八百词》认为"象声词是用语音来模拟实在的声音或者描写各种情态。象声词的形式跟形容词的生动化形式非常相似，要把它作为形容词的一个小类也未尝不可以。"①

二、拟声词能够独立充当短语或者句子成分

1.作主语或主语中心词

①忽喇喇似大厦倾，昏惨惨似灯将尽。（曹雪芹《红楼梦》）
②闪电的白光还没消失，一阵惊天动地的"轰隆隆"，把她吓得从驴背上摔下来。（冯园《山村的夜》）

2.作谓语或谓语中心词

③开花时节，那蜜蜂满野嘤嘤嗡嗡，忙得忘记早晚。（杨朔

---

① 吕叔湘主编：《现代汉语八百词》，商务印书馆1980年版，第14页。

《荔枝蜜》）

④爆竹声劈里啪啦，搅得你后半夜甭想睡觉。（《北京晚报》）

3.作宾语或宾语中心词

⑤李二毛不知从哪弄来条卷毛狗，那小东西叫起来不是"汪汪汪"，而是"嚯嚯嚯"，逗得村的娃们整天跟着它转。（孙旭《山村大腕》）

⑥只听见门外一阵哐哐当当，原来是赵师傅的白铁摊被一辆摩托车撞翻了。（李静《马车巷的变迁》）

4.作定语

⑦到处莺歌燕舞，更有潺潺流水。（毛泽东《水调歌头·重上井冈山》）

⑧一进洞口，就听见叮咚叮咚的泉水声像一支欢快的乐曲。（李颖《水乐洞记趣》）

5.作状语

⑨泉水从七八尺高处落到石地上，淙淙地向森林中流去。（姚雪垠《李自成》）

⑩风大了，路旁的高粱狂乱地摇摆着，树上的枯枝喀喳喀喳地断落下来。（峻青《黎明的河边》）

6.作补语

⑪一阵拳脚，把他打得直嗷嗷。（金庸《射雕英雄传》）

⑫几十面红旗被风吹得呼啦啦，呼啦啦，游行的队伍就要出发了。（姚宏《一个老红卫兵的故事》）

这些例子说明，拟声词能单独充当句子或短语的主、谓、宾、定、状、补各种成分，其组句功能不仅强于副词，而且强于实词中的代词、数词和量词。

三、拟声词能独立成句

⑬砰！砰！村外传来几声枪响。（刘知侠《铁道游击队》）

⑭轰！！！在这天崩地塌价的声音中，女娲猛然醒来……（鲁迅《故事新编·补天》）

《系统》所列六类虚词中，副词和叹词也具有实词的某个特征：副词能充当句子或短语的成分（仅限于状语和补语），叹词则能单独成句，但副词和叹词意义比较虚，副词不能单独成句，叹词不能充当句子或短语的成分。因此，系统把副词、叹词归入虚词是妥当的。拟声词与它们不同，从本文上面的例证和分析可以看出，拟声词具有《系统》所列举的实词的全部三个特征：表示实在的意，能够作短语或句子的成分，能够独立成句。所以我们认为拟声词是实词而不是虚词。

［原载《中学语文教学》1994年第7期。］

论象声词与叹词的差异性

《中国语文》（2004 年第 5 期）发表邢福义先生文章《拟音词内部的一致性》（以下简称"《拟》文"），提出："叹词和象声词……是拟音词内部的两个小类，而不应被认定为词类系统中跟名词、动词、副词、介词等并立的两个类别"，"叹词和象声词共同组成一类拟音词"。

这是邢先生一直以来的观点。早在 1986 年，邢先生主编的《现代汉语》就把虚词分为副词、介词、连词、助词和独用词五类，独用词包括叹词和象声词两小类，这里的"独用词"就是"拟音词"。1996 年，邢先生的《汉语语法学》又将叹词和象声词合称"拟音词"，与代词、数量词并列为"特殊成分词"的三个子类。

十多年来，尽管语言学界有文炼（1995）、陆俭明等（2003）、马庆株（1987）、袁毓林（1995）、郭锐（2002）等多位学者对象声词和叹词提出过一些富有见地的观点，但《拟》文认为，"许多论著在词类系统中分列叹词和象声词两个类别，但都没有说出二者在语法上有什么根本性的区别"。

邢先生文章的发表，使我们感到有必要对象声词和叹词的差异性及其归类问题作进一步的探讨。因为我们的观点与《拟》文正好相反：象声词和叹词不仅在意义上，而且在语法功能以及其他许多方面都存在明显差异，它们的差别甚至大于动词与形容词的差别，应该归入不同的类别。

一、关于象声词和叹词的定义

1.1 《拟》文对象声词和叹词的定义

《拟》文对象声词和叹词的定义如下：拟音词是汉语词类系统中

专用于模拟某种声音的词。就模拟的对象而言，有两类：（1）人们感叹的声音；（2）物体的音响或动物的叫声。沿用较为通行的术语，本文将前者叫"叹词"，将后者叫"象声词"。

1.1.1 《拟》文定义过窄

上述对象声词的定义把模拟人通过口鼻发出的声音的词排除在象声词的外延之外。例如 "叽里呱啦说个不停""呼哧呼哧地喘着粗气""喃喃自语""嘻嘻傻笑"，这些词组里加横线的词不是表示"人们感叹的声音"，因此不是叹词；它们也不是"物体的音响"（人不能算物体）或"动物的叫声"，不符合上述定义，所以也不是象声词。这样便出现了逻辑的两难：或者对"象声词"定义过窄，或者对"拟音词"划分不全——因为存在既不属于叹词又不属于象声词的第三种"拟音词"，即"表示人的口鼻发出的非感叹、非招呼、非应答的声音的词"。

在《现代汉语词典》（2002）中，"叽里呱啦""呼哧呼哧""喃喃""嘻嘻"等都明确标注为"象声词"。词典中模拟人的口鼻发出的声音而又明确标注为"象声词"的还有许多：

格格（笑声）	扑哧（笑声）
呵呵（笑声）	嘿嘿（笑声）
叽叽嘎嘎（说笑声）	哄（大笑或喧哗声）
叽哩咕噜（说话声）	喊喊喳喳（说话声）
哇啦（说话、吵闹声）	哇哇（小孩哭声）
嗷嗷（哀号或喊叫声）	哑哑（小儿学语声）
咿呀（学说话声）	咿唔（读书声）
琅琅（读书声）	朗朗（笑语、读书声）
喷喷（咂嘴声）	吧嗒（嘴唇开合声）
吁（yū 吆喝牲口声）	吁吁（xūxū 出气声）
咻咻（喘息声）	哼哧（喘气声）
呼噜（打鼾声）	阿嚏（喷嚏声）

然而邢先生对象声词的定义，却把这些常用的象声词排除在象声词的范围之外。

《拟》文将叹词定义为模拟"人们感叹的声音"的词，也存在"定义过窄"问题。如：

①"喂——小雪——，快点上来！"
"唉——我这就来！" （胡蔚《武夷行》）
②嗯，嗯，好，好，你快去吧！ （冯德英《苦菜花》）

以上对话中的"喂""唉""嗯"都是常用的叹词（后一例是《拟》文中的叹词用例），但它们都不表示"感叹的声音"（"喂"在任何场合都不表示感叹；"唉"发去声才表示感叹，此处发阴平，只表示答应；"嗯"在这里发声为"ńg"，也只表示答应，不是感叹），根据《拟》文对叹词的定义，它们都不属于叹词。

我们注意到邢先生的《现代汉语》（1986）、《汉语语法学》（1996）对叹词的界定是："表示感叹或（和）呼应的声音。"这个界定比《拟》文的定义好，唯感不足的是，"呼应"是一个固定的双音节词，意为"互相联系或照应"，而不是呼唤（招呼）、应答的紧缩（前者比较抽象而后者十分具体），似应改为"招呼、应答"。

1.1.2 《拟》文的用例失当

由于对象声词和叹词的定义存在缺陷，《拟》文中很多例句的使用也便成了问题。

③汪霞像挨了蝎子蜇，"嗷"地一声："你干什么？……"
（冯志《敌后武工队》）
④嘉轩"哇"地一声哭了："爸……我听你的吩咐……"
（陈忠实《白鹿原》）
⑤她忽然"呜"的一声哭了起来："妈，这大个子骂我！"
（《拟》文未标出处）
⑥那少女格格一声笑，说道："那是我安排下的。"
（金庸《倚天屠龙记》）
⑦忽听得屋下"哇哇"几声，传出婴儿啼哭之声。
（金庸《神雕侠侣》）
⑧黑夜中但听他"嘿嘿嘿"三声冷笑，檐前一声响，那白

袍客已闪身而进。　　　　　　　　　　（金庸《倚天屠龙记》）

⑨ "老爷子"……<u>哼哼哈哈</u>地让李国贤只能连连点头称
是。　　　　　　　　　　　　　　　　　（陈世旭《试用期》）

⑩他一剑又一剑地向段誉刺去，口中却<u>嘻嘻、哈哈、嘿
嘿、呵呵</u>的大笑不已。　　　　　　　（金庸《天龙八部》）

⑪只听得他<u>哈哈，嘻嘻，啊哈，啊哟</u>，又叫又笑，越笑越
响……　　　　　　　　　　　　　　（金庸《射雕英雄传》）

⑫接着是两人<u>嘿嘿哈哈</u>的笑声。

　　　　　　　　　　　　　　　　　　（雪克《战斗的青春》）

以上是《拟》文用来说明叹词特征的例句，但是例中带下划线
的词实际上都是象声词，其中大多数在《现代汉语词典》中明确标
注为象声词，少数在词典中没有单列词条，但可以推定为象声词，
例如词典中虽然没列"哼哼哈哈"一词，但列有标明为象声词的
"哼儿哈儿"。

既然这些例句中的"叹词"实际上都是象声词（或者说除邢先
生外，其他人认为它们是象声词），怎么能用它们来证明叹词的语法
性质呢？

1.1.3 《拟》文定义不当导致的归类难题

《拟》文指出一种现象："有的时候，一个拟音词，即使知道它
所模拟的声音跟人相联系，但仍然不能肯定它到底是叹词还是象声
词。"例句有：

　　⑬小龙女对杨过凝视半晌，突然"<u>嘤</u>"的一声，投入他的
怀中。　　　　　　　　　　　　　　　（金庸《神雕侠侣》）

《拟》文认为，例子中的"嘤"是叹词还是象声词，"容易见仁
见智。'嘤'，可能有人认为更像叹词，但也可能有人以为是象声
词"。

　　⑭岳灵珊<u>扑哧</u>一声笑，叫道："爹！"

　　　　　　　　　　　　　　　　　　（金庸《笑傲江湖》）

《拟》文认为，"'噗哧'表示人的笑声，似乎应该是叹词，但是可能有人认为就是象声词。"

⑮那两条狗……呜呜几声，却没吠叫。

（金庸《神雕侠侣》）

邢先生认为，"'呜呜'表示狗发出的声音，更像象声词，但是如果用于人的哭声（'见他站到面前，老婆婆只呜呜几声，流着眼泪'），恐怕就更像叹词了。"

"嘤"是"形容鸟叫声"的象声词，此处借用来模拟人的哭泣声，当然属于象声词；而"扑哧"在《现代汉语词典》中就明确标注为"形容笑声或水、气挤出的声音"的象声词。至于"呜呜"，毫无疑问是象声词，何止是"更像"象声词？即便是在"老婆婆呜呜几声"中，它也是象声词；《现代汉语词典》没有收"呜呜"词条，但对"哇哇"的解释可作参照："哇哇，象声词，形容老鸦叫声、小孩儿哭声等"，可见一个词是形容动物的叫声还是形容人的哭声，并不影响它是一个象声词，不存在前者"更像象声词"，后者"更像叹词"的难题。

根据以上分析，邢福义先生对叹词和象声词的定义存在逻辑上的缺陷，无法做到理论上的自洽，并导致了引用例证和理论分析都存在某些偏颇。

1.2 本文对象声词和叹词的界定

明确关键概念是正确进行理论探讨的前提。为了在同一标准下讨论问题，我们试对叹词和象声词作如下界定。

1.2.1 对象声词的界定

我们对象声词的界定采用《现代汉语词典》的释义：象声词就是"模拟事物的声音的词"。需要说明的是，象声词模拟的对象可以是"物体的音响"和"动物的叫声"，也可以是人的身体发出的声音（如"肚子咕咕叫"）以及人的口鼻发出的声音（如笑声、哭声、叫声、读书声、说话声等），因为"事物"的外延大于"物体"，肚子叫、哭笑、读书等，都属于"事物"的范畴。

1.2.2 对叹词的界定

我们将叹词定义为：叹词就是表示感叹、招呼或应答的词。我们的定义与邢先生《汉语语法学》（1996）的定义"表示感叹或呼应的声音"有两点差别：一是将"呼应"改为"招呼或应答"，原因已于前面（1.1.1）阐述；二是去掉了"的声音"三字，这是因为叹词本质上不是"表示（或模拟）某种声音"，而是表达某种情感、态度或意向。后一改动涉及词的本质以及语音与词义的关系等理论问题，需要稍加讨论。

邢先生主编的《现代汉语》（1986）对"语言""词""文字"作了如下解释："语言用声音形式标记事物或思想……语言以语音为物质外壳，以语义为内容，包括语音、词汇、语法三要素。"[1] "词是最小的能够独立运用的语言单位。"[2] 而"文字仅仅是记录口头语言的书写符号系统。"[3] 根据邢先生的这些理论，任何词都有确定的语音和意义，例如，"人""劳动""咪咪""啊哟"的语音分别是rén、láodòng、mīmī、āyō，它们的意义分别是"会劳动的动物""创造财富的活动""形容猫叫的声音""表示惊讶或痛苦"。

象声词是说话者用来"模拟某种客观事物声音"的，其作用是表"音"；叹词是说话者用来"表达某种主观情感（态度或意向）"的，其作用是表"情"。我们可以说"'咪咪'模拟的是猫叫声"，却不能说"'啊哟'模拟的是惊讶（或痛苦）声"。再比较以下两例：

⑯（阿Q）照着伸长脖子听得出神的王胡的后项窝上直劈下去道："嚓！"　　　　　　（鲁迅《呐喊·阿Q正传》）

⑰阿Q说，"咳，好看。杀革命党。唉，好看好看，……"
　　　　　　　　　　　　　（鲁迅《呐喊·阿Q正传》）

都是阿Q说的话，且都是独用，第一例中"嚓"为象声词，阿Q用"cā"这个发音来模拟用刀砍头的声音，而第二例中的"咳"

---

① 邢福义主编：《现代汉语》，高等教育出版社1986年版，第1页。
② 邢福义主编：《现代汉语》，高等教育出版社1986年版，第204页。
③ 邢福义主编：《现代汉语》，高等教育出版社1986年版，第13页。

"唉"是叹词，阿Q用"hāi""ài"模拟了什么声音吗？没有！这是他自己感叹的声音，这声音表达的是一种怡然自得的情感，而不能说阿Q在"模拟"他自己感叹的声音。

以上分析说明，《拟》文说"叹词和象声词，都用来模拟声音"，都"为纯粹表音的形式"，是不符合语言实际的。

叹词有确定的语音，就像名词、动词、代词、介词、连词等也有各自的语音一样。名词通过特定语音符号指称特定对象，动词通过特定语音符号陈述某种动作或行为，叹词通过特定语音符号表示感叹、招呼或应答，表达某种情感、态度或意向，这里说的都是词的语音和意义的关系；我们不能说名词的作用是"表达指称的声音"，不能说动词的作用是"表达陈述的声音"，同样也不能说叹词的作用是"表达感叹的声音"。所有词类中，只有象声词才是用其语音来"形容（模拟）……的声音"，这正是象声词相对于其他词类（包括叹词）的独特之处。

综上所说，将叹词定义为"表示感叹或呼应的声音"的词，或者定义为"模拟人们感叹的声音"的词，都不符合邢先生自己关于词的本质以及语音与词义关系的理论。因此，我们将叹词定义为"表示感叹、招呼或应答的词"。

下面根据以上定义来讨论象声词和叹词的区别和归类。

二、象声词具有实词的全部语法特征

2.1 关于实词和虚词的分类标准

将汉语的词分为实词和虚词是大多数语法体系的通用做法。邢先生《现代汉语》（1986）也采用这一方法。邢著《汉语语法学》（1996）没有使用"实词""虚词"的术语，但该书将"成分词""特殊成分词""非成分词"并列，其中"成分词"相当于实词，而"非成分词"相当于虚词，这与虚实二分法没有什么实质差别，因为"特殊成分词"并非独立于"成分词"和"非成分词"之外的第三大类，而仅在充当什么句法成分或如何充当句法成分方面与"一般成分词"有所区别而已。

分类要有确定的标准，这是逻辑学的要求。既然要把汉语的词分为实词、虚词两大类，分类的标准就成了词类划分的关键问题。不同的语法体系提出了不同的标准。主要有意义标准和语法功能标准两大派系，折中的做法是"以语法功能为主兼顾意义"的综合标准。

2.2 邢福义先生的分类标准以及他对实词、虚词的定义

在词类划分上，邢福义先生是坚定的语法功能标准论者。邢先生的《现代汉语》（1986）提出明确的分类标准——"实词和虚词的划分，是根据词的造句功用"①。在《汉语语法学》（1996）中邢先生再次强调，"在词类划分工作中，必须紧紧扣住词的语法特征。"成分词、特殊成分词和非成分词"划分的根据，是词的句法功能"②。

邢先生（1986）对实词和虚词的定义分别是："实词表示比较实在的意义，能够充当主语、谓语、宾语，或者能够成为主语、谓语、宾语的中心。""虚词意义比较虚灵，不能充当主语、谓语、宾语，不能成为主语、谓语、宾语的中心。"③

《汉语语法学》（1996）没有对"成分词"和"非成分词"加以明确定义，但根据"句法功能"分类标准和"成分词"的字面含义，人们有理由认为，凡是符合邢先生"实词"定义（能够充当主语、谓语、宾语或者它们的中心）的词一定符合"成分词"的标准。

2.3 在邢福义先生的语法体系内象声词应该归入实词（或成分词）

在象声词的归类上，邢先生的《现代汉语》（1986）没有坚持他自己的标准，因为被他列入虚词范围的象声词，具有该书所规定的实词的全部语法特征。

象声词最常见的用法是作状语（如"嗷嗷叫"）和定语（如"噼噼啪啪的爆竹声"）。根据邢先生《现代汉语》（1986）"能否充当主语、谓语、宾语（或其中心词）"的分类标准，象声词能作状语、定语并不能证明它是实词，故此处不必举例证明。我们需要证

① 邢福义主编：《现代汉语》，高等教育出版社1986年版，第292页。
② 邢福义：《汉语语法学》，东北师范大学出版社1996年版，第272、273页。
③ 邢福义主编：《现代汉语》，高等教育出版社1986年版，第292，298页。

明的是，象声词能够充当主语、谓语、宾语或它们的中心词。

2.3.1 象声词能够充当主语或主语中心词

⑱这一声"拍"是主妇的手掌打在他们的三岁的女儿的头上的声音。　　　　　　　　　　（鲁迅《彷徨·幸福的家庭》）

⑲碗碟清脆的丁当，动画片稚气的咿呀……总会使他在微醺微醉的状态下想，人生有此刻足矣。

（王海鸰《中国式离婚》）

⑳孩子的哭声停息了，女人们的叽叽咕咕又搅得人心烦。

（顾童《盲流涌动》）

2.3.2 象声词能够充当谓语或谓语中心词

㉑这神情和先前的防他来"嚓"的时候又不同，颇混着"敬而远之"的分子了。　　（鲁迅《呐喊·阿Q正传》）

㉒开花时节，那蜜蜂满野嘤嘤嗡嗡，忙得忘记早晚。

（杨朔《荔枝蜜》）

㉓林小枫心里不由咯噔一下，显然，事情于他不利。

（王海鸰《中国式离婚》）

2.3.3 象声词能够充当宾语或宾语中心词

㉔你大声叫喊，它们只回答你个哼哼哼，嗡嗡嗡！

（茅盾《雷雨前》）

㉕搬家以后，再也听不见女人们的喊喊喳喳了。

（胡岚《街坊》）

㉖只听见门外一阵哐哐当当，原来是赵师傅的白铁摊被一辆摩托车撞翻了。　　　　　　（李静《马车巷的变迁》）

根据对最近出版的《中国式离婚》前3章的检索，象声词共出现19处，其中作状语6处，作定语5处，作谓语4处，作主语3处，独用1例。而类似"书声琅琅""炮声隆隆""风雨淅沥""流水潺漓"之类象声词作谓语的短句更是随处可见。这些都说明象声词具有"能够充当主语、谓语、宾语（或它们的中心词）"的语法特征，而且这些例子并不是象声词的特殊用法。因此象声词在邢先生的语法体系内完全具有实词（或成分词）的资格。

三、叹词与象声词在语法特征方面的差别

邢先生的《现代汉语》（1986）将叹词和象声词合称为"独用词"，并说"独用词的突出特点是经常独立使用，不跟别的词发生结构关系"。《拟》文对此观点作了修正："'独用'和'入句'，这是句法配置上形成对立的两种基本分布状态。从这一角度，看不出叹词和象声词有什么不同。"并强调"象声词可以入句充当句子成分……叹词一样可以入句充当句子成分，而且在实际语言运用中相当常见"。

实际上，叹词的主要功能是独用（独立成句或作句子的独立成分），入句充当句法成分的几率非常低，并非如《拟》文所说的"相当常见"。与此相反，象声词的主要功能是充当句法成分，独用的几率比较低。二者的语法功能差别十分明显。

3.1 从《现代汉语词典》中象声词、叹词的用法举例看二者语法功能的差别

词典中几乎所有的象声词的举例都是入句充当句法成分。现以《拟》文作为"独用"例证的几个象声词为例：

  嗖——形容很快通过的声音："子弹嗖嗖地从头顶飞过。"
  砰——象声词，形容撞击或重物落地的声音："砰的一声，木板倒了。"
  哧（嗤）——象声词，"嗤嗤地笑"。
  咯吱（吱）——象声词，"扁担压得咯吱咯吱地直响。"
  扑通——象声词，形容重物落地或落水的声音："扑通一声，跳进水里。"

词典中叹词的用法举例几乎都是独用。现以《拟》文作为"入

句"例证的几个叹词为例：

  啊——有阴平、阳平、上声、去声四种声调，均为叹词，词典例句全部是独用，如："啊（ā），出虹了！""啊（á）？你说什么？""啊（ǎ）？这是怎么回事啊？""啊（à），伟大的祖国！"

  哎哟——表示惊讶、痛苦、惋惜等："哎哟！都十二点了。""哎哟！我肚子好痛！""哎哟，咱们怎么没有想到他呀！"

  哦（ò）——叹词，表示领会、醒悟："哦，我想起来了。"

  哎——叹词，表示惊讶或不满意："哎！本是想不到的事。"表示提醒："哎，我倒有个办法，你们大家看行不行？"

  嗯——叹词，表示疑问："嗯（ńg），这是什么字？"表示出乎意料或不以为然："嗯（ňg）！你怎么还没去？"表示答应："他嗯（ng）了一声。"（笔者检索，这是词典例句中唯一作谓语用的叹词）

词典的例句都是最普通的用法，对象声词和叹词的处理迥然不同，说明象声词的常规用法是入句，而叹词的常规用法是独用。

3.2 从《呐喊》等作品中象声词、叹词的统计看二者语法功能的差别

我们对《呐喊》《彷徨》以及最近出版的《中国式离婚》（前3章）三部作品共18万字的语言材料中的象声词和叹词进行了检索和统计，得到的数据如下表：

作　品	词　类	出现总次数	独用	入　句					
				合计	主语	谓语	宾语	定语	状语
《呐喊》《彷徨》（全文,共约15万字）	象声词	113	26	87	1	1	0	26	59
	叹　词	140	136	4	0	0	1*	3	0
《中国式离婚》（1—3章,约3万字）	象声词	19	1	18	3	4	0	5	6
	叹　词	22	20	2	0	2**	0	0	0

（连用的如"得得，镝镝！""咳，呸！"分别只算1处。*见例31，**见例27、28。）

统计数据表明，作品中的象声词大多数（79.5%）是入句使用（充当句法成分），只有少数（20.5%）独用；而叹词绝大多数（96.3%）独用，入句的比例仅占3.7%，且均属特殊用法（其中充当宾语和谓语的3例详见后文对有关例句的分析），并不能说明叹词的语法特征。

3.3 在邢福义先生语法体系内叹词应该归入虚词（或非成分词）

3.3.1 叹词不能充当主语（或它的中心词）

《拟》文没有举出叹词作主语或主语中心词的例子，想必很难找到。我们从18万字的语言材料中，也没有找到一例。

3.3.2 叹词充当谓语（或它的中心词）十分罕见

《拟》文举出了几个叹词充当谓语中心词的例子，并说"叹词代入动词的位置，起着动词的作用"，它一般出现在"X了一声"的固定框架中。我们在《呐喊》《彷徨》中都未发现此种用法，在《中国式离婚》前3章中，仅有的叹词入句的两例也是"X了一声"结构：

㉗林小枫小跑着过来用湿手捏起话筒"喂"了一声，口气匆忙带着点催促……　　　　　　　　（王海鸰《中国式离婚》）

㉘林小枫只"嗯"了一声没发表任何意见，让他好生恼火。　　　　　　　　　　　　　　　　（王海鸰《中国式离婚》）

由于这种用作动词的现象几率很低，且都出现于一个固定结构中，因此它只能算是词类的活用（临时活用为动词），并不能说明叹词具有"充当谓语（或其中心词）"的语法功能。

3.3.3 叹词充当宾语（或它的中心词）同样十分罕见

《拟》文有两个"叹词充当宾语中心词"的例子，但又说"这时叹词仅指某种感叹声"：

㉙他大叫了一声"哎哟"，就惊醒了。

（周立波《暴风骤雨》）

㉚他……连着答应几个"哎哎哎"……

（冯志《敌后武工队》）

这种用法也有一个固定框架"一声'X'"或"几个（声）'X'"。我们在约18万字的语言材料中只找到一个类似的例子：

㉛单四嫂子知道不妙，暗暗叫<u>一声</u>"阿呀!"心里计算：怎么好？ 　　　　　　　　　　　　（鲁迅《呐喊·明天》）

此例中叹词"阿呀"是定语"一声"的中心语，它和下列例句中的类似结构完全相同：

㉜到得下午，忽然睁开眼叫<u>一声</u>"妈!"又仍然合上眼，像是睡去了。　　　　　　　　　　　（鲁迅《呐喊·明天》）

㉝阿五骂了<u>一声</u>"老畜生"，怏怏的努了嘴站着。 　　　　　　　　　　　　　　（鲁迅《呐喊·明天》）

㉞学程在喉咙底里答应了<u>一声</u>"是"，恭恭敬敬的退出去了。 　　　　　　　　　　　　（鲁迅《彷徨·肥皂》）

㉟不一忽，就听到<u>一声</u>"请"，他于是跟着驼背走…… 　　　　　　　　　　　（鲁迅《彷徨·高老夫子》）

㊱只听得<u>一声</u>"什么"，那裤腰以下的屁股向右一歪…… 　　　　　　　　　　　　（鲁迅《彷徨·示众》）

㊲只听他慢悠悠地说了<u>几个</u>"然而———"，却没等到下文。 　　　　　　　　　　　　　　（苏羽《情归江南》）

㊳有学生数了，他平均每说一句话要用<u>两个</u>"的"。 　　　　　　　　　　　　　　　　（谭坤《偶像》）

这些例子说明，在"一声'X'""几个'X'"的结构中，X可代入任何词类的词，如"妈""老畜生"是名词，"是""请"是动词，"什么"是代词，"然而"是连词，"的"是助词。因此，这一结构并不能证明可代入X的词就能充当宾语，例如连词"然而"、助词"的"都能代入，并不能说明连词、助词可以充当宾语。

从以上分析可以得出结论：叹词入句充当主语、谓语、宾语的几率极低，它偶尔入句属于临时的特殊用法。考察词类的语法功能应该根据它的通常用法，而不能仅仅根据它极为少见的特殊用法

（活用）。按照邢先生（1986）提出的能否"充当主语、谓语、宾语（或它们的中心词）"的标准，叹词并不具备实词的主要语法功能，应该归入虚词（或非成分词）。

四、象声词与叹词的其他差别

以上我们主要论证了象声词和叹词在语法功能上的重要差别，根据邢先生自己的标准，应该将叹词归入虚词，将象声词归入实词。[按：郭锐（2002）、陆俭明（2003）先生认为汉语的词首先"按能否与别的词结合"分为组合词（非叹词）和独立词（叹词），组合词再分为实词和虚词两大类，郭锐先生更明确地指出，叹词"不能与别的成分组合，总是独立使用"①。笔者同意两位先生的观点。]

下面我们将简单探讨象声词与叹词另外几点差别。

4.1 表达功用不同

象声词模拟客观事物的声音，主要用于状物，即描写事物在声音方面的具体形象。人们常用"绘声绘色"来说明描写生动，使用象声词就是"绘声"的重要手段。《现代汉语词典》大多用"形容……的声音"句式来解释象声词的意义，也能说明象声词主要用于状物。

叹词表示感叹、招呼或应答，主要用于抒情，即表达主体的某种感情、态度或意向，叹词在日常语言中一般都是人们情不自禁发出的声音，叹词使用得多，说明说话主体的情感活跃而丰富。《现代汉语词典》对叹词的释义，大多用"表示……（情感、态度、意向）"句式，也说明叹词主要用于抒情。

4.2 使用场合不同

象声词模拟其他事物的声音，因此，大多出现在第三人称叙述语言中。叹词是自己发出的感叹声，几乎全部出现在第一人称语言（含人物语言或第一人称叙述语言）中。下面是我们对《呐喊》《彷徨》《中国式离婚》（1—3章）象声词和叹词人称分布的统计表。

---

① 郭锐：《现代汉语词类研究》，商务印书馆2002年版，第236页。

作　品	词　类	出现总次数	第一人称	第三人称
《呐喊》《彷徨》 （全文,共约15万字）	象声词	113	28	85
	叹　词	140	140	0
《中国式离婚》 （1—3章,约3万字）	象声词	19	0	19
	叹　词	22	20	2*

（*即例27、28，均活用为动词。）

象声词虽然也有一部分（25%）用于第一人称语言，但这与名词、动词、介词、助词等既可用于第三人称语言，也可用于第一人称语言一样，是象声词与它们的共性。只有叹词基本上不能用于第三人称语言，这才是叹词的独特性之一，也是叹词与象声词的重要差异点之一。

4.3 语音特点不同

象声词是模拟客观事物声音的，叹词是表达主观情感、态度、意向的，表达功用的差异决定了它们在语音上也存在着不同的特点。差异主要体现在声母和声调两个方面。

4.3.1 声母的差别

下面是我们对《现代汉语词典》中136个象声词和50个叹词（词典标注为象声词或叹词，人工检索，可能有遗漏，但不会多；多音节词以第一音节为准）声母分布的统计表。

声　母	b	p	m	f	d	t	n	l	g	k
象声词　共136	7	15	4	—	11	4	1	6	18	7
叹　词　共50	—	1	2	—	1	—	—	—	1	—
声　母	h	j	q	x	zh	ch	sh	r	z	c
象声词 共136	18	8	2	6	2	3	2	—	2	2
叹　词 共50	12									
声母或零声母	s	ng	a*	e*	o*	i*	u*	ü*		
象声词 共136	3		2			5	7	1		
叹　词 共50	—	3	15	5	4	4	2			

（*零声母音节，标出单元音韵母，或韵母中第一个元音音素）

　　统计表显示，象声词声母呈分散分布。汉语21个声母中仅f、r未见；零声母音节的象声词共15个，仅占总数的11%。而叹词的声母集中于零声母、h以及成音节鼻辅音，汉语21个声母中有16个未见；零声母叹词30个，占60%；声母为h的12个，占24%；另有成音节辅音词5个；其他声母的仅占6%（只有"咄咄""乖乖""呸"3个词）。

　　象声词声母分散，是因为它模拟事物的声音，需要尽可能客观地反映模拟对象本来的声音，而事物的声音是复杂多样的；叹词的声母为什么集中分布呢？这跟叹词都是情不自禁地自然发出的感叹有关，因为零声母音节、声母为h的音节（哈、嚯、嘿、咳等）以及成音节鼻辅音嗯（ng）、嗯（m）都是人们不需要思考、选择就能自然发出的声音。

4.3.2 声调的差别

　　下面是《现代汉语词典》中的136个象声词和50个叹词声调分布的统计表。

声　调	阴　平	阳　平	上　声	去　声	轻　声
象声词136个	126 占92.6%	7 占5.1%	1 占0.8%	2 占1.5%	0 占0%
叹　词50个	23 占46%	6 占12%	6 占12%	13 占26%	2 占4%

（表中数据不包括明确标注为书面语、方言、早期白话的象声词11个，叹词8个）

　　统计表显示，象声词97.7%为平声（绝大多数为阴平），非平声的仅占2.3%（只有"朗朗""簌簌""沥沥"3个词）。叹词的声调呈现多样化，其中非平声的占42%。

　　象声词多为平声，是因为某一特定事物的声音虽然有强弱、长短的明显变化，但音高一般是平稳的；叹词声调多样化则是因为汉语音节的声调有丰富的表现力，不同的情感、态度通过不同的声调就能区别开来，这样便出现了"啊""欸"等同声同韵而不同调的叹词。

五、结束语

以上我们从语法功能、词类归属、表达功用、使用场合、语音特点等方面对象声词和叹词做了比较分析。现将二者差别概括为下表：

词　类	象　声　词	叹　词
词　义	模拟某种声音	表示感叹、招呼、应答
语　法功　能	能独立充当句法成分 主要充当状语和定语 经常充当谓语 有时候充当主语和宾语 大多入句，较少独用	一般不充当句法成分 很少充当状语和定语 不能充当主语和宾语 偶尔活用为动词充当谓语 主要独用，极少入句(活用)
词　类归　属	实词(成分词)	虚词(非成分词)， 或单列"独立词"
表　达功　用	用于状物 (通过"绘声"描写客观事物的形象)	用于抒情 (通过感叹表达主观情感或态度)
使　用场　合	大多用于第三人称叙述语言，较少用于人物语言或第一人称叙述语言	几乎全部用于人物语言或第一人称叙述语言
语　音特　点	声母呈分散分布，除f、r外各种声母的都有 声调98%为平声， 绝大多数为阴平	集中在零声母、h和成音节辅音，其他声母的极少 各种声调的都有， 非平声的占42%

在以上诸种区别中，最重要的是语法功能的明显差异，这种差异足以使它们分别归属于实词和虚词，因此不能把象声词和叹词概括为一类。邢福义先生曾将二者概括为"独用词"，但统计数据表明象声词大多数场合（80%）不是独用；现在又将它们概括为"拟音词"（它与象声词的另一名称"拟声词"字面上看不出有何区别），但叹词的作用又并非模拟声音。

在《拟》文的结语中，邢先生批评"凡是把叹词和象声词（拟声词）处理为两个类别的论著……都只是有选择地挑出某几点来说说……并没有从语法性质上把叹词和象声词（拟声词）区别开来，无法证明二者是汉语语法系统中两个不同的类别"。本文对象声词和叹词进行全面的比较分析，就是试图"从语法性质上把叹词和象声词区别开来"，证明二者在语法性质等方面存在着极大的差异，不能归入相同的大类（不管实词还是虚词），更不能归入相同的小类（不管是"独用词"还是"拟音词"）。本文与邢先生商榷的文字，侧重于逻辑的分析，目的在于强调语言学理论研究应充分注意逻辑上的自洽，以避免出现理论体系内部的自相矛盾现象。

参考文献：

［1］丁声树等：《现代汉语语法讲话》，商务印书馆1961年版。

［2］郭锐：《现代汉语词类研究》，商务印书馆2002年版。

［3］胡裕树主编：《现代汉语》（重订本），上海教育出版社1995年版。

［4］黄伯荣、廖序东主编：《现代汉语》（增订三版），高等教育出版社2002年版。

［5］吕叔湘主编：《现代汉语八百词》，商务印书馆1980年版。

［6］吕叔湘、朱德熙：《语法修辞讲话》，中国青年出版社1979年版。

［7］吕叔湘等著，马庆株编：《语法研究入门》，商务印书馆1999年版。

［8］马庆株：《拟声词研究》，《语言研究论丛》（第四辑），南开大学出版社1987年版。

［9］邵敬敏主编：《现代汉语通论》，上海教育出版社2001年版。

［10］邢福义：《汉语语法学》，东北师范大学出版社1996年版。

［11］邢福义主编：《现代汉语》，高等教育出版社1986年版。

［12］中国科学院语言研究所编：《现代汉语词典》（增订本），商务印书馆2002年版。

［13］朱德熙：《语法讲义》,商务印书馆1982年版。

［14］杨树森：《从意义和功能看拟声词的归类》，《中学语文教学》1994年第7期。

［15］袁毓林：《词类范畴的家族相似性》，《中国社会科学》1995年第1期。

［16］文炼：《关于象声词的一点思考》，《中国语文》1995年第1期。

［17］邢福义：《拟音词内部的一致性》，《中国语文》2004年第5期。

［原载《中国语文》2006年第3期。发表时有以下题注："本文修改过程中采纳了王葆华博士、崔达送博士的一些意见，谨此致谢。"］

第四编
逻辑应用研究

向市场经济过渡中思维方式的变革

一、变革思维方式是一项艰巨而迫切的任务

自从小平同志南方谈话和党的十四大正式提出建立社会主义市场经济体制以来，我国加快了改革开放的步伐，社会主义的大市场已经初步形成。为了适应由计划经济向市场经济过渡这一巨大转变，人人都必须"换脑筋"，不管是党和政府的领导干部，还是企业的管理人员，乃至于每个普通群众，概莫能外。

"换脑筋"应该包括两个方面的内容：思想观念的更新和思维方式的变革。目前人们对更新思想观念讨论得比较充分，而对变革思维方式则缺少深入的探讨。从哲学上看，思想观念属于世界观的范畴，而思维方式则属于方法论的范畴。虽然一定的方法论必然受一定的世界观的指导和制约，但方法论毕竟不同于世界观本身，它具有相对独立性。历史和现实中无数事实说明，每当社会发生急剧变革时，许多人能够在较短时期内接受新的思想观念，但只有少数人能在短期内形成与新的社会生产方式相适应的新的思维方式。就我国目前的情况而言，那种把市场经济看成是资本主义的专利，把按市场经济模式建设的经济特区看成是"资本主义试验田"的陈腐观念已被彻底抛弃；"社会主义经济也是市场经济"这个在两年前尚被怀疑甚至批判的全新观念，已在短期内被绝大多数人接受。但是，仍有相当多的人其中包括一些企业的主要领导和经济主管部门的负责人尚没有完成思维方式的变革，他们仍习惯于以几十年来袭用的传统思维方式思考问题、处理问题，以至于在复杂多变的市场经济环境下感到处处被动，无所适从。因此，变革思维方式仍然是摆在我们面前的一项艰巨而紧迫的任务。

二、思维方式变革的主要内容

在向市场经济过渡中变革思维方式，就是要彻底抛弃那些与市场经济运行规律格格不入的旧的思维模式，而代之以与市场经济运行规律相适应的新的思维方法。具体来说，主要有以下几个方面的内容：

1.变被动式思维为主动式思维

长期以来，在以行政管理为基本特征的计划经济条件下，人们已经逐步形成了一种被动性思维方式：完全按照上级指示决定自己的行为，上级叫做什么就做什么，上级叫怎样做就怎样做。工厂生产产品的品种和产量，商店经营商品的范围和数额，一切都由上级计划统一安排。这种思维方式使人们养成了一种等待的习惯，下级等上级，全国等中央，没有上级的具体指示，就不知道如何行动，久而久之，思维就产生了一种惰性，人民群众和各级领导干部的积极性和创造性被这种惰性的思维习惯抑制了。

这种被动的思维方式已经完全不能适应市场经济的新形势。在市场经济条件下，每一个单位都是一个独立的法人，每个人都是独立的"经济人"。人们必须依据市场的变化由自己决定做什么和怎样做。国家计划虽然在，但只是宏观指导性的计划；上级指示依然有，但只是一种原则性的指导意见。为了在激烈的市场竞争中求得生存和发展，人们必须主动地去收集信息，主动地去思考问题，主动地探索路子。开发新产品，开拓新市场，引进新工艺，吸引科技人才等，无一能离开经营决策者主动的富有创造性的思维。许多人感叹"市场经济下厂长经理难当"，其原因之一就是思维方式尚未完成由被动式思维向主动式思维的变革。

2.变封闭型思维为开放型思维

所谓封闭型思维就是将思维空间限定在狭小范围的自我锁定的思维方式，它是与自给自足的自然经济相适应的。我国封建社会延续时间长，几千年自然经济模式使我们民族的思维方式深深地打上了封闭性的烙印。新中国成立以来我国实行的计划经济虽然在本质上有别于封建的自然经济，但在没有健全发达的大市场这一点上与自然经济是相同的。因此，封闭性的思维方式没有受到猛烈的冲击和彻底的否定，至今仍然制约着很多人的思维活动。一些人只知道本地区本单位的狭小天地，拒绝接受外单位、外地区、外国的先进经验，故步自封，夜郎自大，信息闭塞，反应迟钝。显然，这种封闭型的思维方式与正在走向成熟的市场经济是不相适应的。马克思、恩格斯早在一个半世纪之前就在《共产党宣言》中指出："资产阶级，由于开拓了世界市场，使一切国家的生产和消费都成为世界性的了……过去那种地方的和民族的自给自足和闭关自守状态，被各民族的各方面的互相往来和各方面的互相依赖所代替了。物质的生产是如此，精神的生产也是如此。"① 今天，我国已经实行全方位的对外开放，国际市场的开拓，国内市场的扩大，要求人们的思维也必须实行全方位开放，扩大视野，面向世界，面向全国，加强国家之间、地区之间、部门之间、企业之间的经济技术交流，全面收集信息，从广阔的外界环境中吸取一切对我们有用的先进经验，加速自身的发展。只有建立这种开放型的思维方式，才能提高思维的敏捷性、灵活性和应变能力，才能在激烈的市场竞争中立于不败之地。

3.变静态性思维为动态性思维

静态性思维指从固定的观点出发，按照固定的思维程序去思考问题的简单化的思维方式。这种保守的机械的思维方式是与计划经济相适应的。在计划经济条件下，人们思考问题只有一个出发点，就是"经典"著作中的观点或上级的指示，即所谓"唯书、唯上"；人们的思维过程只能遵循一个程序，即"接受指令——领会实质——制定落实方案"。这种静态思维的物质外化就是固定不变的产品品种，固定不变的工艺设备，固定不变的原料来源，固定不变的销售渠道，等等。当商品经济的大潮把每个企业每个人推向市场时，这种静态思维立即暴露出它的致命弱点：无法适应瞬息万变的市场形势。市场经济是一种充满激烈竞争的经济，优胜劣汰是市场经济运行的铁的法则，在这一铁的法则面前，静观待变是不行的，以不变应万变也无济于事，唯一的策略是以变应变，这就要求人们以高

① 中共中央马克思恩格斯列宁斯大林著作编译局编：《马克思恩格斯选集》第一卷，人民出版社1997年版，第254—255页。

效动态思维取代低效静态思维。所谓动态思维，就是一切从思维对象的实际出发，不断调整优化思维的方向和程序，以求得最佳思维成果的思维方式。它要求人们把市场（思维对象）看成是不断发展不断变化的运动过程，根据市场形势的变化，改变自己的思路，调整自己的行为。这样才能在纷繁复杂的市场经济的茫茫大海中掌握航行的主动权。

必须指出，主动性、开放性和动态性只是现代思维方式中与市场经济直接相关的几个特征，绝非现代思维方式的全部特征。要实现从传统思维方式向现代思维方式的彻底变革，除了上述三点外，还必须完成由单向思维向多维思维、由经验思维向科学思维、由模糊思维向精确思维等方面的转变。

三、怎样实现思维方式的彻底变革

世界观的转变是根本的转变，思维方式的转变也是一个根本的转变。在建立市场经济的过程中，人们怎样才能尽快地完成思维方式的变革呢？

思维方式作为观念形态的深层内容，是在一定的社会实践中形成的。因此，要建立与市场经济相适应的思维方式，必须积极投身于建设社会主义市场经济的伟大的实践。恩格斯在《自然辩证法》中指出："人的智力是按照人如何学会改变自然界而发展的"[①]。人们在实践中既改造着客观世界，也改造和发展着自己的主观世界，增长知识才华，提高思维能力，并逐步形成与实践内容相适应的思维方式。

人的思维活动是大脑处理加工信息的过程，而大量的信息积淀在大脑中，就构成了一个人知识的总和。知识既是思维的材料，又是思维的结果，它是思维方式的基本要素。如果一个人对市场经济的知识一无所知或知之甚少，很难想象他能够形成与市场经济相适应的思维方式。因此，在向市场经济过渡的过程中，人们必须勤于学习，善于学习，要通过各种途径在较短时间内尽可能多地掌握市

---

① 恩格斯：《自然辩证法》，于光远等译编，人民出版社1984年版，第209页。

场经济知识。在此基础上，才能自如地运用这些知识按照新的思维方式去思考问题，处理问题。

一定的思维方式是一定的社会生产方式的产物，但思维方式一旦形成就具有相对稳定性，即使在其赖以生成的社会条件消亡以后，固有的思维方式还会在相当长的时间里影响人们的思维活动。因此，在向市场经济过渡的过程中，我们必须对固有的思维方式中那些与市场经济不相适应的因素自觉地加以批判和淘汰。只有这样，才能摆脱计划经济和"左"的路线下形成的思维方式的惯性作用，从而建立与市场经济相适应的全新的思维方式。

［原载《工人日报》(理论版)1994年6月8日。］

如何用归谬法反驳论证方式

归谬法是一种很重要的逻辑反驳方法，但一般逻辑读物只介绍如何用归谬法反驳论题和论据，而不介绍如何用归谬法反驳论敌的论证方式。其实，归谬法不仅可以用于反驳论题和论据，也可用于反驳论证方式。

有位美国参议员对逻辑学家贝尔克说："所有的共产党人都攻击我，你也攻击我，所以你是共产党人。"贝尔克当即答道："亲爱的参议员先生，您的推论真是妙极了！如果你的推论能够成立，那么下面的推论也能成立：所有的鹅都吃白菜，您也吃白菜，所以您是鹅。"①

贝尔克反驳的是对方的论证方式，但他没有直接指出对方的推论运用的三段论推理违反了"中项至少要周延一次"的规则，犯了"中项不周延"的错误，而是运用了与对方完全相同的推理形式（第二格ＡＡＡ式三段论），从真实的前提推出对方无法接受的荒谬结论来。他运用的反驳方法就是归谬法。

用归谬法反驳论证方式与用归谬法反驳论题、论据有一些差别。归谬法反驳论题（或论据），是以对方的论题（或论据）为前提，按照正确的推理形式，推出对方显然不能接受的荒谬结论来，它的逻辑根据是：如果一个演绎推理的形式正确而结论为假，那么它的前提必然是假的。而用归谬法反驳论证方式，则是以一些明显为真的前提，按照对方的推论方式，推出对方显然不能接受的荒谬结论来，它的逻辑根据是：如果一个演绎推理前提为真而结论为假，那么它的推理形式必然无效。

用归谬法反驳论证方式，不一定要把按照对方使用的推理形式

① И.Я.楚巴欣：《形式逻辑》（俄文版），列宁格勒大学出版社1977年版，第18页。

由真前提推出假结论的全部过程原原本本地用文字或语言表达出来，而往往采用这样的表达方法：

如果 q 能够证明（或推出）p，那么 q′就能够证明（或推出）p′。

在这里，p 代表对方的论题，q 代表对方的论据，q′代表一些明显为真的判断，p′代表对方无法接受的荒谬结论。整个句式表面上看是一个充分条件假言判断，实际上是一个否定后件式充分条件假言推理的省略形式，把它补充完整就是：

如果 q 能证明 p，那么 q′就能证明 p′；q′不能证明 p′（因 q′真而 p′假），所以，q 不能证明 p。

下面是两个运用归谬法反驳论证方式的例子：

1993 年 9 月 23 日，参加东京国际电影节的中国电影代表团抵达东京时，发现日本方面私自把我北京电影制片厂的《蓝风筝》作为日本影片参赛，中国电影代表团向电影节组织者交涉，电影节总裁德间康快为日方辩护说："因为《蓝风筝》在日本的放映权已由一家日本公司购买，所以作为日本片参赛是可以的。"中国代表团团长张兴援当即反驳道："如果日本购买了一部中国电影的放映权，该片就可以作为日本片参加电影节，那么中国方面曾经购买了《追捕》《望乡》在中国的放映权，难道《追捕》《望乡》可以作为中国电影参加国际电影节吗？"这一有力的反驳使得德间康快无言以对。

加拿大外交官切斯特·朗宁出生于我国湖北省，小时吃过中国奶妈的乳汁，长大回国后参加州议员竞选时，反对派诋毁他说："朗宁是喝中国人的奶长大的，他身上一定有中国人的血统。"依照加拿大法律，有外国血统的人不能竞选州议员。针对这种无耻的诽谤，朗宁在一次竞选演讲中反驳道："现在有人说我是喝中国人的奶长大的，因此身上有中国人的血统。据我所知，说这些话的人都是喝牛奶长大的，按照他们的逻辑，他们身上一定有牛的血统。"朗宁没有直接反驳对方的论题"朗宁身上有中国血统"，而是巧妙地用归谬法揭露了对方的推论不合逻辑，不但使对方的论题无法成立，而且反守为攻，使对方因说话不合逻辑而威信扫地。朗宁最终在竞选中获胜。

反驳的主要目标是对方的论题。一般来说，如果对方的论题虚假而论据却是真实的，就有必要反驳对方的论证方式，因为在这种情况下，对方的论证方式不可能正确，而其真实的论据又无法驳倒，这使得其论题似乎有那么一些"理由"或"论据"。所以，只有驳倒对方的论证方式，抽掉对方论据与论题之间的联系，才能彻底揭露对方论题的虚假。

反驳论证方式，就是指出对方论证过程犯有"推不出"的逻辑错误。如果在论文或演讲中采用直接反驳的方法，就要分析对方推论过程中运用了何种推理，违反了哪一条推理规则，犯有什么逻辑错误。这样做不仅使语言显得单调呆板，而且不可避免地要使用一些逻辑术语，这就会使一般的读者或听众觉得枯燥乏味，感到难以理解。直接反驳论证方式远远没有我们前面所介绍的归谬法来得简洁有力，浅显生动。由此看来，学会在文章或演讲中自觉地运用归谬法反驳论证方式，实在是很有必要的。

[原载《逻辑与语言学习》1994年第2期。]

多种反驳方法的灵活运用
——"诸葛亮舌战群儒"的逻辑分析

"诸葛亮舌战群儒"（第四十三回）是《三国演义》最精彩的章回之一，它通过诸葛亮对江东一大群主降派文士的逐一驳难，突出地刻画了诸葛亮的辩才。

这段文字以记言为主。诸葛亮对张昭等人非难的回敬，实际上是一系列逻辑反驳。从逻辑角度分析一下诸葛亮所运用的反驳方法，对我们学习逻辑反驳和论辩技巧不无益处。

第一个向孔明发起进攻的是张昭：

"久闻先生高卧隆中，自比管、乐……近闻刘豫州三顾先生于草庐之中，幸得先生，以为'如鱼得水'，思欲席卷荆襄。今一旦以属曹操，未审是何主见？"①

张昭以"荆襄属曹"为据，企图证明诸葛亮非"管、乐之才"，先声夺人。孔明知道张昭为江东第一谋士，又是主降派的代表，必须先难倒他，方可成联吴抗曹之事，于是笑答道：

"吾视取汉上之地，易如反掌。我主刘豫州躬行仁义，不忍夺同宗之基业，故力辞之。刘琮孺子，听信佞言，暗自投降，致使曹操得以猖獗。今我主屯兵江夏，别有良图，非等闲可知也。"

这里，孔明运用归纳法，列举事实证明了"荆襄属曹"并非我孔明无能，而是由于其他原因（刘备行仁，力辞吾言；刘琮无能，

---

① 所引文本均选自人民文学出版社1979年版的《三国演义》。以下不再设注。

暗降曹操）。这样就使张昭的论据"荆襄属曹"和论题"诸葛亮非管乐之才"之间失去了必然的联系，因而论证难以成立。

然而张昭不愧为"江东第一谋士"，虽先失一着，仍不甘示弱，又发难道：

> "先生自比管、乐……今既从事刘豫州，当为生灵兴利除害，剿灭乱贼。且刘豫州未得先生之前，尚且纵横寰宇，割据城池；今得先生，人皆仰望。虽三尺童蒙，亦谓彪虎生翼，将见汉室复兴，曹氏即灭矣……何先生自归豫州，曹兵一出，弃甲抛戈，望风而窜……弃新野，走樊城，败当阳，奔夏口，无容身之地。是豫州既得先生之后，反不如其初也。管仲、乐毅，果如是乎？"

张昭采用"欲抑先扬"的手法，咄咄逼人。这段话总体上看是一个否定后件式的充分条件假言难理：

> 如果你是管乐之才，那么刘备得先生之后，汉室就会复兴，曹氏就会消灭。
> 刘备得先生之后，反不如其初（汉室未复兴，曹氏未消灭）。
> 所以，你不是管乐之才。

这个推理从形式上看没有错误，所以孔明的反驳即以反驳论据为主：

> "鹏飞万里，其志岂群鸟能识哉？譬如人染沉疴，当先用糜粥以饮之，和药以服之；待其腑脏调和，形体渐安，然后用肉食以补之，猛药以治之：则病根尽去，人得全生也。如不待气脉和缓，便投以猛药厚味，欲求安保，诚为难矣。吾主刘豫州，向日军败于汝南，寄迹刘表，兵不满千，将止关、张、赵云而已：此正如病势尪羸已极之时也。"

　　这里孔明一方面采用"喻证法",用一个非常贴切的比喻,证明了张昭的大前提"刘备得先生之后,汉室不久就会复兴,曹氏很快就会消灭"是虚假的;另一方面,又以确凿的事实,证明刘备得"先生"之前处于势单力薄、兵微将寡之境,绝非张昭所言"刘豫州得先生之前,尚且纵横环宇,割据城池",这样,张昭的小前提"豫州得先生之后,反不如其初"也就成了无稽之谈。

　　　　"夫以甲兵不完,城郭不固,军不经练,粮不继日,然而博望烧屯,白河用水,使夏侯惇、曹仁辈心惊胆裂:窃谓管仲、乐毅之用兵,未必过此。"

　　此处是用简单枚举归纳法进行独立证明,以"博望烧屯""白河用水"的战例,论证了张昭论题的反论题:"孔明才不下管、乐",从而使张昭的原论题"孔明非管、乐之才"站不住脚。

　　　　"寡不敌众,胜负乃其常事。昔高皇数败于项羽,而垓下一战成功,此非韩信之良谋乎?夫信久事高皇,未尝累胜。盖国家大计,社稷安危,是有主谋。"

　　孔明选择楚汉相争中高皇数败而垓下一战成功、韩信久事高皇而未尝累胜这一典型事例,有力地证明了"胜负乃兵家常事,纵有管乐之才未必累胜"。这一论题的成立使得张昭欲以"刘备新败"证明"诸葛亮无能"的企图完全落空。至此,孔明首战告捷。
　　接着发难的是虞翻:

　　　　"今曹公兵屯百万,将列千员,龙骧虎视,平吞江夏,公以为何如?"

　　此言意为曹军实力雄厚,势不可挡,只可求降,不能迎战。孔明针锋相对,正面立论,指出曹军虽兵多将广,然皆"蚁聚之兵","乌合之众","虽数百万不足惧"。虞翻回避实质,偷换论题:

> "军败于当阳，计穷于夏口，区区求救于人，而犹言'不惧'，此真大言欺人也！"

对此孔明的回答是：

> "刘豫州……退守夏口，所以待时也。今江东兵精粮足，且有长江之险，犹欲使其主屈膝降贼，不顾天下耻笑。"

针对虞翻偷换论题的手法，孔明采取避其锋芒、反攻为守、击其要害的策略，直接揭露对方屈膝投降的可耻立场，使虞翻无言以对。孔明驳倒虞翻，又受到步骘的挑战：

> "孔明欲效仪、秦之舌，游说东吴耶？"

步骘将诸葛亮比张仪、苏秦，意在说明诸葛亮乃仪、秦之辈，一介说客而已。此言有人身攻击的性质。孔明则不甘示弱，反唇相讥：

> "步子山以苏秦、张仪为辩士，不知苏秦、张仪亦豪杰也：苏秦佩六国相印，张仪两次相秦，皆有匡扶人国之谋，非比畏强凌弱、惧刀避剑之人也。君等闻曹操虚发诈伪之词，便畏惧请降，敢笑苏秦、张仪乎？"

孔明在这里用一个鲜明的对比，一方面证明了仪、秦非唯辩士，亦且豪杰，以我相比，不足为辱；另一方面揭露了主降派畏强凌弱的实质。步骘笑人不成，反被取笑，只好"默然无语"，败下阵来。

此时，薛综又发"汉传世至今，天数将终。今曹公已有天下三分之二，人皆归心……强欲与争，正如以卵击石"之论，诸葛亮则回击道：

> "薛敬文安得出此无父无君之言乎！夫人生天地间，以忠孝

为立身之本。公既为汉臣，则见有不臣之人，当誓共戮之：臣之道也。今曹操祖宗叨食汉禄，不思报效，反怀篡逆之心，天下之所共愤；公乃以天数归之，真无父无君之人也！"

这段话里，孔明运用了一个充分条件假言推理的否定后件式：

如果你是汉臣，那么你见有不臣之人就要共戮之；
你见曹操不臣而不戮之，反以天数归之；
所以，你不是汉臣（乃无父无君之人）。

孔明虽未对薛综之论作正面反驳，却以严密的演绎推理维护了自己的正统观念（本文对此不作评价），揭露了薛综其人乃"无父无君之人"，其言乃"无父无君之言"，从而剥夺了他的发言权。

接着，又有陆绩以刘备出身"织席贩屦之夫"相辱，诸葛亮则巧妙地运用了一个类比推理，以"高祖起身亭长，而终有天下"的史实，证明出身低微，不足为辱，从而维护了自己主公的尊严。

江东谋士，仍不甘失败。严畯又以"孔明治何经典"相诘，孔明答曰：

"寻章摘句，世之腐儒也，何能兴邦立事？且古耕莘伊尹，钓渭子牙，张良、陈平之流，邓禹、耿弇之辈，皆有匡扶宇宙之才，未审其生平治何经典。——岂亦效书生，区区于笔砚之间，数黑论黄，舞文弄墨而已乎？"

这里，孔明采用简单枚举归纳推理，列举一系列事实，有力地证明了"有匡扶宇宙之才"的人不必"治何经典"，而治经穷典、寻章摘句之腐儒（暗指严畯之辈）却不能兴邦立事。严畯诘难不成，反被奚落，"低头丧气而不能对"。

最后向诸葛亮进攻的是程德枢：

"公好为大言，未必真有实学，恐适为儒者所笑耳。"

孔明答曰：

　　"儒有君子小人之别。君子之儒，忠君爱国，守正恶邪，务使泽及当时，名留后世。——若夫小人之儒，惟务雕虫，专工翰墨；青春作赋，皓首穷经；笔下虽有千言，胸中实无一策。且如扬雄以文章名世，而屈身事莽，不免投阁而死，此所谓小人之儒也；虽日赋万言，亦何取哉！"

　　诸葛亮将对方所用"儒者"这一概念划分为"君子之儒"和"小人之儒"，并分别揭示了他们各自的本质特征。这样，程德枢所云"为儒者笑"不但不能加辱于诸葛亮，反而自己落得"小人之儒"之嫌。

　　由上面粗略的分析可见，诸葛亮舌战群儒的过程中，时而驳论题，时而驳论据，时而驳论证方式；时而正面反驳，时而独立证明，时而反攻为守；时而演绎，时而归纳，时而类比；有时还采用比喻、对比、划分等修辞手段和逻辑方法。正是这种灵活多变的反驳技巧，使得诸葛亮虽处守势，却始终掌握论辩的主动权，挫败了众多主降派文士的轮番进攻，为实现联吴抗曹的外交使命奠定了基础。

　　［原载《逻辑与语言学习》1987年第4期。署笔名"罗长江"。］

以浅喻深 寓理于形
——浅谈比喻论证

　　比喻作为一种修辞手段，早已为人们所熟悉。然而，比喻作为一种论证方法，尚未引起人们足够的重视。迄今所见文章学、写作学、逻辑学著作中，专门论及比喻论证的并不多见。《周易正义·乾》曰："易之有象，取譬明理。"说明自《周易》起，比喻（即"取譬"）就是一种用形象说明道理的常用方法。翻开古今中外议论文大家的著作，比喻论证随处可见，有的篇章如荀子的《劝学》、鲁迅的《论"费厄泼赖"应该缓行》等，甚至通篇设譬，把比喻证法作为主要的论证方法。由此可见，比喻论证其实是议论文写作中最重要也最常见的论证方法之一。①

　　比喻论证又叫作喻证法，顾名思义就是用比喻来说明道理的方法，也就是用比喻者之理去论证被比喻者之理。下面是两个比喻论证的典型例子：

　　　　①若说：何以对付敌人的庞大机构呢？那就有孙行者对付铁扇公主为例。铁扇公主虽然是一个厉害的妖精，孙行者却化为一个小虫钻进铁扇公主的心脏里去把她战败了。柳宗元曾经描写的"黔驴之技"，也是一个很好的教训。一个庞然大物的驴子跑进贵州去了，贵州的小老虎见了很有些害怕，但到后来，大驴子还是被小老虎吃掉了。我们八路军、新四军是孙行者和小老虎，是很有办法对付这个日本妖精或日本驴子的。目前我

---

　　① 严格地说，比喻论证只能用于以说服别人为目的的一般议论文或杂文的写作，不能单独用来证明严密的科学定律和严肃的社会命题。傅斯年先生早年说过："中国学者之言，联想多而思想少，想象多而实验少，比喻多而推理少。持论之时，合于三段论法者绝鲜，出之于比喻者转繁。比喻之在中国，自成一种推理方式。如曰'天无二日，民无二王。'前辞为前提，后辞为结论，比喻乃其前提，心中所欲言乃其结论。天之二日，与民之二王，有何关系？"（《中国学术思想界之基本误谬》，《新青年》第4卷第4号，1918年4月）

们须得变一变，把我们的身体变得小些，但是变得更加扎实些，我们就会变成无敌的了。①

②木之折也必通蠹，墙之坏也必通隙。然木虽蠹，无疾风不折；墙虽隙，无大雨不坏。万乘之主，有能服术行法，以为亡征之君风雨者，其兼天下不难矣。（《韩非子·亡征》）

在例①中，为了论证实行精兵简政的必要性和可行性，解除一些人对缩小自己的机构能否对付敌人的庞大机构的疑虑，毛泽东同志用了孙行者和铁扇公主、小老虎和黔驴两个比喻，以孙行者变作小虫钻进铁扇公主的肚子里制伏妖精和小老虎吃掉大驴子的道理，论证了"实行精兵简政，把身体变得小些，变得更加扎实些，就会变成无敌的了"的道理。

在例②中，韩非子为了论证"兼天下不难"的道理，巧设比喻，用"通蠹之木"和"通隙之墙"比喻"亡征之君"（有亡国迹象的国君），用"折木之疾风"和"坏墙之大雨"比喻万乘之主只要善于运用政治压力和军事进攻的手段，就能消灭亡国之君而兼并天下的道理。

从上述例子可以看出，喻证法最明显的特点也是最大的优点是以浅喻深，即通过比喻，使一些本来抽象、深奥的道理变成具体生动的形象，易于被读者接受。

作为论证方法的喻证法，与作为修辞手段的比喻辞格，既有相同的地方又有明显的区别。相同之处在于，二者均由喻体和本体两部分组成，且喻体和本体是两类不同事物。如上述例①中喻体即孙行者变成小虫钻进铁扇公主肚子制伏妖精的故事和贵州小老虎吃掉庞然大物黔驴的故事，本体则是精兵简政"身体变小"的八路军、新四军有办法对付日本侵略者的现实；例②中，喻体即"有蠹之木无大风不折，有隙之墙无大雨不坏"的自然现象，本体则为"虽亡国之君无外来军事政治压力不会自行垮台"的社会现象。两例中的喻体和本体均属不同类的事物。

喻证法与比喻辞格也有明显区别：作为比喻辞格的喻体和本体

① 毛泽东：《毛泽东选集》（第三卷），人民出版社1991年版，第882—883页。

都为单个对象，喻体和本体之间是"形相似"或"性相近"的关系，著名的比喻如"豆腐西施杨二嫂像'细脚伶仃的圆规'"（鲁迅《故乡》）、"塘中的荷叶像'亭亭的舞女的裙'"（朱自清《荷塘月色》），用喻体描述本体的形象；而"青年人是'初升的太阳'"（郭沫若《科学的春天》）、"解放军是伟大祖国的'钢铁长城'"，则用喻体揭示本体某一方面的性质。而比喻论证中的喻体和本体，均不是单个事物，而是一组（或数组）具有一定内在联系的事物群，其间包含有一定的规律性的道理，喻体与本体之间是"理相同"的关系。如上述例①中作为喻体之一的"黔驴之技"的故事中，就包括有黔驴和小老虎两个对象，它们之间的关系则包含着一个道理：小而强的事物可战胜大而笨的事物，这个道理正好可以说明：为什么精兵简政变得小而扎实的八路军、新四军，能够战胜庞然大物一般的日本侵略者。

正确运用喻证法的关键在于合理取譬，即选择喻体。取譬的一般要求是恰当、通俗、生动。所谓恰当，是指取譬一定要立足于"理相同"，即喻体包含的道理必须能说明本体的道理。通俗是指喻体应该是一般读者（或听众）所熟悉的可理解的事物。生动是说喻体应该有具体可感的形象。常用的取譬方法有以下几种。

一、以寓意深刻的寓言、神话故事为喻体

古今中外许多优秀的寓言、神话故事，蕴含着丰富而深刻的哲理，常被议论文引用作比喻论证的喻体。先秦诸子散文中，引用寓言（有的实为作者为说理而创作）说明道理是最常用的方法。马克思、列宁的著作中，常常引用伊索寓言、希腊罗马神话故事和克雷洛夫寓言进行比喻论证。上述例①中，毛泽东就是引用"黔驴之技"这个寓言和《西游记》里的神话故事作为喻体的。被收入中学语文课本的人民日报评论员文章《伟大转变和重新学习》一文，为了论证"不懂装懂，弄虚作假的现象再也不能继续下去"的观点，引用"滥竽充数"寓言故事进行比喻论证，使抽象的道理获得具体生动的形象，增强了文章的说服力。

二、以生活中常见的自然现象和社会现象为喻体

有些事物人们司空见惯，不足为奇，但认真思索却会发现有些平淡无奇的现象隐含着深刻的道理。如扫地、洗脸，是人们每天要做的琐事，可是毛泽东同志却引以为喻，用它们来论证批评与自我批评的必要性和重要性，构成一个个精彩的比喻论证。

③房子是应该经常打扫的，不打扫就会积满了灰尘；脸是应该经常洗的，不洗也就会灰尘满面。我们同志的思想，我们党的工作，也会沾染灰尘的，也应该打扫和洗涤。①

再看荀子的《劝学》：

④不积跬步，无以至千里；不积小流，无以成江海。骐骥一跃，不能十步；驽马十驾，功在不舍。锲而舍之，朽木不折；锲而不舍，金石可镂……

为了论证"只要有步骤地坚持不懈地努力学习，一定能取得好成绩"的道理，荀子引述了一系列生活中常见的现象为喻体，设喻精当，堪称喻证法之佳作。

三、以虚拟假设的事物作喻体

有时需要论述的道理比较复杂，从寓言、神话故事或日常生活现象中难以找到与其"理相同"的例子作喻体，这时作者可以通过想象虚构一事物为喻体。②例如：

---

① 毛泽东：《毛泽东选集》（第三卷），人民出版社1991年版，第1096页。
② 逻辑论证必须遵守"论据必须已知为真"的规则，比喻论证中的"虚构喻体"是否违反论证规则是一个值得探讨的问题，有待进一步研究。笔者的初步看法是：比喻论证中的"喻体"本身并不是论据，它所包含的道理才是论据。

⑤设想，把一个人的两只脚捆在一起很久以后，突然解开叫他跑，会发生什么事情呢？他肯定会摔倒。只能先慢慢走，然后再拔脚起跑。同样，由于多年来旧的体制积弊太深，在改革的起步阶段，我们期望不能过高。（报）

例⑤喻体虽为假设的事物，但由于想象合理，比喻贴切，同样具有论证作用。

鲁迅先生的杂文《拿来主义》在论证"如何对待中外文化遗产"这个重要而严肃的理论问题时，用的也是喻证法。"譬如罢，我们之中的一个穷青年"，从祖上"得了一所大宅子"，他不应该做"徘徊不敢走进门"的"孱头""放火烧光保存自己清白"的"昏蛋"或"羡慕旧主人接受一切"的"废物"，而应该首先"拿来"，然后"占有、挑选"，吃掉"鱼翅"，遣散"姨太太"，将"鸦片"送到药房去供治病用……这里的喻体显然是作者精心设计巧妙安排的，它把一个十分复杂而抽象的道理说得具体可感，浅显易懂，使你不得不接受，因而具有极强的逻辑说服力和艺术感染力。

比喻论证常常作为一种辅助的论证方法与演绎论证、归纳论证结合运用，但在某些特殊的文体（如杂文）中，它有时也作为主要论证方法单独运用。不管是作为辅助论证方法还是作为主要论证方法，只要取譬恰当，设喻巧妙，都能取得以浅喻深、寓理于形的效果，这是其他论证方法无法代替的。

［原载《学语文》1994年第1期。］

市场预测与类比推理

随着市场经济的建立和发展，商界竞争日趋激烈。市场如战场，商战取胜的关键在于科学而果断的商务决策，而科学果断的商务决策又以准确的市场预测为前提。

所谓市场预测，是根据已掌握的有关信息，对商品未来在市场上的销售前景和价格走势所作出的推断。预测具有已知到未知的性质，预测的过程要运用各种形式的逻辑推理，类比推理就是市场预测中常用的一种推理。下面是市场预测中运用类比推理的一个例子。

1991年10月，《北京晚报》登出一则消息：京城出现呼啦圈热。这条小消息引起江南某县光明塑料厂胡厂长的注意，消息中的一个"热"字使他想起了十几年前曾在京城出现的另一种"热"。当时他还在北京读大学。春天，北京悄悄地出现了一股魔方热，暑假他带回一只魔方，被人们视为稀罕物，可寒假回家时，魔方已成了城里中小学生手中的热门玩具，商店里、小摊上的魔方正热销。

既然当年魔方热在半年多的时间由北京扩散到全国，呼啦圈热会不会也在不久的将来扩散到全国？胡厂长当天即通过电话从北京的朋友处了解到呼啦圈的详细知识。他把呼啦圈和魔方作了比较，虽然一为体育型玩具，一为智力型玩具，但二者仍有许多相似之处。人人可玩，尤受青少年喜爱；安全便携，没有场地限制；售价低廉（塑料制品），不受经济条件制约，等等。胡厂长据此推断，呼啦圈热将会与当年的魔方热一样，很快扩散到全国，售价低廉的塑料呼啦圈将会在一段时间内成为热销商品。胡厂长当机立断，立即从技术、设备、原材料和销售等方面着手准备生产呼啦圈，抢先占领本地区和附近地区的市场。

20天后，光明牌塑料呼啦圈开始在本县和附近三市十一县的七十多家商店和小商品市场试销。不久，中央电视台在一个收视率极高的文艺晚会上，播出一个呼啦圈表演的精彩节目。第二天，各销售点的现货被抢购一空，各商场采购人员纷纷涌向光明塑料厂。此时本地区其他几家塑料厂才开始试生产呼啦圈，但已难以与光明牌呼啦圈相抗衡了。

光明塑料厂在塑料呼啦圈之战中技压群雄，独领风骚，其原因就在于他们提前预测到塑料呼啦圈将在一段时间内成为热销商品，而这一预测正是运用类比推理从魔方热由大城市向全国扩散的已知事实推导出来的。

所谓类比推理，是根据两事物在一些属性上相同或相似，推断它们在另一属性上也相同或相似的推理，其基本形式为：

A对象有a、b、c、d属性；

B对象有a、b、c属性；

所以，B对象也可能有d属性。

类比推理又叫作类推法，在市场预测中，类推法在以下几个方面得到广泛的应用。

1. 由一种商品类推另一种商品

如果已知A、B两种商品有许多相似之处，则可由A商品的市场销售规律，推断B商品也会有相似的规律。例如，某服装厂拟利用外资引进一套皮革服装生产设备，由于皮革服装在社会上已流行好几年，一些人对销售前景没有把握。在论证会上，力主引进的经理将皮革服装与牛仔服装进行类比，它们在许多方面有相似点，而牛仔服由于品种、款式不断翻新，在市场上畅销几十年而不衰，由此可推断，只要在品种、款式上不断翻新，皮革服装也会长期畅销。设备引进投产后，果然取得极好的经济效益。前面所举的对呼啦圈市场的预测也属此例。

2. 由一个地区类推另一个地区

如果已知A、B两个地区有许多相似之处。则可由某商品在A地的销售情况，推断同种商品在B地也会有相似的销售情况。例如，国内一摩托车厂家通过一系列的促销活动，占领了沿江某中等城市A市的摩托车市场，使该厂产品占A市总销售量的一半以上。

这时他们把开辟新市场的重点目标定在与A市城市规模、道路设施、居民收入和消费习惯相似的B市，在B市开设5个销售点和2个维修点。不久B市果然出现了争相购置摩托车的消费热点。由于该厂抢先在B市展开多种形式的广告促销活动，使该厂生产的摩托车又成了B市的畅销货。

3. 由一类对象类推另一类对象

如果已知A、B两类服务对象有许多相似之处，则可由某种商品或服务方式受A类对象欢迎，推断相同的商品或服务方式也会受到B类对象的欢迎。例如，美国肥胖者很多，他们在商店很难买到合身的衣服，而且由于自尊心问题，胖人在身材苗条的售货小姐面前不好意思说出自己需要服装的尺寸。有感于此，布朗小姐别出心裁地开了一家专为胖人服务的服装店，专售肥大服装，并雇请胖人当服务员，胖人为胖人服务，使身材肥胖的顾客在购衣时取得心理平衡，并能买到合身的衣服。商店开业后果然生意兴隆。我国南方身材矮小的人多，他们也存在购衣难和购衣时心理不平衡的问题，一服装商从美国胖人商店的成功得到启发，预测如果开设一家专为身材矮小的人服务的服装店，并请身材矮小者当售货员，也会有好的效益。于是他在南方某大城市开了一家这样的商店，取名"玲珑服装店"，开业后生意长盛不衰。

4. 由一种促销方式类推另一种促销方式

如果已知A、B两种促销方式有许多相似之处，则可由A种促销方式的成功，推断B种促销方式也可取得成功。巴塞罗那奥运会后，国内一些公司向奥运金牌得主赠送本公司生产的高档消费品，既表达对为国争光的体育明星的敬意和爱心，又可借助名人效应，提高产品知名度，使本来不怎么畅销的产品变得畅销，使本来就畅销的产品更加畅销。西南某省一家房地产公司由此推断，向艺术明星赠送礼物，也会收到相同的效果，他们将一套价值近百万元的花园别墅赠送给国内最走红的女电影明星，又花几十万元就此事召开了一次新闻发布会，果然使该公司一举闻名天下，在建中的几十套花园别墅很快成为抢手货。

5. 由一个重大事件类推另一重大事件

现代社会中，国际国内重大政治事件对市场行情有直接影响。

如果已知A、B两事件有许多类似之处，则可以由A事件对市场行情的影响，推断B事件对市场行情也会产生相似的影响。1972年，日本首相田中角荣访华，不久中日正式建交，两国贸易成倍增长。1992年，韩国总统卢泰愚访华，韩国一巨商M先生推断中韩不久将建交，并预测中韩贸易也会成倍增长，于是他果断地在与韩国只有一水之隔的中国山东威海市购进一批地产（使用权）。不久中韩果然建交，韩国商人纷纷来华投资，威海地价大幅度上扬，M先生因此大赚一笔。又如：1963年，美国总统肯尼迪遇刺，曾引起美元对黄金的比价大幅下跌，二十年后的1983年，当中国银行伦敦分行负责黄金股票买卖的刘××先生从纽约的朋友处获悉里根总统遇刺的消息时，他立即推断美元对黄金的比价将下跌，于是抢先在新闻媒体证实里根遇刺的消息之前，以每盎司780美元的价格从纽约黄金市场购进大量黄金。10分钟后，新闻媒体证实里根总统遇刺，金价上扬至每盎司800美元，刘先生将刚买进的黄金抛出。此时媒体又传来消息：里根总统经抢救已脱险，金价又回落至每盎司780美元。刘先生凭可靠的信息、高度的职业敏感和准确的逻辑推理，在十几分钟内为中国银行赚进大批美元。

[原载《思维与智慧》1997年第6期。]

识破骗局靠逻辑

充分条件假言推理的否定后件式，是日常思维中使用最多的推理形式之一，它不但在反证法、归谬法等论证、反驳方法中显示出强大的逻辑威力，而且是我们在复杂的经济生活中识破骗局、防止上当的有力的逻辑武器。请看下面的例子：

> 1994 年 2 月 8 日，深圳蛇口"天天商业城"突然通过传媒大肆宣扬其"购物还钱"的计划，宣称："自购物之日起满三年的，凭购物销售单一次性兑还与原金额等值的商品……"这一特殊的优惠销售广告引来了成千上万的顾客，一些本来不想买东西或原打算在附近商店买东西的市民也相继前去光顾天天商场。可是这些希望享受优惠的顾客们等来的是什么呢？7 个月以后的 9 月 24 日，天天商业城在深圳新闻媒介上刊出《天天商业敬告》，宣布 7 个多月前与顾客以"凭证"形式定下的"还钱"契约已被一笔勾销……天天商业城演出了一场彻头彻尾的骗局，而成千上万的受骗者的经济损失却再也无法挽回。[①]

一场并不高明的骗局为何使成千上万的市民上当？这除了说明我们的新闻媒介刊登广告有失慎重，而我们的读者过分相信自己的报纸以外，是否与我们的市民缺乏逻辑素养有点联系呢？我们认为确实是这样。其实，只要用一个并不复杂的逻辑推理，就能识破骗局：

> 如果买了商品 3 年就能还本，那么商家就得不到任何利润。

---

① 见《南方周末》1995 年 1 月 20 日第 2 版。

　　商家不可能大规模进行无利润的商业活动（市场经济铁的定律）。

　　所以，购买商品3年还本是不可能的。（天天商业城的还本销售是骗局）

如果你有了最基本的市场经济常识，又懂一点逻辑推理，就决不会上当受骗。其实，上述推理形式在任何一本普通逻辑读本中都可以学到，它就是充分条件假言推理的否定后件式，其公式为：

　　如果p，那么q
　　<u>非q</u>
　　所以，非p

运用这种逻辑推理，可以帮助你识破许多骗局。下面再举两个例子：

1.某厂家生产一种营养品，在报纸上刊登广告说："本滋补品畅销24个国家和地区，仅去年出口额即达一千三百万元，产品供不应求。为表示对本市居民的爱心，特在××商场设特别销售专柜，以优惠价格供应本市居民，欢迎选购。"广告登出后，吸引了成千上万的顾客，数万元货物销售一空。后来人们才知道，这是一场骗局。怪谁呢？诚然，刊登广告的报纸有责任，出售假货的商场有责任，可是无可否认，上当者的无知，也是他们受骗的主观原因之一。因为，只要用一个推理就可以识破这是一个骗局：

　　如果该商品真的畅销海外且供不应求，那么厂家就无须在本市大搞促销活动且以优惠价出售（多多生产满足海外市场即可赚大钱）。

　　该产品不去供应亟待供货的海外市场，却在本市大作促销文章。

　　所以，该产品在海外供不应求是假的。

当你明知厂家或商场在说假话骗人时，你会去买那种商品吗？

2.1992年夏天，笔者去九华山风景区旅游。在一处游人不多的山道上，有一男子正拿着几块银元向游客兜售。"货真价实的'袁大头'（指有袁世凯头像的银元），银行收购价38元，我只卖18元。机不可失，失不再来，谁买银元哟！"一面吆喝，一面将手中的"银元"敲得"当当"响。明白人一听就知道是假的，当然不予理睬。可是就偏偏有那么几个人，被并不高明的骗子所说的超低价诱惑住了，停下来跟他讨价还价，最后有一个游客，以每块12元的价钱买了30块。当那游客追上来问我"这么便宜的银元为何不买"时，我告诉他那银元一定是假的。他问我："你没看怎么知道是假的？"我对他说了一个推理：

如果银元是真的，那么那个人就会到银行去卖高价（38元），而不会以12元的低价格给你。

那人不到银行去卖，而躲在这偏僻小道上低价兜售。

所以，那人卖的银元是假的。

那游客一听我说得有理，赶快回头去退，可卖假银元者早已溜之大吉，如何能找到？可怜那游客既想贪小便宜，又不会基本的逻辑推理，上当受骗在所难免也。

上面这些例子说明，否定后件式的充分条件假言推理，是我们识破骗局的有力的逻辑武器。只要你掌握了这种推理形式，就可以在复杂的社会经济活动中识别许许多多的欺骗行为，保护自已不受损害。

朋友，为了不上当或少上当，还是抽点时间学点逻辑吧。

[原载《思维与智慧》1995年第5期。]

新闻工作者要提高逻辑素养

逻辑素养在新闻工作者业务素质诸要素中占有十分重要的地位，尤其在编辑记者的业务活动中，逻辑修养在许多方面直接影响着他们工作的质量和效果。但目前逻辑修养问题并没有受到新闻工作者应有的重视。

一、运用逻辑知识判定新闻素材稿件内容的真假

真实性是新闻工作的基本原则。记者在采访中能得到各种新闻素材，编辑部每天收到大量来稿。如何鉴别这些新闻素材和来稿内容的真假呢？诚然，记者必须坚持到现场采访核实，但有的采访对象或单位出于某种需要而提供假材料，出具假证明。如果编辑记者有较高的逻辑素养，就可以运用逻辑知识来分析鉴别一些新闻素材和来稿内容的真伪。

逻辑学认为，凡违反思维规律、包含逻辑矛盾的思想不可能完全正确（真实）。根据这一原理，如果新闻素材或来稿中存在自相矛盾之处，其内容就必然有假。例如，早几年被某些新闻媒体炒得沸沸扬扬的"中国第五大发明——水变油"，有关报道中就存在明显的逻辑矛盾；一会儿说新技术能使水变成油燃烧生热，一会儿又说油掺水并不能使水燃烧，只不过能使油得到充分燃烧。后来事实证明，"水变油"的神话只是一个骗局，其发明者王洪成已被判处10年有期徒刑。再如，1997年某大报刊出一篇介绍一个小保姆自学成才的长篇通讯，其中也有诸多不合逻辑的地方：既然是一个偶然机会使她对西方经济学产生了兴趣，怎么能在短期内写出具有很高学术价值的西方经济学长篇论著？如果有关编辑记者能从逻辑矛盾推断其中有假，这些近乎天方夜谭的假新闻就不可能面世，更不会被

许多报刊竞相转载。

运用逻辑推理也能帮助我们分析新闻素材的真伪。例如，1994年2月，某特区"天天商业城"策划了一个"购物还钱"的促销行动。"凡在本店购高档耐用品，满三年后凭购物销售单一次性兑还与原金额等值的商品……"各媒体不但为其做广告，还作为本市重要经济新闻加以报道，结果误导成千上万的顾客上当受骗：半年以后该商城人去楼空。许多受骗者对媒体表示了强烈不满，有的还要求媒体承担经济责任。其实，运用一个并不复杂的逻辑推理，就能推断该商城的"还本销售"是一场骗局：

如果三年还本，商家将得不到任何利润；

商家不可能大规模进行无利润的商业活动（市场经济常识）；

所以，三年还本是不可能的。

二、通过逻辑分析预测新闻报道的社会效果

写稿发稿必须充分注意报道的社会效果，有些新近发生的事件虽然是真的，但如果加以公开报道，则会引起不良的社会效果。这就要求编辑记者对新闻素材或来稿进行认真分析，对那些会引起不良社会效果的东西坚决不予报道，不予刊用。在这方面，编辑记者的逻辑素养也起着非常重要的作用。

例如，前几年我国市场经济起步时，社会上出现许多新鲜事儿：党政机关办企业，大学生校园经商，教授卖馅饼，等等。一些媒体把它们当作新生事物做正面报道，起到了不好的作用。《人民日报》当时收到许多这方面来稿，但他们经过分析认为："新鲜事儿"和"新生事物"是两个不同概念，必须严格区分，不能混淆；党报一旦正面报道它们，必然引起社会上认识的混乱，起到鼓励倡导的作用。该报没有发过一篇宣传这类"新鲜事儿"的稿件。

一些曾引起不良社会效果的报道并非因为失实，而是因为对报道的社会效果缺少逻辑上的分析。早几年有一则消息报道：我国一

民航客机驾驶员发现左前方有一不明飞行物（飞碟），就驾机（机上有100多名乘客）追踪观察达10分钟之久，直到不明飞行物有敌对反应，才返回原来的航线。消息本身真实与否姑且不论，发表它会引起不良后果应不难预测：只有不重视旅客生命安全的驾驶员才会带着100多名旅客去追踪不明飞行物。因此，这条消息会给人们造成中国民航不重视旅客生命安全的印象。后来这条消息被西方某些媒体作为污蔑中国不尊重人的生命权的一个例证。

三、提高逻辑修养避免文章出现逻辑错误

写文章要讲逻辑，这是常识，但现在媒体的报道或文章中却经常出现明显的逻辑错误。

概念不明确。某报在一篇国际新闻分析中写道："1998年11月30日，加拿大最大的省份魁北克举行大选……大选揭晓，'魁人党'获得75席，成为多数党并取得组阁权。"仅看这一段，读者一定以为"魁人党"原为少数党；但该文后面又说"魁人党""议席比上届还减少了两个"。翻看有关资料才知道"魁人党"在上次大选中就已经取得多数党地位，此次大选只是保持了这一地位而已。文中"成为""取得"两个概念不明确，导致了读者的疑惑和误解。

判断不恰当。1997年柯受良驾车飞越黄河时，电视播音员说："现在他就要飞越黄河，他代表着一个国家、一个民族的腾飞……"一个商业味很浓的冒险行动怎能代表国家和民族的腾飞？假如他的表演失败，那又意味着什么？又如，一些报道把香港、澳门回归比作孩子回到母亲的怀抱，这也不是很恰当。因为孩子是从母体分离出去的一个独立个体，孩子回到母亲怀抱也仍然是一个独立个体，这与香港、澳门是祖国不可分割的组成部分是性质不同的两种关系。

混淆概念。早些年，曾有一家大报在一篇论述"共产主义理想是中华民族的精神支柱"的政论文章中，将孙中山先生为实现伟大理想（并非共产主义理想）而奋斗一生作为主要例证，这是混淆了"共产主义理想"和"伟大理想"两个不同的概念。

转移论题。一家省报发表一篇题为《农民负担问题的症结何在》的评论，却用一半多篇幅讲农产品难卖造成农民生活困难；某

报一篇题为《平安大道古迹平安》的通讯，全文找不到这条大街所在位置、长度走向、沿途涉及哪些古迹、采取哪些保护措施等必备信息，却大谈过去文物保护做了哪些工作，现在文物保护工作如何难做等。

自相矛盾。某大电视台播放一则电视新闻，荧屏字幕上打的标题是《珠海圆明新园建成开放》，画面和播音的详细内容则是"虽然一期工程只完成了三分之一，但参观者已经络绎不绝"，原来并没有建成。一家大报在评述报刊编辑队伍状况时写道："报刊编辑力量的现状……主要问题之一，是真正合格的编辑数量少且素质差。""真正合格"的编辑怎么会"素质差"？典型的自相矛盾。

存在逻辑错误的文章一般在内容上也存在问题，刊登播发这样的稿件往往会引起不良的社会效果。1990年初，某通讯社播发一篇否定"脑体倒挂"说法的报道，该报道所依据的主要材料"调查报告"中存在多处明显的逻辑漏洞。如报告以北京个体户为例，说他们因劳动时间长、没有福利保障，所以收入比在职职工高出一到两倍是正常的。这一例证也许可以说明个体户收入比在职职工高有一定合理性，怎能否定"脑体倒挂"的存在呢？因为个体户中有脑力劳动者（北京尤其如此），正式职工中也有体力劳动者（且占多数），该文作者显然混淆了"个体户"与"体力劳动者"、"在职职工"和"脑力劳动者"等明显不同的概念。这篇报道播出后在社会上引起强烈不满，以致该通讯社后来作了公开的更正说明：报道所依据的文章"系×××的个人文章，由于编辑工作疏忽，误写成研究中心的调查报告。据悉，该研究中心没有进行过这方面的调查"。

上面所列举的逻辑错误，在目前的媒体中并非个别现象，这不能不说与撰稿人和审稿人缺乏良好的逻辑素养有关。如果我们的编辑和记者有良好的逻辑素养，在写稿时力求逻辑严密，在审稿时注意从逻辑上把关，就完全可以避免出现这类明显的逻辑错误。

[原载《新闻战线》1999年第9期。]

一幅张冠李戴的新闻图片

目前，在大大小小的新闻媒体中，经常看到这样一种现象：为了追求所谓画面的"视觉冲击力"，不惜牺牲新闻的真实性，人为制造虚假的"现场画面"，在读者中造成很坏的影响。下面以一篇描写凶杀案的长篇报道所配发的两张摄影图片为例，分析新闻配图失实的危害性以及出现这种情况的原因。

2005年8月25日，南方一家影响很大的周报以两个整版的篇幅刊发长篇报道《一个名医的意外死亡》，并配发新闻图片两张。所涉事件在各大媒体均有报道，对其文字报道的真实性无可怀疑，但是所配图片却严重失实。

首先来看第9版作为题图的一幅。该图的左半边是正在行走的一个男子从背部到小腿的半身图像，摄影者取的是左后侧位视角；画面右侧是一辆警车的一角，有非常醒目的警车标志。画面的中心是"凶手"的右手用拇指和食指轻轻捏着一把沾满鲜血的砍刀，就是案件中的杀人凶器。图片的文字说明是："杀了医生之后，戴宝淦一边骂骂咧咧，一边在医院门口徘徊。"

图4-1

这张新闻照片能向读者传达什么样的信息呢？首先，它告诉读者，凶手作案后精神非常轻松。因为画面上他行走的姿态很放松，而且是用手指轻轻地"捏着"凶器，而不是紧紧地"攥着"凶器，所配文字也说他在"骂骂咧咧"地"徘徊"。其次，它告诉读者，一把普普通通的到处都可以买到的砍刀，随时都有可能成为一件凶器。那刀面上鲜红的血迹太刺激眼球了，会在人们脑海中留下挥之不去的恐怖的意象。再次，它告诉人们，警察已经赶到现场。因为公安警车就停在一旁，嫌疑人距警车不到2米，他是在警察的注视下从容徘徊的。

当读者读出这些信息的时候不免会发出疑问：为什么凶手作案后既不自首，也不逃跑？如果他在现场等待处理，为什么又要轻轻地捏着凶器来回行走？为什么警察已到现场却眼看这位手持凶器的嫌疑人从容徘徊，而不去夺下他手中的砍刀？

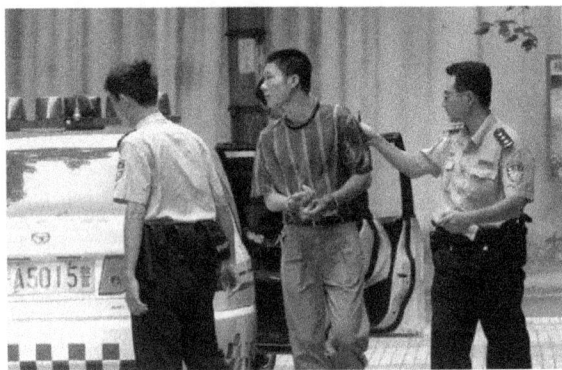

图4-2

可是当读者看到第10版另一幅图片（犯罪嫌疑人被警方带走）时，就更会大吃一惊：原来第一幅图中从容徘徊的"犯罪嫌疑人"戴宝淦，根本就不是他本人！因为这幅图片中，那个已经被戴上手铐、左臂上沾满血迹的戴宝淦的正面形象处于画面中心。他穿着深灰色带竖条纹的T恤衫和浅灰色的长裤，而前一幅中的他穿的却是蓝灰色短袖衬衫和黑色长裤。如果再仔细比较就会发现：前一幅图中的"犯罪嫌疑人"原来是警察，不仅服装样式、颜色完全与第二幅图中的警察一样，而且腰间所佩带的警棍袋、对讲机袋等都完全一样，连后腰右侧一个皮袋上的白色字样都依稀可见。

　　至此我们可以得出结论，第一幅图片是一张虚假的新闻摄影，除了那把刀是真的凶器外，其余信息都是假的。读者不禁要问：第一幅图片说明中"杀了医生之后，戴宝淦一边骂骂咧咧，一边在医院门口徘徊"的信息从何而来？文字报道中根本找不到这方面的信息。犯罪嫌疑人在杀人后真的悠闲轻松吗？为什么明明是警察的形象，到了报纸上就成了犯罪嫌疑人？

　　为了核实该摄影图片是不是如以上分析的是一张假图片，笔者于2005年9月2日亲赴福州进行了现场勘查，结果发现该图片的虚假程度超出笔者的想象：不仅仅第一幅图片上的"凶手"实际上是警察，而且拍摄现场也不是医院（福建中医学院大门左侧的"国医堂"）门口，而是在距现场2.5公里之外的辖区派出所——福州市公安局鼓楼分局华大派出所门前。图片客观反映的是警察小心翼翼地捏着凶器（为了保护刀柄上的指纹）往派出所门前行走，而不是嫌犯拿着凶器"在医院门口徘徊"。第二张也是警车将嫌疑人戴宝淦带到派出所门前下车后的照片，它准确的文字说明也应该是"犯罪嫌疑人戴宝淦被带到派出所"。

　　分析一下这组虚假新闻摄影的产生原因，对其他媒体杜绝此类有违新闻道德的现象不无益处。

　　首先，新闻涉及的主体事件发生在8月12日，到13天后再来作重点报道，未免给人以"旧闻"之嫌，而号称"中国第一周报"的《××周末》必须有一点新的东西，于是在文字报道中，事件本身所占篇幅不多，倒是嫌疑人作案前的看病经历和事件发生后网民、受害人亲友对事件的评论和反应占据了主要篇幅。选取新的角度无可厚非，文字报道写得也不错。但是，整整两个版面如果没有摄影图片岂不过于单调？图片一定要有，而且不能炒别的媒体的剩饭！但是网民评论无法形成图片，采访亲友也难以留下生动的图片，最好是现场的图片。于是就有了这组极其吸引眼球但并不符合事实的摄影图片。这画面够刺激的："凶手"，而且是不露真面目的"凶手"！屠刀，而且是沾满鲜红血迹的屠刀！从容，而且是与警察（警车）近距离内的杀人疑凶的从容！这些可是其他媒体不曾报道过的画面。尤其是那把沾满鲜血的屠刀，是摄影者要重点突出的视觉焦点，这是在过去的媒体上很少看到的图像。其实，要表现嫌疑人作

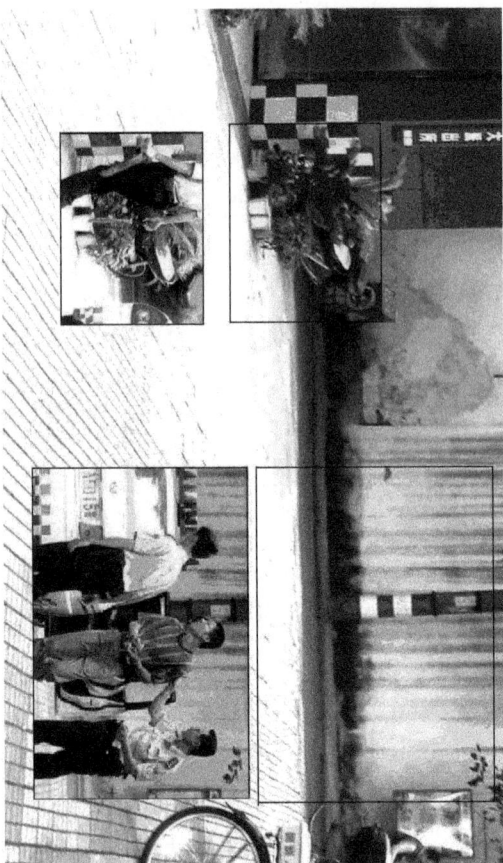

这是笔者于2005年9月3日下午在福州市公安局鼓楼分局华大派出所门前拍摄的照片。用方框标出的是文中所揭露的假摄影图片的背景，它是可证明下面两幅框中图片均摄于派出所门前，而不是摄于凶杀案件的现场。

图4-3

案后情绪从容，画面上不一定要突出这把屠刀，用特写放大他的面部表情或悠闲的步态可能更说明问题，可是报道者恰恰隐去了"凶手"的头部和脚部，突出他的手臂和屠刀，这不是单纯地追求视觉冲击又是什么？

从画面分析，前一张照片本身并不是"导演"出来的。警察用两只手指轻轻地"捏住"凶器的刀柄，完全符合他们的职业习惯：凶器是最重要的证据，刀柄上的指纹不能轻易破坏，所以只能用手指轻捏。这幅作品假就假在张冠李戴的文字说明：把警察当作疑凶，把派出所门前说成是医院门口。造成这种现象的原因显然不能用疏忽大意来解释，因为画面上的人是警察，连普通读者都能看出来，报纸编辑能看不出来？还要煞有介事地配上"骂骂咧咧"地

"徘徊"的文字说明？

从笔者现场拍摄的画面看，与警察颈部齐平的正是"派出所"三个字。编辑对第一张图片作掐头去脚的剪裁处理，就是为了避开这关键的地方，隐去警察制服的领部也是意在淡化它与真凶的服装的明显差异。从第一幅画面的清晰度远远低于第二张画面来看，我们有理由认为，这幅摄影图片的原件是有人物头部的，编辑也知道画面人物是警察，场景是派出所门口。但是如实地配上"警察小心翼翼地捏着凶器走进派出所"的文字，这张照片还会有多大的视觉冲击力？所以，这张张冠李戴的新闻照片，正是编辑为了追求画面的刺激性而有意作假。这对广大读者和画面上那位警察都是极不负责任的，也是对新闻真实性的一种亵渎。

追求版面的视觉效果并没有错，但绝不能以牺牲新闻的真实性为代价。这幅照片画面的"视觉冲击力"和"血淋淋的刺激效果"，似乎不应该是一张严肃报纸的主要追求，尤其是当画面明显违反事实的时候。

近年来许多读者批评该报的品位明显下降，从这组失实摄影图片及其产生的原因分析来看，上述批评是符合实际的。

〔原载《新闻记者》2005年第12期。〕

"善意的谎言"该不该容忍

人民教育家陶行知先生有副对联：千教万教教人求真，千学万学学做真人。陶行知先生为什么不说"千教万教教人求善，千学万学学做善人"，也不说"千教万教教人求美，千学万学学做美人"？先生绝对不会认为善和美不重要，他是认为在真、善、美三者之中，真是最基本也是最重要的品格和精神，所以他把求真放在第一位。

一个和谐社会必然是一个求真的社会，诚信的社会。但是，目前的社会现实却不尽如人意，在政界、商界、学界以及各种媒体上，到处充斥着假话。如果冷静地分析一下就会发现，这些假话，绝大多数是打着"正当目的"的幌子制造的"善意的谎言"。例如，为了维护国家形象可以隐瞒重大疫情，为了单位的发展机遇可以突击作假应付上级的检查，为了得到"国家级贫困县"的扶贫资金可以夸大贫困程度，等等。这些现象不胜枚举。

谎言泛滥的原因可能是多方面的，但是对"善意的谎言"过分宽容可能是一个很重要的原因。人们痛恨那些为了一己私利而作假说谎的个人行为，而对于为"正当目的"而说谎作假则一般予以默认甚至赞许，更有甚者，一些单位领导还互相介绍、炫耀弄虚作假欺骗上级和群众的经验。

其实谎言的社会危害性并不因其出于善意而减小，相反，由于"善意的谎言"大多是官员、组织、媒体制造发布的，是一种体制性、系统性的谎言，因此危害性就远远大于个人为达到自私目的而说的"恶意的谎言"。从历史上看，20世纪50年代末为了证明总路线、大跃进、人民公社的伟大成就而出现的"万斤亩""十万斤亩"的特大谎言，说谎主体就是从生产队到省一级的大大小小的领导和各种媒体，而它带来的后果则是大量人口的非自然死亡和国民经济的严重困难。在"文革"非常时期，那个"刘少奇专案组"为了"捍卫无产阶级革命路线"的"善意的目的"而编造的假材料，导致中央作出了开除刘少奇党籍的错误决定，造成共和国主席被迫害致死的历史上最大冤案。这些惨痛的历史教训难道不应该永远记取吗？

"大跃进"和"文革"都是政治生活不正常的特殊时期，假话流行不足为怪。今天我们国家的政治生活早已恢复正常，产生谎言的"政治背景"已经不复存在，但是谎言不但没有绝迹，反而有越来越烈的发展趋势，如果任其发展下去将会严重影响中央提出的构建和谐社会的战略目标的顺利实现。在当今社会，这种由官员、组织、媒体制造发布的"善意的谎言"至少在以下四个方面具有巨大的社会危害：

第一，它可能使上级领导机关无法得到真实的信息，严重影响决策的科学性。现代科学决策与传统经验决策的主要差别，就在于是否建立在大量准确的信息的基础之上，假如领导机关通过正常渠道得到的多是虚假信息，就不可能保证决策的科学性。不久前《半月谈》杂志刊载文章，批评一些单位和地区制造诸如"农民幸福感最强"之类的"指数谎言""忽悠"老百姓，试想，假如领导机关根据"农民幸福感高于城市居民"的虚假信息来制定、调整"三农"政策，将会出现怎样荒唐的结果！

第二，它可能使领导机关和媒体失去人民群众的信任和支持，动摇党和国家的群众基础。我们党是代表人民群众根本利益的党，我们的政府是人民政府，党的执政地位和政权的稳定性，离不开人民群众的支持和信任；假如我们不对人民群众讲真话，他们就有理由放弃我们。2003年春天，在"非典"流行后相当长时间内，某些部门为平息群众的恐慌情绪而发布虚假疫情，不但严重干扰了抗击"非典"的工作，而且在人民群众中造成了更大的恐慌。幸亏中央及时发现问题，撤换了某些单位的主要负责人，使"非典"信息的发布走上正轨，才消除了不良影响。

第三，它可能破坏人与人之间的和谐关系，极大地增加社会运行的成本。市场经济是建立在诚实守信基础上的法制经济，按照正常规律，在市场经济下说假话要冒失去信用的风险。如果领导干部、社会组织和新闻媒体经常讲假话，势必引起示范效应，结果是讲假话的人习以为常，而讲真话的人却要付出昂贵的代价。久而久之，说真话的人将越来越少，大家都认为官员、政府、媒体、他人的话不是真话，为了搞清真相每个人都要亲自去调查验证，不但增加了社会运行的经济成本，而且每个人也都在一定程度上成为"信誉破产者"，付出巨大的精神上、道义上的成本。那会是一种多么糟糕的社会状况！

第四，它严重干扰了对青少年的道德品质教育，造成一代人整体的诚信缺失。多少年来，我们在青少年中没少搞诚信教育，对小学生讲《狼来了》故事，要中学生以"诚信"为话题写文章，在大学搞"讲诚信从我做起"的演讲比赛，可是这些教育的效果却很不理想，究其原因，乃是我们的学校一边对学生进行诚信教育，一边自己在作假撒谎。有一则真实的故事，颇能说明学校作假对青少年的影响：某小学在1 500多学生中开展"评选诚信孩子"的活动，在活动结束后的表彰大会上，校长给35名"诚信孩子标兵"隆重颁发奖状，接着宣布了一个通知："市教育局领导明天到我校检查'减负'情况，请全体学生明天一律换用小书包，不许背大书包！"姑且不论这种评选"诚信孩子"的活动是否合理（难道没有评上的就是"不诚信孩子"），仅仅最后一句"明天不许背大书包"的"善意"的作假通知，就足以将前面所有教育的效果全部抵消。如果陶行知先生看到上述一幕，他一定会以该校长最后一句要求作假的通知为理由认定他是不合格的校长和教育者！

"善意的谎言"危害如此之大，我们岂能因为其动机的"正当"而予以容忍？

[原载《人民论坛》2007年第2期，略有删改。]

"敬畏派"逻辑错误大全

　　汪永晨女士对环保的虔诚和投入素来令我尊敬，而她一些基本知识的贫乏也令我感到汗颜。如果说不懂"千瓦"与"千瓦时"的区别还可以用"动乱期间上中学，物理知识是空白"来解释的话，那么她在公开言论中说"因为三门峡的修建给下游渭河的老百姓带来了重灾"，说明她根本不知道渭河在三门峡的上游这个地理常识；说"我们传说中有很多记载，像二郎神就是守护神，现在去九寨沟的路上有川主寺来敬奉"，说明她不了解李冰父子治水战胜自然被四川老百姓尊为"川主"而受供奉的历史知识。类似的常识错误在汪女士的言论中并不罕见，已有网友多次指出，此处无需多言。

　　本文拟指出汪永晨女士及其个别支持者一些违反逻辑常识的错误。在逻辑教学中，有时为了找一些典型具体而又贴近现实的逻辑错误（尤其是非形式的谬误）的例子，还真的很费脑筋，因为有的逻辑错误的例子虽然典型，但因涉及敏感的政治话题不便在课堂上使用，而敬畏自然之争以及与此有关的水电、水坝之争，倒为我提供了非常丰富的逻辑谬误的资料，简直可以说是"取之不尽、用之不竭"，但限于篇幅，这里只列举其十个方面的逻辑错误。

　　客观地说，反对敬畏派的有些文章中也并非找不到逻辑谬误（人孰无错？我自己也不例外），但不像汪女士等人文章中逻辑错误比比皆是，而反敬畏派几位主将何祚庥、方舟子、陶世龙、赵南元、葛剑雄等人的文章，还真的很难找到违反逻辑的地方，这也是我对他们心存敬意的原因之一。

一、自相矛盾

　　违反矛盾律的逻辑错误"自相矛盾"是一切逻辑错误中最严重

的一种，它指的是思想、言论中的自我否定现象。一个理论必须是逻辑自洽的，就是说任何理论体系都不允许包含逻辑矛盾。

汪永晨女士1月25日在新浪网与何祚庥院士的辩论中反问道："何院士认为敬畏自然是反科学，而我觉得科学有什么不可以反呢？"这说明她是主张"科学是可以反的"。但是汪女士曾经专门写过一篇文章，标题是《"敬畏自然"不是反科学》（《新京报》2005年2月11日），虽然文中没有直接说科学不可以反，但标题的辩驳色彩隐含着"科学不可以反"，这与"科学是可以反的"是不是构成了明显的逻辑矛盾？

下面试分析汪永晨《"敬畏自然"不是反科学》一段言论中隐含的逻辑矛盾：

> 人类本是自然界的一员，大自然存在多久了，而我们人类才生活在这个地球上多少年，为什么一有了我们人类，就要以我们人类为本？……
>
> 如果承认它（按：大自然）也是一个家庭的话，它不只有人类一个孩子，在这个家庭中还有其他成员。[1]

"人类"在动物分类学中只是哺乳动物灵长目的一个种，按照"人类本是自然界的一员"，"人类只是大家庭中的一个孩子"的说法，任何一种动物、植物乃至无生命体都是"自然界的一员"，大家都应该平等，那么狼有什么权利可以吃羊？羊有什么权利可以吃草？人有什么权利可以吃鱼、吃肉、吃青菜萝卜？又有什么权利可以大量屠杀患有禽流感的鸡鸭、患有疯牛病和口蹄疫的牛羊？难道它们不是大自然的孩子？就连给人带来巨大灾难的病毒、细菌、寄生虫，人类也无权利去杀灭，因为它们也都是自然界的一员，是与人类平等的"孩子"，哪个孩子有权利去杀死另一个孩子？

也许汪女士只是试图通过这种所谓理论来证明人类不可以改造自然，但是用相同的理论，又恰恰可以推出完全相反的结论——人类可以改造自然。

---

[1] 汪永晨：《"敬畏自然"不是反科学》，《新京报》2005年1月11日。

我们知道，自然灾害是自古就存在的，有的很难说是人类过度开发大自然的结果，例如火山埋葬了庞培古城，风沙吞没了楼兰文明，大禹时代的洪水就夺去了无数人的生命，百年之前就有记录的多次海啸动辄吞灭成千上万的生灵（汪永晨女士的《对大自然心存敬畏》一文提供了许多这方面的资料），按照人与自然平等的"理论"，既然自然可以侵害人类（且不以人的意志为转移），人类凭平等的权利当然也能对等地改造自然，何况仅仅是为了保护自己呢。

有一种逻辑推理叫作"归谬式"推理，即由一个假定如果能合乎逻辑地推出互相否定的结论（逻辑矛盾）来，就能证明该假定是错误的。"人类只是大自然的一个孩子，人类与其他孩子是平等的"这种文学语言，用来抒发某种情感是可以的，而作为一种严肃的命题是不合格的，原因就是它能合乎逻辑地推出逻辑矛盾，不能做到理论上的自洽。因此，它作为敬畏自然的理论根据就显得苍白无力。

二、偷换概念

偷换概念是违反同一律对概念运用的要求的逻辑错误。汪永晨女士及其支持者文章中偷换概念的错误不胜枚举，其中最为典型的要算对"敬畏"一词的故意曲解了。

何祚庥院士的文章《人类无须敬畏大自然》没有对"敬畏"专门加以解释，但从文章中"并不意味着要敬，要畏""怎么敬，怎么畏""反映到人和自然的关系，就是敬与畏"等表述看，他是在通常的意义上使用"敬畏"一词的。

由于文章是在大众媒体而不是在专业杂志上发表的，而且"敬畏"又是常用词，因此，没有专门作语词定义的"敬畏"一词只能理解为通用意义，《现代汉语词典》的释义可以作为最可靠的根据，那就是"又敬重又畏惧"，而何先生所反对的主要是"畏"，即不要"畏惧"大自然，这有何错误？可是敬畏派一些人在对何文的所谓批判中，却置"敬畏"的本义于不顾，非要将它解释为"尊重"，以至于陶世龙先生专门撰写了《汪永晨女士，请把您的"敬畏"是什么说清楚》一文，要求她不要偷换概念。

汪女士的支持者张田堪有一篇文章可以说是偷换"敬畏"概念的典型作品：

> 所谓敬畏自然无论是敬重还是敬仰都是指，人作为大自然的一员应当处理好人与自然，人与其他生物，人与人（一群人与另一群人）的关系……
>
> 敬畏自然……是说……要充分考虑大自然的规律，而不能破坏自然的规律，或对自然的规律不能破坏得太多。……
>
> 敬畏自然……是指人类在利用科技时应当顾及其他生物的生存和与我们在悠久的历史长河中所建立起来的平衡、制约、互利、互生、互补和利害相存，生死相依的关系。……
>
> ……敬畏自然……是说在发明和使用抗生素时，不能一味指望以抗生素的力量对一切微生物加以歼灭……
>
> 敬畏自然还指的是，人在利用科技的力量使自己生活得更为舒适之时，还应当顾及到另一些人或另外一群人的利益与生活状态……
>
> 敬畏自然还指的是……人类科技所揭示的真理也只是人所认识的真理，而这样的真理最终还得要用大自然来检验，当然人类生活的实践检验也是一个方面。
>
> ……敬畏自然也指的是，人类尽管有强大的科技力量，但不能以为自己拥有了这样的力量就可以不顾一切，为所欲为。[1]

这几段话中"是指（说）"后面的内容没有一项是错误的，但也没有一项是"敬畏"一词的本义，没有一项是何祚麻先生文章所反对的东西。用它来反驳何先生的观点简直让人感到可笑，因为它公然将"敬畏"偷换为"敬重""敬仰"，恰恰回避了何先生反对的观点："畏惧"大自然！

---

[1] 张田堪：《敬畏自然的几种解释》，《科学时报》2005年1月28日。

三、偷换论题

偷换论题是违反同一律对判断运用的要求所犯的逻辑错误，辩论中最常见的表现有两种：

1. 故意回避对方的问题，王顾左右而言他；

2. 故意歪曲对方的观点，然后加以振振有词的"批驳"，然后宣布自己"得胜"。

在何祚庥与汪永晨1月25日在新浪网上关于"武松是不是应该打老虎"的辩论中，汪女士演出了一场偷换论题的经典"活剧"，在这个问题上她的表现远没有另一位网友"我愿意以身饲虎"的豪言壮语来得英勇悲壮。

再以汪永晨女士的《"敬畏自然"不是反科学》为例，看看敬畏派是如何公然歪曲何院士的观点的。该文中有这样一段话：

> 在处理人和自然的关系时，文中（按：指何先生《人类无须敬畏大自然》）旗帜鲜明地说：应该以人为本。他表示绝不反对保护环境和保护生态，但需要弄清楚一个观念，保护环境和生态的目的是为了人。有些时候我们需要"破坏"一下环境、生态，改变一下环境和生态，但也是为了人。
>
> 在这里，我也要旗帜鲜明地与这一观点唱唱反调。
>
> ……
>
> 要按照何先生的话，大自然中的一切都是要为人类服务了。树我们可以砍，动物我们可以杀，江河我们可以想怎么截断就怎么截断。不知道何先生知道不知道还有生物链，今天一个物种的灭绝对明天来说意味着什么？[①]

何先生的原文明明说"绝不反对保护环境和保护生态"，只是"有些时候我们需要'破坏'一下环境、生态"，还特意在"破坏"一词上加了引号，到了汪女士笔下中就变成了"树我们可以砍，动

---

① 汪永晨：《"敬畏自然"不是反科学》，《新京报》2005年1月11日。

物我们可以杀，江河我们可以想怎么截断就怎么截断"，这种明目张胆的歪曲也未免太拙劣了吧？

在我们所看到的敬畏派文章中，对所批判的"无须敬畏"的观点几乎都是被歪曲了的，很少有人从何先生等人的文章本身的观点出发来讨论问题。很多人硬说"不敬畏自然就是反对环保"，硬说反对敬畏就是"发展是硬道理，环境靠边站"，似乎这样一偷换，就占据了道德的制高点，其实反对敬畏的一方没有任何人说过"反对环保"。这是极为典型的"堂吉诃德大战风车"的诡辩手法。

相比之下，反对敬畏派批评汪永晨女士的观点，一直是以她自己的言论为据，探究她的"对大自然心存敬畏"的本义，她将印度洋海啸说成是"上帝发怒""来自上苍的警示"，就是把大自然当成神灵，她的"敬畏大自然"就是要求人们将大自然当作神灵来崇拜，这里没有任何偷换。

四、以偏概全

以偏概全是指仅根据少数事例得出一般性结论的简单化的归纳方法。由于任何实例都不难找到，因此，在严肃的科学思维中，仅仅靠例子只能提出初步的假说，而不能证明任何严肃的科学命题。

敬畏派可以说是以偏概全的高手，汪永晨女士为了说明大自然是应该敬畏的，曾在 2004 年 9 月 25 日一次演讲中说过这样一个故事：

> 前两年中日登山探险队在征服梅里雪山过程中遭遇一场雪崩，结果探险队队员全体遇难。事实上在他们进行攀登之前，当地的藏族老百姓和喇嘛就进行过阻止，因为按照当地人的说法梅里雪山是神山，不能践踏，但是登山队员表示作为征服者要登上每一个处女峰，为此，当地的藏民和喇嘛非常不满，方圆几百里的喇嘛还聚集在当地招来寺念经，说这是我们的神山不希望有人践踏。……结果 17 个人就永远地留在了那里。事后，遇难者家属来到附近想要看一看这座山，

但是太古峰有17个雪山都掩映在云雾中，等了几天都看不到山的面貌，后来当地政府的人和喇嘛说你们是否可以帮忙念念经，果然喇嘛念经没多大会儿，就像大幕拉开一样，云雾就散开了。虽然很快又掩住，但是这个事情真的是让人不得不相信神山的称呼了。[1]

我们姑且不论这个神乎其神的故事是不是汪女士编造的，即使真的是她听来的，一点也没有加工，即使故事也有那么一点事实根据（指登山和雪难，而不是指17个人对应17座山等怪现象），这又能说明什么问题呢？登山没有死人的事多着呢，珠峰在藏民的心目中应该是神山吧，一批批的登山人员登上珠峰，不是大多数人并没有遇难吗？如果一批登山人遇难就能证明山有灵魂（因而必须敬畏"山神"），那么更多的登山者没有遇难不是更能说明大山是没有灵魂（因而也无须敬畏"山神"）吗？

以偏概全的另一个典型例子是拿三门峡水库来大作文章。三门峡水库也许可以说是水电开发或改造自然中的一个失误，但汪永晨女士和一些反坝人士拿它作为敬畏自然和反对水电开发的重磅武器则是徒劳的，因为建国以后建的水库和电站有许多，像三门峡这样导致不良后果的大坝电站大约是绝无仅有的。仅黄河上就有青铜峡、刘家峡、小浪底等数座，淮河流域也有佛子岭、梅山等大别山水库群（20世纪五六十年代很出名），浙江的新安江水库（千岛湖）、安徽的陈村水库（太平湖）、北京的密云水库和官厅水库等，都没有听说过造成严重的生态问题和移民问题，其中北京两水库对首都用水的正面作用，怎么估计都不为过。而反坝人士却单挑三门峡水库来说事，又能说明什么问题呢？请问，一千座大楼有一座因质量问题导致坍塌事故，能够证明"大楼建不得"吗？

五、机械类比

在运用类比推理时，仅仅根据两事物为数很少的又不具备典型

---

[1] 汪永晨：《生态的忧患与媒介的责任》，"中国环境生态网"2006年5月25日。

性的共同属性，就推断类比对象具有与已知属性相关性程度不高的另一属性，这种错误的类推逻辑上叫作机械类比。

好几本逻辑教材上引用一个典型的机械类比的例子：

> 一个家庭需要有一个家长，在家庭里发生纠纷的时候，就需要家长来裁决。国际问题要比家庭纠纷复杂得多，所以，国际大家庭也应该有一个"家长"，当国与国之间的纠纷通过协商不能解决时，就应该让承担"家长"职责的国家来裁决。

这个例子是国际霸权主义者用机械类比来论证霸权主义合理性的逻辑错误。而汪永晨女士有一个极为类似的例子：

> 如果承认它也是一个家庭的话，它不只有人类一个孩子，在这个家庭中还有其他成员。
> 如果在这个大家庭中，所有的存在都只是为了人类一个孩子，这是不公平的。人类再进步，科学再发展，大自然也不仅仅为我们人类而存在。

上文已经指出，"人类与其他物种平等"可以推出逻辑矛盾，因而是站不住脚的。实际上，用家庭成员之间互相平等尊重的关系来类比自然界各物种之间的关系，本身就是一种机械类比。请问，既然人类只是"一个孩子"，那么其他的孩子包括谁？人只是动物的一个种，如果一个动物种就是大自然的一个孩子，那么人类有多少兄弟姐妹？牛是吗？羊是吗？狗是吗？鲫鱼和鲤鱼是一个兄弟还是两个兄弟？植物是不是人类的兄弟？如果是，整个植物是一个兄弟，还是青菜、苹果、玫瑰、蘑菇、松树等各是一个兄弟？按照汪女士的观点，大自然中没有生命的山川水土都是人类的兄弟，而这些兄弟姐妹的共同的母亲呢？是大自然吗？但每一种动植物和山川水土都是大自然的一部分，都是"母亲"身上的一个器官、一个细胞，而不是独立于"母亲"的子女！如果它们都是兄弟，按照家庭人员一律平等的理念，人类如何平等地对待自己的每一个兄弟姐妹呢？

《孟子·梁惠王》有一个"以羊易牛"的故事：

王坐于堂上，有牵牛而过堂下者，王见之，曰："牛何之？"对曰："将以衅钟。"王曰："舍之！吾不忍其觳觫，若无罪而就死地。"对曰："然则废衅钟与？"曰："何可废也？以羊易之。"

如果按照物种平等的原则，为了祭钟杀一只羊和杀一头牛有何差别？所以孟子当即指出了齐宣王这种行为的伪善本质。

如果人类为了解决能源问题，建坝造电站就是不善待自己的兄弟（河流），那么建火电站、开挖煤矿岂不是不善待自己的另一个兄弟（大山）？开山挖煤不是破坏了大山的本来面貌吗？这和以羊易牛不是同样的愚蠢和伪善吗？

所以，将人类和大自然的关系与同一家庭中一个孩子和其他孩子的关系进行类比，是一个不伦不类的类比，不能证明任何问题。

六、双重标准

双重标准是一种实用主义的诡辩术，指在同一问题上对不同对象采取不同的是非标准和取舍标准，以混淆是非，达到有利于自己的目的。从敬畏派和反坝人士的言论中，常可看到引用"世界水坝委员会（WCD）"的观点来支持自己的反坝立场，不明内情者都以为是个现在最权威的有关水坝的国际组织，最近才有人披露，原来这个组织几年前已经宣布解体；而另一个由各个国际大坝委员会构成的、目前仍然在行使职能的"国际大坝委员会（ICOLD）"的观点，以及2002年南非约翰内斯堡国际峰会的宣言、2004年北京举办的"联合国水电与可持续发展国际研讨会"等组织和会议关于"水电是可再生能源"应该大力发展的观点，在反坝人士的文章中却根本不提。这不是典型的双重标准只取所需么？

我的一个朋友的妻子是坚定的敬畏派支持者，她虽然没有正式发表文章，但常对别人说她因为"敬重其他生命"，自己从来不敢杀鸡剖鱼。不敢杀鸡也许是真的，因为这样的女士很多，甚至有的男子汉也不敢，但据我所知那仅仅是因为她（他）们胆子小或怕脏，没有想到还有"敬重其他的生命"的深刻原因。

我倒觉得，如果敬畏派真的"敬重其他生命"，那就应该学学和尚、尼姑，根本不要吃荤。如果你自己不杀鸡却又要吃鸡，那就是对自己和别人采用了双重标准：为什么你保持"敬重其他生命"的信仰和权利，却要剥夺别人（屠宰场职工、保姆、市场上的加工者）"敬重其他生命"的信仰和权利呢？如果杀鸡剖鱼是"不敬重其他生命"的不道德行为，而你要吃鸡吃鱼却让别人去杀，不是双重的不道德吗？

后来仔细一想，即使敬畏派学习佛教徒戒了荤，仍然逃脱不了"杀生"的恶名，因为青菜、萝卜也是生命啊。一天吃十棵青菜、五只萝卜，就是剥夺了十五个无辜的生命。看来，主张"敬重其他生命"的敬畏派人士采用双重标准也是不得已：他要维持自己的生命（否则谁来高喊"敬重其他生命"的空洞口号？），就必然要剥夺其他某些"兄弟"的生命，被剥夺者与剥夺者是根本没有抽象的平等可言的。

平等是一个社会政治概念，只能适用于人与人之间，不能滥用于人与动物之间，敬畏派既要维持他们的信念，又要维持自己的生命，就不得不采用违反逻辑的双重标准，否则他们只能作出"以身饲虎"之类的"壮举"，用牺牲自己的生命的行为来实现"敬重其他生命"的信念！

七、诉诸情感

诉诸情感是指用煽情的语言来唤起公众的某种怜悯、义愤等情感以转移中心论题、逃避理论交锋的诡辩术，又叫作"以情感为据"。

汪永晨女士是煽情高手，《经济》杂志2004年一篇介绍汪女士的通讯，标题就是《一个狂热的环保主义者汪永晨》。敬畏派的其他一些大将也有这个特点。

其实感情丰富对个人并非坏事，对于文学创作来说，情感丰富是一个巨大的优势。自然科学工作者、理论工作者、社会管理者也需要有爱人民、爱祖国、爱科学、爱自然的高尚而丰富的情感，在何祚庥、方舟子、陶世龙、赵南元、葛剑雄等人的文章中，我们同样能感受到这种情感。

但是，在严肃的理论探讨中，仅仅有感情的抒发而缺少合乎逻辑的理论思考，对于得出理性的结论来说是毫无作用的，因为情感是感性的东西，情感有时会阻碍理性的思考。所以"感情用事"历来不是褒义词。

下面以汪永晨女士《对大自然心存敬畏》一文为例，说明"诉诸情感"是怎么回事。

从标题看，"对大自然心存敬畏"显然是一篇论说文（不是指学术论文）的标题，但是文章中却出现这样的段落：

> "这个世界人类文明已经走得很远，人类总是高昂着头颅骄傲地思考，并让思想长出坚强而自信的翅膀。"这两天，我在报纸上看到这样一句话的同时，也看到一个金发碧眼的小男孩，他的手里举着一张纸并贴在胸前。纸上写着：我想我的爸爸妈妈和哥哥弟弟。男孩的眼睛里充满了期待……
>
> 请记住，2004年圣诞节后的第二天，那走进了大门的大海和那金发碧眼的小男孩眼光里的期待。（此段是全文的结尾）①

汪女士引用的"小男孩"形象使人自然想起希望工程宣传画中的大眼睛女孩，那张经典的摄影作品唤起了无数公众的同情心，因为这形象的感染力，希望工程可能得到了更多的捐助。汪女士描述的这张小男孩的照片大约也能起到相同的作用。但是，同一张照片能够引起人不同的联想，汪女士被感动了，我看到它也许会多捐100元钱，但我们实在不理解汪女士是如何从照片得出"人应该对大自然心存敬畏"的结论，二者之间究竟有何必然的联系？

下面让我们模仿汪女士的"诉诸情感"的思路，用相同的材料来证明与汪女士完全不同的观点：

> 这次海啸受灾最严重的那些国家，老百姓普遍信仰宗教，

---

① 汪永晨：《对大自然心存敬畏》，《新京报》2005月1月3日。

他们原以为自己对大自然心存敬畏，大自然就不会侵害自己，谁知大自然并不领情，最严重的灾难恰恰发生在对老天爷最为敬畏的国家和地区。如果这些国家的政府少一点敬畏之心，多一点理性思维，多投入一点钱来点实际行动，"在印度洋也建立了海啸预警机制，给人们提供防护教育，这场灾害也许不会夺去这么多人的生命。"（引号内引自汪女士的原文）

这两天，我在报纸上看一张新闻照片："一个金发碧眼的小男孩，他的手里举着一张纸并贴在胸前。纸上写着：我想我的爸爸妈妈和哥哥弟弟。男孩的眼睛里充满了期待。"（引号内是汪女士的原文）他在期待什么呢？他期待人们来点实际的行动：请政府拨出一点经费建立预警机制吧！请对老百姓多进行一些地震海啸科学知识的教育吧！如果发展中国家财政无法做到这些，请发达国家的政府首脑和富裕公民伸出援助之手，帮助不发达国家完成这些实际行动吧！总之，不能再对大自然仅仅心存敬畏而无所行动了！

对比一下汪女士的文章，看看"小男孩"抒情的照片究竟能说明什么？这就是"诉诸情感"的戏剧效果！

八、虚假论据

这种逻辑错误是指故意违反"论据必须已知为真"的规则，用编造的所谓"权威理论"或无中生有的例子作为论据，用来论证错误的论题。

敬畏派以及反坝人士的言论中有大量虚假论据，有的可能是因为当事人缺乏常识而搞错了，如汪永晨女士常常犯一些常识性错误。但是敬畏派有不少言论中有故意作假、捏造论据的现象。下面略举数例。

第一，"怒江无论从长还是深都是世界之最"？

汪永晨女士在一次访谈中说："刚才说泣血大呐喊，像怒江要开发13级，美国科罗拉多是第一大峡谷，中国的怒江是第二大峡谷。怒江无论从长还是深都是世界之最，在这样的地方修大坝，可想是不行的。""我们世界之最的大峡谷将在我们的手下遭到破坏……"①

汪女士所说的"怒江无论从长还是深都是世界之最","怒江"指的是江，还是大峡谷？如果指的是江，难道它比亚马孙河、长江、尼罗河还要长？如果指的是大峡谷，前一句刚说"美国科罗拉多是第一大峡谷，中国的怒江是第二大峡谷"，怎么下一句就改为"之最"了？这不是太低级的自相矛盾吗？

笔者查看了怒江旅游宣传资料，根本无法找到"怒江大峡谷无论从长还是深都是世界之最"的说法，而只看到类似下面的介绍："在地球的东方犁出一条大沟谷，从谷底到极峰相差达 4 000 米，从而创造了世界东方一条最著名、最壮观的大峡谷。"②请注意，这里指的是"世界东方"而不是"世界"，是"最著名、最壮观"，而不是"最长、最深"。

其实，即使怒江真的是"世界之最"，也并不足以证明怒江不能建坝，就像"怒江不是世界之最"也不足以证明怒江应该建坝一样。倒是汪永晨女士这种随意捏造论据的做法，让人怀疑她的其他文章内容的可信性。

第二，物理学上有一条原理"科学家只看到他想看的事情"？

方舟子在云南大学的演讲中对此有详细分析，现摘录如下：

"自然之友"……的总干事……薛野……教训我们说，你们应该知道，物理学上有一条原理："科学家只看到他想看的事情。"我想在座的各位有许多是学物理的，不知道哪一本物理书里面有这么一条物理原理。（笑声）"科学家只看到他想看的事情"，这正是我们做科研的人要尽量避免的……科研特别强调独立性，强调可重复性。你怎么能说只看到你想看的事了？他还说，这是物理学家海森堡提出来的。（笑声）海森堡哪里会提出这种说法？我想他是歪曲了海森堡测不准原理。海森堡测不准原理说的是什么？说的是在观察基本粒子的时候，没法同时测定基本粒子的位置和速率。对吧？这和"科学家只看到他想看

---

① 《怒江在向我们人类求救》，引自 http://news.tom.com/2915/2004113—593436.html。
② 赵科、任雍、王占英编：《秀丽山河——云贵高原》，远方出版社 2005 年版，第 174 页。

的事情"有什么相干？[①]

第三，怒江是"一条纯洁的，没有被人干预的河流"？

汪永晨女士在题为《怒江在向我们人类求救》的访谈中以煽情的语调说："怒江其实是在向我们人类求救：留下我吧，这样还会存在一条纯洁的，没有被人干预的河流，它的语言让我们听懂。"反坝人士创造的一个新概念"原生态河流"指的应该就是汪女士所说的"纯洁的，没有被人干预的河流"。留下一条所谓的"原生态河流"也就成了反对怒江建坝者一条主要的理由。

今天的怒江真的如汪女士所言是"一条纯洁的，没有被人干预的河流"吗？且不说下游缅甸境内已经在造电站大坝，上游和支流上也已经有了不少小电站，就连西南林学院杨副院长都认为，"怒江建大坝对植物多样性没有影响，因为怒江河谷地区已经被过度开发，海拔2 000米以下已没有什么植物。可能造成的影响是水生生物。"难道多次到怒江考察过的汪永晨女士对此一无所知？如果她一无所知，我们有权怀疑她的考察的真实性和可靠性；如果她知道这些还硬说怒江是"一条纯洁的，没有被人干预的河流"，那就是典型的捏造论据，是一种最拙劣的诡辩手法。

第四，"敬畏大自然"是科学常识？

署名"馨儿"的北京中学生在《新京报》发表文章说："从小学的自然课到中学的生物课，老师们一直都在告诉我这个常识：人是生物圈中的一分子，而生物圈是一个有机体，人必须依赖着别的生命系统才能生存；地球已有46亿年的历史，而人只是历史长河中的一瞬间；人只有尊重自然规律，才能够生存和发展。正是这个科学常识告诉我们：人类要敬畏大自然。"

说实话，从这篇文章相当老道的行文风格看，我很怀疑它真的出于一个初中生之手。后来有人披露说"馨儿"其实是某敬畏派骨干的女儿，而其后并没有人出来"辟谣"，可见这很有可能是事实。这也就很容易解释我上面的怀疑了。

但是，自然课和生物课告诉学生的仅仅是"人要尊重自然规

[①] 方舟子：《直击伪环保反坝人士——2005年4月8日下午在云南大学的演讲（根据录像整理）》，引自"新语丝网站"。

律",它怎么一步就变成了"人类要敬畏大自然"？这种跳跃性的思维正是没有受过科学训练的敬畏派多数人的思维方式，而接下来"人类要敬畏大自然"就似乎变成了"中小学教材教给学生的常识"了。

记得敬畏派曾有人批评学校教育向学生过分夸大科学的作用而导致"人定胜天"的认识误区，如果批评属实，则中小学教给学生的常识就绝不是"人类应该敬畏大自然"，而恰恰是敬畏派批评的"人定胜天"。（本人不赞成笼统的"人定胜天"的口号，只是以此证明"人类应该敬畏大自然是中小学教给学生的常识"是一个捏造的论据。）

九、预期理由

根据充足理由原则，论证中基本论据的真实性必须是已知的，而不能是尚待证明的，违反这一要求，用想当然的所谓理由来为自己的观点作论证，这种逻辑错误叫作"预期理由"。

敬畏派的论证中常常出现"预期的理由"，仅举三例：

第一，小水坝对自然的影响小于大坝？

在一次访谈中，面对主持人"不修水坝，有这么庞大的水利工程队伍怎么办"的问题，汪永晨女士坦然回答说："我们可以修小水坝。"看来她反对建大坝，而不反对建小坝。由于她是为了"敬畏自然保护环境"才反对建大坝的，所以不反对建小坝的理由应该是：建小坝对环境的破坏较小。

最近看到有材料说美国停建和部分拆除的是小坝，在建、拟建和没有拆除的是大坝，这似乎说明大坝对环境的破坏要小于小坝。而另一些材料说小坝对环境的影响小于大坝，看来在专业人士中这也是个没有定论的问题。鉴于汪女士常犯常识性错误，我怀疑她是否将一座大坝和一座小坝对环境的影响进行了对比。我国小水电业内流传一句话"山区想要变，先修小水电"，如果全国各地山区都建起小水电来，对山区环境的影响大约也不会小吧。根据常识推论，如果仅从相同发电量对环境影响的比例来看，似乎大坝对环境的影响应该小于小坝（因为大坝效率高）。当然，这是一个很专业的问题，文科出身的我坦白承认不懂，汪女士也是文科出身，懂不懂也存疑问。汪女士敢于用自己并不懂的东西作为立论的依据，其勇气可嘉，本人自叹弗如。

顺便声明，本人因为对水电、生态均无专业背景，既不敢反对或主张建大坝，也不敢反对或主张建小坝，小坝对自然生态的影响是正面的还是负面的我都无法有确切的认识，哪里有成熟的观点和主张？

其二，不发展水电就有了"未来克敌制胜的宝贝——基因库"？

对此何祚麻先生在《不能"为保护环境而保护环境"》中已经作了如下评论：

> 廖女士说，"未来的竞争就是生命科学的竞争，谁拥有基因库，谁就有了未来克敌制胜的宝贝"，又说不能"为了一时的水电而摧毁了这个基因库"。修建某一个水电站确会淹没掉某些生物群落，但物种或基因库并不因此而消灭。请廖女士不要空洞泛谈！请具体指出，如果修建了某个水电站究竟会摧毁哪些基因库？有了这些基因库，又如何就"有了未来克敌制胜的宝贝"。请具体举出这些基因库的品种、名称，以便社会公众共同评论一下，廖女士的主张是否有理。[1]

其三，"姑娘在山泉里洗澡"是一种幸福吗？

汪永晨女士曾经用一张山区少数民族姑娘在山泉里洗澡的摄影图片来说明自然状态下的山民生活如何的"幸福"。这种"幸福"究竟是洗澡的山民自己的感觉，还是汪永晨女士作为旁观者的感觉，很值得怀疑。如果让我来"预期"一下，这应该是汪女士的感觉，因为汪女士"情商"极高，想象力极强，她既然能从"金发碧眼的小男孩……的眼睛里"看出对"敬畏自然"的期待，想必也能从洗澡姑娘的姿态感受到她们生活在自然状态中的"幸福"。

我想请汪女士看一看4月26日《环球时报》的一篇报道：

---

① 何祚麻：《不能"为保护环境而保护环境"》，《新京报》2005年2月25日。

郊游时，别用溪水洗脸

据境外媒体报道，当地几名登山爱好者由于在登山途中出汗，歇息时用溪水洗脸，几星期后，却出现了间歇性鼻塞和鼻出血。经医生检查发现，原来是溪水中的水蛭钻进鼻中所导致的。医生建议，旅游时切勿在溪水中洗脸、洗澡或游泳，更不要以为它是"天然矿泉水"，而随便饮用。

这几名登山者所碰到的例子虽然并不常见，却提醒我们，看起来清澈透明的溪水，实际并非我们想象的那么干净。美国疾病控制中心的专家指出，近年来，由游泳池、湖泊、溪流等水体所导致的传染病在逐年增多。

最常见的水源性疾病多数由细菌、病毒、寄生虫等致病微生物引起。据研究表明，可能传播的疾病包括血吸虫病、红眼病、肝炎、霍乱、伤寒和痢疾等。

春天是各种传染病的高发季节。所以，出去玩一定要对溪水提高警惕。①

看了这篇报道后，汪永晨女士还会为在山泉里洗澡的女孩感到幸福么？

十、推不出

逻辑证明中论证方式的规则是："论据必须能够推出论题"，这条规则要求论证者对论题提供充足的论据，违反它的逻辑错误叫作"推不出"。

敬畏派主将的文章中经常出现典型的"推不出"的逻辑错误。下面以汪永晨《对大自然心存敬畏》一文为例稍作分析。

由大自然带来的大灾难其实并不罕见。百年来死亡人数过千的七次大海啸：1908年12月28日意大利墨西拿地震引发海

① 转引自《报刊文摘》2005年4月29日。

啸。在近海掀浪高达12米的巨大海啸，海啸中死难82 000人。1933年3月2日日本三陆近海地震引发海啸，引发海啸浪高29米，死亡人数3 000人……

这一次又一次的灾难说明什么，说明老天爷会发怒；说明人类还没有了解多少大自然的奥秘，更抓不住制止大自然发怒的时机……①

要证明"人类应对大自然心存敬畏"，汪女士应该拿出充足的理由说明"人类只要敬畏大自然，大自然就不会发怒"，或证明"灾害的发生是由于人类不敬畏自然造成的"；但汪女士列举的有关大海啸大地震的诸多事实，反而说明地震海啸一类严重自然灾害的发生并不以人的意志为转移（1908年的海啸总不会是人类过度开发大自然引起的吧），既然不管你对自然敬畏不敬畏，自然灾害都不可避免，那么人类就更不需要敬畏自然，而应该用建立科学的海啸预警系统一类的方法去减少自然灾害可能给人造成的灾难！

2004年8月14日，国家防汛抗旱总指挥部办公室束庆鹏处长接受央视《新闻夜话》节目的采访。采访中，束庆鹏强调最近由于山洪、泥石流灾害突发性较强，往往降雨几个小时就会发生突发性的山洪灾害。使人防不胜防。而这类灾害造成的人员伤亡一直比较高。到目前，一些地方随时都有可能发生洪涝灾害，防洪形势依然是非常地严峻。

2004年中国国家防灾总指挥部公布的数据：今年，因山洪、泥石流、滑坡等灾害造成的死亡人数，占到了总死亡人数的77%。②

汪永晨女士列出自然灾害造成的大量人员伤亡的事实，不恰恰证明人类需要运用科学来改造自然、防止灾害的发生或减少它造成的危害吗？新安江水库（千岛湖）建成后，钱塘江流域的洪涝灾害

---

① 汪永晨：《对大自然心存敬畏》，《新京报》2005年1月3日。
② 由于"总死亡人数"概念不明确，所以这个数据令人十分费解，它是不是国家防总公布的原始数据值得怀疑。

明显减少，而抗旱能力也大幅提高就是明证。可是汪女士却用这些灾害事实来证明人类应该敬畏自然，反对人们对自然进行适度的改造。这完全是帮了论敌的忙。

当然，如果汪女士在文章中能够证明所列举的自然灾害都是由于人们过度改造、开发大自然引起的，那是能证明她的某些观点的，可惜在文章中她对此根本不置一词，这又何以让读者看出她列举的材料与其中心论点之间的关系呢？

敬畏派为了证明自己的观点，往往将自然灾害都归因于人类对大自然的破坏（近日又有人在毫无根据地说印度洋海啸与开采深海石油有关）。我本人并不怀疑人类对自然的过度开发和利用（例如乱砍滥伐森林、围湖造田等）会引起或加重某些自然灾害（因此，我完全拥护保护自然环境、尊重自然规律），但我们反对将现在发生的一切自然灾害都归咎于人类近几十年对自然的开发利用，因为历史事实告诉我们，在生产力并不发达、人类尚没有能力过度开发大自然之前，大自然也常给人类带来巨大的灾难：且不说中外历史上的无数次地震、海啸、火山爆发，也不说四千年之前大禹时期的特大洪水，就是50年代黄河、淮河流域连年的洪涝灾害，1954年长江流域的特大洪水（比1998年洪水还要严重），1976年的唐山大地震，我们也还记忆犹新。记得"文革"前我们看的一部著名的科教影片《泥石流》，就不仅介绍泥石流的形成原因，而且告诉人们遇泥石流时如何脱险，可见当时泥石流已是频发的地质灾害之一。那时候我们对大自然已经过度开发了么？

最后，我们来分析一下敬畏派的一个重要的论据："大自然是人类的母亲。"

一个抒情的比喻句如何能作为论证的论据？比喻作为一种修辞手法，它的作用是增强语言的形象性，再好的比喻也只能说明对象某一方面特征，如"姑娘像花儿"只能说明姑娘美丽，却根本不能说明姑娘聪明、贤惠、勤劳。同样，"大自然是人类的母亲"只能比喻人类对大自然应该像孩子对母亲一样爱，又怎能证明"人类应该敬畏大自然"？何祚庥院士曾质疑："问题在于人和大自然的关系是不是母亲和儿子的关系？比如说母亲会高度爱护孩子，而如果大自然是母亲的话，为什么大自然对儿子竟如此暴虐地来一个海啸？所以某些环境理论学家，自己在逻辑上就不自洽！"

我需要补充的是：即使"大自然是人类的母亲"能够成立，那么它能够证明的也恰恰是"人类不需要害怕大自然"，道理极其简单——母亲只会希望孩子孝敬自己，而不会希望孩子害怕自己！

从以上分析我们发现了一种奇怪的现象，汪永晨及其支持者们的许多所谓论据，不但"推不出"他们"人类要敬畏大自然"的结论，反而能够证明对方的论题——"人类无须敬畏大自然"！

[本文写于2005年5月1日，次日首发于"新语丝"网站，署网名"罗集人"。后被人民网、新华网、北青网、自然之友等多家网站转载。拙著《逻辑修养与科研能力》（安徽人民出版社2006年版）出版时，收录本文作为"社会热点问题研究和网络论文的价值"专题中一篇例文。]

从公众对杨振宁再婚和陆德明嫖娼的不同态度看中国人的两性观念

2004年底，82岁的杨振宁和28岁的女研究生翁帆结婚的消息，在网上引起了一片哗然。支持者有之，理解者有之，惋惜者有之，痛心疾首者有之，破口大骂者亦有之。笔者对2004年12月18日到23日发表在搜狐、新浪两大网站上的几千则网友评论作了统计，持肯定态度者（支持者）不足15%，认为不好但可以原谅者（理解者）也只有20%左右，认为不好且不可原谅者占大多数。

杨振宁合法娶妻遭到多数人的反对，而同是名人的原复旦大学经济学院院长、博士生导师、著名经济学家陆德明嫖娼事件不久前被媒体曝光以后，却得到多数网民的理解和支持。据北京师范大学传播学教授陶东风先生对"随机选择的1 000条"网友评论的统计，支持、同情陆德明的言论大约占92%，批评、指责的仅占8%。这种强烈的反差使人们不能不对我国公众关于两性关系的观念进行一番思考。

两性关系本来是个人隐私，对他人隐私过分关注不是什么好现象。但是既然许多公众喜欢窥测、评论别人（尤其是公众人物）的隐私，那就也应该有一个品评的参照指标，这比单纯凭模糊不清、似是而非的感性印象，更能让人们对社会上各种两性关系现象作出理性的、客观的判断。下文就分别从八个方面对杨振宁再婚和陆德明嫖娼作对比分析，以透视我国公众在两性关系方面观念的特征。

比较之一：他们的行为具有社会危害性吗？

是否具有明显的社会危害性，本来应该是人们评价一种行为首先要考虑的一个问题，但中国许多公众在评价个人行为时却很少考虑上述因素。例如，夫妻在家观看"黄碟"，对他人（具体的个人）不构成任何侵害，对社会（抽象的群体）也没有什么危害，但是有的人不但因此受到公安机关的"严肃查处"和所在单位的"严厉处分",而且还受到许多不相干的公众的广泛批评和谴责。

我们可以对比一下美国公众对克林顿总统性丑闻的态度。虽然这一事件在媒体被炒得沸沸扬扬,但美国国会和选民最终对此事采取了极其宽容的态度,因为总统的性丑闻虽然对国家形象有一定负面影响,但并不直接影响总统对国家大事的决策和管理能力。相反,美国国会和选民对克林顿为遮掩丑闻作伪证的行为都紧盯不放,穷追猛打,这是因为作为掌握国家最高行政权的总统,说谎具有巨大的社会危害,对经济发展和国家安全都构成巨大威胁,人们不放心一个不诚实的总统来管理国家。可见美国公众把是否具有社会危害性作为评价公众人物行为的首要(如果不是唯一的话)标准。

相比之下,我国不仅公众舆论常常谴责一些并不具有明显社会危害性的行为,而且组织纪律也往往对一些不具有明显社会危害性的行为进行过多的干预和严厉的惩罚。不久前西部某市连续发生大学生因男女生同居而被双双勒令退学的事件,难道已经成年的大学生同居真有那么大的社会危害性吗?这种行为与清华学生刘海洋硫酸伤熊事件相比,哪个社会危害性更大?刘海洋虽然最终被判有罪,但是免予刑事处罚,并没有被清华大学开除学籍,也没有被勒令退学。再如教授嫖娼虽然很不光彩,其实并没有太大的社会危害性,但是一旦查实(尽管尚未被媒体曝光)就要受到严惩;相比之下,学者在学术论文中杜撰实验数据或者剽窃他人成果,其社会危害性比偶尔嫖娼要大得多,但是这种行为即使被揭露查实,所受的处分却往往轻得多,有时甚至是不了了之。

以"是否具有社会危害性"的标准来衡量,杨振宁再婚并不具有社会危害性,而陆德明嫖娼作为个人行为如果不暴露也没有明显的社会危害性(这里不是指卖淫嫖娼现象是否具有社会危害性,因为陆德明并不需要对此承担责任),但是教授嫖娼一旦被媒体曝光,则可能影响所在学校的声誉。

比较之二:他们的行为违反法律和纪律规定吗?

我国法律明文禁止的两性行为只有四种:强奸、重婚、卖淫嫖娼（包二奶是变相卖淫嫖娼）、有配偶者与他人同居。其中最后一种是2001年修改后的婚姻法中才禁止的。但是法律对"同居"没有明文解释，《现代汉语词典》对同居的解释是："①同在一处居住。②指夫妻共同生活。也指男女双方没有结婚而共同生活。"因此，婚姻法禁止的"同居"相当于过去法律上已婚者又与他人组成家庭的"事实婚姻"，而不包括偶尔"同住一室"。因此，不能把婚外性关系一律认定为"非法同居"。

根据私权行使"法无禁止即可为"的原理，不属于以上四种行为的都不具有违法的性质。但是在许多中国公众中，甚至在国家执法人员中，并没有建立起"法无禁止即可为"的现代法制观念。例如夫妻在家看"黄碟"，法律上找不到任何"违法"的根据，竟然受到执法人员的"治安处罚"。2002年"十一"期间，南京某高校学生小顾和女友赴安徽旅游，到达目的地后在一家旅社开了一个双人标准间，当晚几个联防队员冲进该房间将正在洗澡的小顾硬从卫生间里拖了出来，声称小顾没有结婚证同女友开房属于卖淫嫖娼行为，最后处以500元罚款。当时就有人撰文指出，"公安部门要求男女开房需持结婚证，以及进行所谓的例行查房没有法律依据，侵害了酒店、宾馆顾客的合法权益"，因为"未婚男女外出同住并未在禁止之列……其他任何人或机关均无权干涉或处理"。①

根据相同的原理，纪律没有明文禁止的行为都不能定性为"违纪行为"。上到执政党的纪律，下到一所学校的规章制度，都属于纪律的范畴。最近几年，对单位、部门的纪律规定是否合法的争论渐渐多起来，例如2004年夏天，教育部下发了《关于切实加强高校学生住宿管理》的通知，原则上不允许大学生擅自在校外租房居住，在媒体上就受到"是否合法"的公开质疑；而一些高校对"违纪同居"的学生开除学籍（或勒令退学）的处罚，也遭遇是否合法的质疑，甚至被提起诉讼。这些现象反映了我国公众法律意识和人权意识的觉醒。当然，"纪律条文是否合法"和"具体行为是否违纪"是两个层面的问题，不能放在一起衡量讨论；一种行为是否违纪，很容易对照，但是，它所涉及的纪律规定本身也可能是违法的。

---

① 宋君华：《男女开房必须持结婚证吗?》，《中国青年报》2002年10月21日。

以"是否违反法律和纪律"为标准来衡量，杨振宁的婚姻状况是丧偶，翁帆的婚姻状况是离异，他们的结合不违反任何法律，也不违反任何纪律（清华大学想必没有"禁止老年教授娶青年女性为妻"的纪律规定吧）；而陆德明嫖娼不仅违反"治安处罚条例"第三十条"严厉禁止卖淫、嫖宿暗娼"的规定，也违反中国共产党的党纪和复旦大学的校规。

比较之三：他们的行为是否出自真诚的爱情？

爱情是人间最美好、最珍贵的东西。两性行为如果建立在爱情基础之上，就有了一种浪漫的色彩。因此，出自爱情的两性行为当然不应该受到道德的谴责。

但是爱情是个人的内心活动，是非常感性的东西，其他人无法准确判定当事人之间是否具有真诚的爱情，而只能根据爱情的一些外部特征来判定某些两性行为是否出自爱情。

强奸与爱情无缘。卖淫嫖娼与爱情无缘，因为那是一种金钱买卖，与爱情的本质不相容。包二奶是一种长期而稳定的钱色交易，是变相的卖淫嫖娼，与爱情也无关系。性贿赂与爱情无缘，因为如果当事者是被别人当作"礼物"赠送的，则她仅仅是被人租用的"工具"；如果是为了自己的利益（如经济利益、职位、学位、成绩、出演女主角的机会之类）而主动向有支配权的一方"献身"（可名为"变相性贿赂"），那也只能是一种经济行为。

现在被一些人津津乐道的"一夜情"行为是否出自爱情，值得讨论。笔者的观点，虽然一见钟情现象相当普遍，但它只能是爱情的起点，而"一夜情"则指当天就发生性行为，这最多是出自生理的需要和对异性外表的认可，很难说是基于纯洁的爱情，毕竟爱情是需要一定时间的相处才会形成的；至于有的人连对方姓甚名谁都不知道（也不想知道），就与人上床做"爱"，就更谈不上爱情了。所以笔者倾向于将"一夜情"排除在"基于爱情的两性行为"之外。

重婚是违法的，甚至够上犯罪，但并不排除其中有的是基于爱情，这在一些具体重婚案例（多在法律意识不强、文化层次不高的群体中发生）中可以找到证明。但是，假如一方明知违法而对对方进行欺骗，隐瞒自己已婚的事实以欺骗对方而与之结婚，就很难与爱情挂上钩了。当然，其中被骗的一方是受害者，应该受到法律的保护；他（她）在被蒙蔽的情况下也可能对对方产生单方面的爱情，但是一旦真相暴露，这种空中楼阁式的"爱情"也就终止了。

有配偶者与他人同居（贬称"长期姘居"，即过去所说的"事实婚姻"），不能简单归入包二奶。二者有两点本质区别：第一是双方是否有相对的人身自由（被包养的"二奶"是没有人身自由的），第二是女方是否有自己合法经济收入（很难想象一个有可靠收入的女性会接受别人的长期"包养"）。这种婚外同居往往是难成眷属的有情人之间一种不合法的爱情存在方式。

以"是否出自真诚的爱情"为标准来对照，杨翁婚事是可能有爱情基础的，而陆德明嫖娼则根本谈不上爱情。有人怀疑28岁的女青年怎么会对八旬老翁产生爱情，其依据是爱情必须以性爱为基础，而年龄悬殊的男女之间由于生理原因不可能有和谐的性生活。爱情以性爱为基础没有错，但是爱情是一种精神生活，完全可能超越生理上的性需求，而完成一种美学意义上的升华，历史上和社会上这种"不可思议"的爱情也绝非杨翁一对（后文将讨论此问题）。因此，翁帆对杨振宁是否因崇拜而升华为爱情，只有她本人才有发言权，其他人无法进行所谓的推断。

比较之四：他们的行为是否属于钱色交易？

虽然爱情需要一定的经济基础，但"单靠金钱买不到爱情"仍然被人们普遍接受。

属于直接钱色交易的两性关系只有卖淫嫖娼（包括职业性工作者的性服务和临时的出卖肉体的行为）和包二奶（变相的卖淫嫖娼），二者都是违法行为。

十多年前许多中国新娘远嫁海外，纯粹是冲着人家的经济实力去的，谈不上真正的爱情，但是出嫁之前通常还要对对方有所了解（尽管常常被骗），因此，只能算是一种间接的钱色交易。对这种毫无感情基础的婚姻一般公众是不以为然的，至今也没有多少人予以肯定。由于这种行为是双方自愿，也不违反任何一条法律法规，所以虽然不高尚，也不必多加谴责。

有的两性关系很难说是不是间接的钱色交易，例如一个富翁娶了一个家境一般的美女，或者一个富婆有了一个英俊年轻的男友，你能断定后者一定是出卖色相吗？一个富有的女子为什么不能对一个英俊的男子产生爱情呢？难道只有比俊男经济地位更低的女人才有权去追求他吗？对于这种现象，中国公众习惯于做"有罪推定"，一旦听说某女嫁了一个年龄比她大十岁以上的男人，立刻就会想到是不是男的很有钱；如果该男子确实比较有钱，那么该女一定是看中的人家的金钱无疑了。这种思维习惯是没有任何根据的，而且有相当大的危害性，它以一种想当然的虚幻的道义限制了人们的爱情自由，假如一个男秘书真的爱上了有权有钱年龄稍大的女上司，他很可能因为担心被人怀疑"动机不纯"而不敢表达爱情。社会上许多事业成功的女性（俗称"女强人"）在爱情生活上并不幸福，甚至于难以找到心上人，是否与这种社会观念的无形压力有一定关系呢？

以"是否属于钱色交易"为标准来对照，杨振宁再婚显然不属于钱色交易；事实上也没有多少人批评他们是钱色交易。而陆德明嫖娼则是赤裸裸的直接的钱色交易，对这种行为的当事人是否应该给以除坐牢以外最严厉的处分、是否应该加以道义上的强烈谴责，笔者是持否定态度的（毕竟它并没有明显的严重社会危害性），但是有的网友在评论陆德明嫖娼事件时，把嫖娼美化成"合乎人性与人文精神的"的行为，称赞陆德明"是一个生理与心理都非常健康的人"，未免溢美不当了。钱色交易毕竟是不光彩的，即使卖淫嫖娼合法化，也不会有多少人以"曾为嫖客"而骄傲吧。

比较之五：他们的行为是合法的婚恋结合吗？

是否为合法配偶，这是判断两性行为最容易掌握的一个标准。

与合法配偶的性关系没有什么可说的。但是不久前出过一个"婚内强奸"的案子，法学界也有争议，看来婚内性行为也应该遵守自愿原则。自愿原则高于合法原则——不知我的理解对不对。

已婚者与婚外异性的关系中，强奸、卖淫嫖娼（含包二奶）等违法行为自有法律处置，变相的间接的钱色交易（性贿赂）即使是两厢情愿也多为人们所不齿。存在争议的是建立在爱情基础上的婚外性行为，即所谓婚外情、第三者。

中国的传统道德是谴责第三者的。但后来人们从经典著作中接受了"没有爱情的婚姻是不道德的"[①]观点，问题变得复杂起来。感情破裂的婚姻既然是不道德而痛苦的，它的解体就是合乎道德的，第三者成为这种不道德婚姻解体的催化剂，似乎不应受到舆论谴责。但是"感情破裂"如何认定？在许多离婚案中，法官长期以来感到棘手的问题就是如何判定"感情是否破裂"，于是有了"分居两年"的标准。

过去10年中，中国人对待婚外情的态度先后遭受三次巨大的外来冲击。

第一次冲击发生在1994年，美国大片《廊桥遗梦》在中国上映，引起极大轰动。该片主要情节就是一段浪漫的婚外情，它的男主人公金凯和女主人公弗兰西斯科都没有明显的道德瑕疵。这部影片使人们认识到：原来婚外情并不总是发生在"奸夫淫妇"之间，婚外情同样可以是纯洁动人的。

第二次冲击发生在1997年，英国戴安娜王妃遭遇车祸身亡。在此之前，戴妃的婚外情绯闻不绝于报刊，而她遇车祸身亡后，人们却对她的品德和人格给予了极高的评价，西方的民意调查显示在90%的男人心目中戴妃是"人格高尚的女人"。人们对戴安娜的高度评价和对她的深切怀念使中国公众认识到：是否有婚外情与一个人的人格是否高尚没有必然的关系。

第三次冲击发生在1998年，美国克林顿总统性丑闻曝光，而美国公众对总统的性丑闻给予意想不到的宽容（但对其作伪证的行为则予以严厉追究），克林顿的支持率并没有因此下降，他离开白宫时得到的评价仅次于华盛顿、杰弗逊、林肯、罗斯福，被认为是美国

---

① 这是相当流行的观点。恩格斯在《家庭、私有制和国家的起源》中阐述了这一思想："如果说只有以爱情为基础的婚姻才是合乎道德的，那么也只有继续保持爱情的婚姻才合乎道德……如果感情确实已经消失或者已经被新的热烈的爱情所排挤，那就会使离婚无论对于双方或对于社会都成为幸事。"（中共中央马克思恩格斯列宁斯大林著作编译局编：《马克思恩格斯选集》第四卷，人民出版社1995年版，第81页。）

历史上最好的总统之一。性丑闻并不影响他是一位好总统，人家美国公众关注的是总统的行政能力，是他对国家经济繁荣的贡献。

经过这三次大的冲击后，中国公众至少是大中城市的居民，对婚外情现象也逐渐宽容起来。其后国内曾热播的电视剧《牵手》等，不断出现可以理解的、有点浪漫的婚外恋情节和并非反面人物的第三者形象。许多人接受了这样一种观点：婚外恋是一种复杂的社会现象，不能一概而论；如果人家是两厢情愿的，连当事人的配偶都没有抗议，第四者又何必指手画脚愤愤不平呢？

以"是不是合法结合"的标准来衡量，杨振宁再婚完全是一种合法的婚姻行为，而陆德明嫖娼当然谈不上合法。

比较之六：他们的行为是双方自愿的吗？

关于两性关系是否出于自愿，存在三种情况：

一是一方完全不自愿，指被强奸，或被胁迫而不得不屈从于对方的性行为。对这种现象应该用法律来保护受害者，坚决打击强暴者。

二是双方完全自愿，包括一切基于爱情的两性结合（不管这种结合是合法的还是不合法的，见"比较之三：他们的行为是否出自真诚的爱情"的分析），由于性观念开放追求感官快乐而发生的"一夜情"之类的行为，以及那些并非为生活所迫而是为了追求优裕生活、逃避艰苦劳动而自愿从事性服务的卖淫嫖娼、"二奶"以及性贿赂（含变相性贿赂）行为。

三是某一方（一般为女方）在具体行为上是自愿的，但内心深处不是自愿的。例如，为生活所迫而不得不从事性服务的三陪女，为了使贫困的家庭改善经济状况或为了筹款供弟妹交学费而"自愿"被包养的"二奶"，为了户口、工作、职位、学位、成绩、演主角的资格等而不得不向有支配权的官员、雇主、上司、导师、导演进行变相性贿赂者等。

高校校园内的"师生恋"是不是双方自愿的呢？研究生、大学生已经成年，有完全的民事行为能力，如果教师一方不存在胁迫和欺骗，就像鲁迅与许广平的恋情，那当然是双方自愿的。当然，双方自愿的不一定是好的，但是一方被迫的一定是不好的。那些博导、硕导、教授、讲师们，千万不要轻易对自己的异性弟子动感情啊，否则，假如弟子们真的接受了你的感情，甚至"免费送上门"来，你能分得清她（他）是不是自愿的吗？你能向公众证明她（他）是完全自愿的吗？

另一种颇为人们关注的就是"老总配小蜜"现象。"小蜜"一词已经被广泛应用于年轻漂亮的女秘书的代名词，这一称呼本身就带有极强的暗示作用。"男性领导出差不得带女秘书""主要领导人不许配备专职女秘书"等，也成为某些地区、某些单位的行政纪律。笔者认为，对这种所谓"风流韵事"，纪律约束和舆论监督都是无能为力的，只要他们双方自愿，组织和其他人管得着吗？当年的孙中山与宋庆龄不就是领导与秘书的关系吗？但是，就像大学的老师对学生应特别慎重一样，我们奉劝企业老总们、机关领导们，千万不要轻易对自己的女秘书动感情啊，否则，假如她真的接受了你的感情，你能分得清她们是不是自愿的吗？

我们以"是否双方自愿"的标准来对照，翁帆的导师不是杨振宁，她不存在任何"不得不"的无奈，因此，他们的婚恋显然是双方完全自愿的；而陆德明嫖娼，女方也可能是自愿的（为了金钱和享受），但也不排除内心深处的不得已（为生活所迫才卖淫）。

比较之七：他们的行为是否有权力的因素？

利用掌握的公共权力来谋取一己私利，是腐败的一个基本特征。两性关系如果受权力影响，其当事人必然一方是大权在握者，另一方是受权力支配的人，例如领导与秘书、老板与雇员、上司与下属、导演与演员、导师与学生，等等。

权力对两性关系的影响有三种具体表现：第一种是利用支配对方的权力胁迫对方就范，被支配者完全是被迫的，个别色狼一旦掌握了某种权力，就可能会干出这种违法乱纪的事情来。第二种是以权谋色，即一方利用权力为对方谋取利益，从而诱使对方以性服务的方式提供回报。第三种是处于被支配的一方为了利用对方的权力达到某种具体目的，而主动提供性服务，即变相的性贿赂。这三种行为都与爱情相去甚远，为人们所不齿。

有一种普遍现象：落马的腐败官员几乎都有一个甚至多个情妇。既然称之为"情妇"（而不是被包养的"二奶"），想必都是自愿的，但这些情妇与腐败官员之间是否存在"纯洁的爱情"，总让人感到怀疑，除非有充足的理由证明她没有得到任何实质利益。婚外两性关系一旦发生在贪官身上，总让人感到特别的恶心。

曾多次听到想演主角的女演员如何以身取悦导演的传闻，有人称她们"为了艺术而献身"。近年来又有博导、硕导与女研究生之间暧昧关系的种种传闻（据我所知，师生之间的这种情况并非像传闻中的那么普遍）。虽然导演与演员、导师与学生、领导与秘书、老板与雇员、上司与下属之间也有可能发生纯洁的恋情，但是由于前者掌握着决定后者利益的大权，因此，发生在他们之间的两性关系就很难避免"权色交易"的嫌疑。笔者以为，如果他们双方都无配偶，尽可以自由地恋爱，别人不应随便怀疑他们的爱情是否有权力的因素（相信他们自己有足够的判断能力）；但是如果一方已婚或双方都已婚，就应该理智地避嫌，不要随便向自己直接的下属、雇员、秘书、学生、演员抛洒爱情，因为对方可能畏惧你的权力而违心地"接受"你的感情；反过来也是一样，地位低的一方如果很随便地向掌握权力的对方表示爱慕，很容易被认为是企图利用他（她）的权力谋取不当利益。

以"是否受权力因素的影响"的标准来对照，杨振宁对翁帆没有任何支配关系，因此，不存在"权色交易"的嫌疑；而陆德明嫖娼只是一种钱色交易，与他作为院长和博导所掌握的权力无关。陆德明没有利用权力玩弄女学生，看来他对自己的女学生是尊重的，这也是复旦大学经济学院的学生们对他评价不错的一个原因。

比较之八：他们之间是否存在着欺骗？

纯洁浪漫的爱情关系应该建立在双方诚实守信的基础之上，因此，可以将"是否存在欺骗"作为品评两性关系的一个重要标准。

常见的欺骗行为有以下几种：

第一，隐瞒真实年龄。通常是少报自己的实际年龄。一旦被瞒的一方了解到真实情况，双方关系就会受到一次严峻的考验。

第二，隐瞒婚姻状况。通常是隐瞒已有合法配偶的事实，而骗取对方的爱情。如果一直隐瞒下去，直接的后果就是重婚（因为"爱情"总有成熟的一天），而重婚是一种犯罪行为。

第三，隐瞒婚姻史（不是恋爱史）。这种情况比较少见，因为中国离异或丧偶的青年男女数量很少，而步入中年的男女再婚也没有隐瞒的必要。

第四，虚报家庭财产和个人收入。有人认为，为了考察对方对金钱的态度，恋爱中可以少报家庭财产或个人收入，这是有一定道理的；但是，如果虚报（夸大）自己的财产或收入，用虚幻的财富来骗取对方的爱情，肯定是不道德的。

第五，虚报自己的身份、学历、教育背景等。这些项目很容易核实，因而欺骗行为很容易露馅；除不高明的骗子要耍天真无知的少女外，其他人很少在这方面进行欺骗。

虽然亲爱者之间允许隐私存在，但不管是正常的合法的恋爱婚姻，还是基于爱情的婚外罗曼蒂克行为，以上几项基本信息都是不应该向对方刻意隐瞒或虚报的，否则就是有意欺骗，而欺骗与爱情的本质是不相容的。

在诚实前提下的爱情是不应该受到谴责的。即使对方是个二婚头、丑八怪、穷光蛋、准文盲，当事者喜欢他（她），别人管得着吗？

以"是否存在欺骗"的标准来对照，杨振宁没有隐瞒82岁的真实年龄，翁帆也没有隐瞒离异的事实，他们之间似不存在其他刻意隐瞒的情节，真实的她爱上了真实的他，为何要受到激烈的谴责呢？而陆德明竟然把自己的名片给了小姐，几个月后这张名片成了公安认定他嫖娼的依据，所以有人说陆德明诚实得可爱。至今没有人揭露陆德明在学术上有剽窃、作假行为，似乎也印证了他为人的诚实。

结语：走出评价两性关系的误区

以上我们阐述了评价两性关系的八项参照指标。在每一个指标下，你都可以根据自己的价值观念作出相应的评价。这些指标是否完全、合理，大家可能有不同看法。但是笔者认为，有一个参照指标，比单纯凭混沌不清、似是而非的感性印象，更能让你对有关社会现象作出客观的评价，从而减少盲目性，走出某些认识误区。

下面我们将杨振宁再婚和陆德明嫖娼在以上八个方面的异同列表如下：

评价指标	杨振宁再婚	陆德明嫖娼
是否危害社会	无社会危害性	社会危害性不明显
是否违反法纪	没有违反法纪	违反了法规党纪
是否出自爱情	出自爱情	并非出自爱情
是否钱色交易	并非钱色交易	纯粹钱色交易
是否合法配偶	合法结合	并非合法配偶
是否双方自愿	双方自愿	双方自愿 （女方不得已卖淫?）
是否利用权力	没有利用权力	没有利用权力
是否存在欺骗	不存在欺骗	（男方）不存在欺骗

从以上对比看，杨振宁再婚行为在每个指标下都很难给出负面评价，而陆德明嫖娼则有不少负面的东西。但是在互联网上的网民评论中，对杨振宁再婚的批评远远多于对陆德明嫖娼的批评。如何解释这一现象呢？原来我国公众评价两性关系存在着一个更为重要的标准：年龄是否般配？

生活中常常看到这样一种现象，一听说某桩婚姻男女双方年龄悬殊，立马就有人断言："那是图谋对方的财产！"当听说年龄大的一方并没有多少财产时，就会听到"不可思议""一时糊涂"的感慨或"那他（她）图的是什么"的疑问。这种反应基于一个认知前提：年龄悬殊的男女不可能发生爱情。其实这是一种偏见，历史上诸如孙中山和宋庆龄、鲁迅和许广平、美国大教育家杜威与比他小45岁的洛维茨、英国女作家玛格丽特·杜拉斯（1914—1996）与小她40多岁的大学生亚恩·安德烈亚等，都是年龄悬殊的佳偶，名人的爱情生活中这种例子可以说不胜枚举。因为只有名人才会见诸报端，留下记载。相信在一般老百姓中也是不乏其例的（当然比例不会很大)。

何以会形成这种偏见呢？因为一般人认为爱情必须以性爱为基础，而年龄悬殊的男女之间由于生理原因不可能有和谐的性生活。爱情以性爱为基础没有错，但是爱情是一种精神生活，完全可能超越生理上的性需求，而完成美学意义上的升华。俄罗斯文学家屠格涅夫25岁认识了法国女歌唱家维亚尔多夫人，此后终生眷恋她，甚至为她而侨居国外，终身未婚；我国现代哲学家、逻辑学家金岳霖终身挚爱才女林徽因，而林徽因此前已与梁思成组成了幸福家庭，金先生为此也终身未娶。这些典型的例子可以证明：性爱虽然是爱情的基础（因此，屠格涅夫和金岳霖不会对男性产生爱情），却并不是爱情的必要前提，不能结合的男女之间长期保持真挚爱情的现象即使在普通民众中也并不罕见。既然如此，老夫少妻或者老妻少夫之间为什么就不可能有真正的爱情呢？何况性生活的和谐与否纯粹是一种个人感觉，个体差异很大，并没有充分根据断定年龄悬殊的男女之间就一定不和谐。一方功能不强，一方要求不高，不也是一种和谐吗？翁帆已经28岁，并且有过婚姻史，她不会对夫妻生活是怎么回事一无所知，对婚后生活应该有充分的思想准备和心理准备。其他人为她担忧，不是瞎操心吗？

总之，婚姻是一个人的私事，名人的婚姻也只是名人的私事，我们没有必要给他们的私事套上炫目的光环，也没有必要往他们身上大泼污水。

[本文写于2004年12月，首发"五柳村"网站，后被人民网、新华网等多家网站转载，署网名"罗集人"，2005年4月对原文作了一次文字修改。拙著《逻辑修养与科研能力》（安徽人民出版社2006年版）出版时，收录本文作为"社会热点问题研究和网络论文的价值"专题中一篇例文。]

附录:《逻辑修养与科研能力》①序言和后记

一部颇具特色的应用逻辑读本

吴家国②

我第一次见到本书作者杨树森先生,是1994年在广西桂林召开的全国形式逻辑讨论会上。此后,在多次全国逻辑讨论会上我都见到过他,并听过他的发言,读过他提交的论文。2002年,我还读过他寄来的自编逻辑教材《普通逻辑学》(安徽大学出版社2001年版)。在我的印象中,他是一位勤奋好学、在科研中勇于开拓、有较强写作能力的高校逻辑教师。

最近,杨树森先生来信请我为他的新作《逻辑修养与科研能力》写一个"序"。由于我近来身体欠佳,本不想接受此项重任,可是在认真阅读了他给我的长信及该部分书稿后,我被它的主旨和内容吸引住了,经过思考,决定提起笔来写几句我对当前逻辑应用的意见以及对本书的认识,权作为"序",以表示多年来提倡逻辑应用研究的我对本书作者大力推进逻辑普及和应用工作的一种支持。

早在1996年,我就写过一篇文章,题为《提倡和加强逻辑应用研究》,发表在当年的《社会科学战线》第4期上。该文在肯定我国逻辑应用研究所取得的成绩的同时,着重强调了开展逻辑应

---

① 拙著《逻辑修养与科研能力》2006年8月由安徽人民出版社出版,是一部"应用逻辑学"和"学术研究方法论"专著。全书38.3万字,以作者在各个领域多项研究成果为例文,阐述学术研究从选题、思考到撰文、修改各个过程中逻辑学原理的应用。

② 吴家国先生为我国著名逻辑学家,中国逻辑学会前会长,北京师范大学哲学系教授。

用研究的重要性,指出:"逻辑学是一门基础理论学科,同时又是一门有较强应用性的工具学科。从古希腊亚里士多德创建传统形式逻辑起,到近代英国弗兰西斯·培根建立古典归纳逻辑,从19世纪中叶以后数理逻辑的诞生,到非标准逻辑和概率逻辑的发展,有一个共同的特点,就是在建立逻辑理论系统的同时,都十分重视逻辑的应用。实际上,逻辑理论与逻辑应用成为逻辑学发展的两条腿,二者是缺一不可的,离开了逻辑的应用,逻辑理论的发展就会受到限制或损害。"接着,该文还提出了开展逻辑应用研究的基本途径和方法。

可是,直到今天,无论在深度上还是在广度上,我国的逻辑应用研究都还存在许多问题,实际上,逻辑与现实思维、表述论证、科学研究、社会生活的脱节有日益严重的趋势。正如我的一位老朋友,中国社会科学院逻辑研究室研究员刘培育先生最近在《逻辑与生活》(《哲学研究》2005年增刊)一文中所说:"我们看到,在当今的社会生活中,逻辑缺失和混乱现象十分严重……从人们日常的语言交流,到明星访谈、官员讲话;从广泛的传媒报道,到图书论文、法律条规、经济合同;从法庭辩论,到重大决策的论证……几乎时时处处都能看到概念不明确,判断不准确,推理不正确,论理不透彻,论证不科学,自相矛盾,前后冲突,甚至整个思维混乱不堪,让人不知所云的现象。这些逻辑问题妨碍着人们正常的社会生活,有时甚至造成十分严重的后果。"因此,他呼吁:"我们要进一步搞好大学里的逻辑教学,让学生感到逻辑有用,让学生从心里喜欢逻辑。不少高校在逻辑教学方面有成功的经验,我们要认真总结,积极推广。""要关注社会生活中的逻辑问题和逻辑需求,认真做调查研究,力求有针对性地撰写一些大众逻辑读物,让逻辑学走出大学校门,走进广阔的社会天地,让人民大众有机会学习逻辑,运用逻辑。"我完全同意刘培育先生的意见和主张。

"任何科学都是应用逻辑。"人们的科研和写作过程是逻辑应用的一个重要领域。杨树森教授的《逻辑修养与科研能力》一书既是一部研究逻辑在科研和写作过程中的应用的专著,又是一本专门介绍逻辑如何应用于科研和写作过程的大众逻辑读物,值得欢迎,值得向高校教师和大学生以及社会上的广大读者推荐。

我认为，本书有几个鲜明的特色：

第一，主旨明确。作者开宗明义写道："撰写这本书的目的就是试图通过一系列具体课题的研究过程和论文写作过程的解剖，论证'任何科学研究都是逻辑的应用'的观点，阐述人文社会科学研究和论文写作的一般过程，并通过具体可感的实例使读者懂得科学研究的能力就是应用逻辑的能力"。作者的写作目的很明确，并且在本书中得到了较好的体现。

第二，体系新颖。本书不是按照逻辑学的知识系统来安排章节顺序，而是以课题研究和论文写作的要素和基本过程（即选题、研究、写作、修改等）来建构体系。在每一章的前后都列有若干论文作为实例（它们都是本书作者自觉应用逻辑从事研究的成果），从中探寻科研活动中逻辑应用的规律。这种体系安排，应该称得上是一种首创。

第三，内容丰富。本书不仅探讨了人们在一般科研与写作过程中对逻辑规律、逻辑形式和逻辑方法的应用，而且讨论了人们在不同文体的论文写作中对逻辑的应用，还涉及秘书学研究、语言学研究、语文教学研究和社会热点问题研究中如何应用逻辑工具的问题。阅读本书可以让读者学到多方面的知识，得到多方面的启迪。

第四，实用性强。本书主要是为大学生开设"逻辑修养与科研能力"课程、培养他们的科研兴趣和能力而编写的。实际上，它已为大学生完成毕业论文的写作作了方法层面的准备，同时也为回答"怎样把逻辑修养转化为科研能力"的问题提供了很好的范例。尤其是本书从开篇到结尾列举了大量的例文，为分析和论证作者的观点服务，更增强了它的实用价值。

第五，有可读性。本书在运用逻辑工具对研究与写作过程进行逻辑分析时，不可避免地要提到一些逻辑理论和逻辑概念，但是却尽量注意不用或少用那些一般读者感到陌生的专门符号和逻辑公式；本书所选的例文虽然多为学术论文，但在分析过程中却很少使用艰深难懂的学术用语。这样，不仅学过逻辑的大学生可以读懂，即使是没有专门学过逻辑的人也可以基本理解。

我祝贺杨树森教授这本颇具特色的应用逻辑专著问世！我更希望他继续努力，为我国逻辑教学与研究的繁荣发展，为在我国大众

中普及和应用逻辑知识，为提高我国青少年的逻辑素养和创新能力
做出更多更大的贡献。

2006年6月于北京师范大学

《逻辑修养与科研能力》后记

教育部规定本科生应具备初步的科学研究能力，所以本科生必
须撰写毕业论文。高校教师近几年一直处于超负荷状态，平时很难
在课余时间对本科生进行具体的科研指导，在这种情况下，我感到
有必要为高年级本科生开设一门旨在培养科学研究兴趣、提高科学
研究能力的选修课，为毕业论文的写作作一些方法论方面的前期
指导。

逻辑学是理性思维的工具，而科学研究过程就是理性思维过
程，所以，从理论上说逻辑学是科学研究必不可少的工具。马克思
主义经典作家和中外许多科学大师都说过这样的话，但这一点在我
国却并没有被人们普遍认识到，以至于在全国上下高喊"培养青年
创新思维能力"的同时，却出现了"逻辑教学规模在各大学不断萎
缩"的不协调现象。逻辑学教学处于低谷的原因相当复杂，但是不
重视逻辑学的应用无疑是一个重要原因。试想，假如数学原理只能
解决数学本身的问题，不能应用到其他学科研究中去，数学的价值
就会大打折扣；同样，如果逻辑学原理只能解决逻辑学本身（或者
最多是哲学领域）的问题，不能应用到其他学科研究中去，那么逻
辑学的价值也会大打折扣，逻辑学就会越来越远离人们的生活、学
习和科研活动，最终只能躲进象牙塔成为孤芳自赏的对象。

为了普及逻辑学知识，大面积提升我国青年的思维品质和创新
思维能力，多年来笔者从两个方面做了力所能及的努力：

第一，与我的逻辑学同行们坚持在课堂上讲授"与人们的日常
生活相关，与人们的日常思维相关"的普通逻辑，作者为达此目的
还花费巨大精力编写了面向非哲学专业学生的通俗易懂的教材《普
通逻辑学》（安徽大学出版社2001年版）；经过努力，安徽师范大学

每年选修逻辑学的学生已达两千多人，占每届本科生总数的五分之三以上，《普通逻辑学》也被全国许多高校选定为逻辑课教材。

第二，为了验证和说明逻辑学是科学研究的工具，笔者有意识地应用逻辑学原理和方法，对其他领域许多重要问题展开研究，结果收获颇丰。20年来在语言学、儒家哲学、新闻学、秘书学、语文教学论等方面都取得一些尚可拿得出手的成果。这些成果表明，掌握了普通逻辑学的基本原理和常用方法，并自觉地加以应用，就能较快地形成发现问题、分析问题、解决问题的能力，学术研究和撰写论文的水平也会在较短时期内得到明显提高。

呈现在读者面前的这个"科研入门"读本，阐述的是自觉应用逻辑原理和逻辑方法进行学术研究的体会，探讨的是在学术研究过程中逻辑应用的规律。全书以学术研究从选题、思考到撰文、修改的完整过程为经，以学术论文观点、材料、逻辑结构、语言特点之间有机联系为纬，以作者自己在各领域四十多项研究成果为例，试图给处于学术启蒙阶段的青年朋友解答四个问题：学术研究的本质是什么？为什么要进行学术研究？本科生能进行哪些学术研究？科研新手怎样进行学术研究？

书中有的例文发表时间稍早，在收进本书时作了少量文字上的删改，但文章内容则未作改动，以保持原貌。凡是作者观点后来有所改变的，都在注释中加以说明。

中国逻辑学会前会长吴家国老师在百忙之中审读书稿，并写下了富有真知灼见的序言，使作者深受感动，在此表示深深的敬意。

科学研究不存在什么捷径，但是崎岖的山道怎样攀登，还是需要熟悉地形的山民做向导的。我乐意为有志于学术研究的青年朋友当一回向导，与年轻人共享不畏艰险攀登高峰的快乐。欢迎青年朋友与作者交流读书体会，共同探讨学术问题和社会问题，欢迎专家学者和普通读者对本书提出批评、建议。来信请寄：安徽师范大学文学院，杨树森收；电子信箱：yangshusen2005@126.com。作者承诺来信必复。

作　者
2006 年 6 月

后 记

　　我出生于1948年，2010年退休，一生没有获得过什么值得一提的荣誉称号，仅"安徽师范大学教学名师"使我略感欣慰，因为在我们安徽师范大学，教学名师的评选是比较公平的——校领导和院系领导主动不参加评选，且评选以学生打分为主要依据。

　　退休时曾经有一个自我评价：我可以算一个不错的高校教师，但算不上一个不错的专家学者，这是因为著述虽不算少，但所涉领域却非常的杂。现在回顾自己的学术生涯，发现我最早的一篇稍有分量的论文既不是我所主攻的逻辑学方面的文章，也不是文学院我个人简介上提到的秘书学、语言学、哲学、桥牌理论研究等方面的论文，而是1985年9月3日发表在《中国教育报》理论版的一篇3 000字的心理学论文——《低年级大学生一种心理现象的研讨》。由于我的著述内容涉及面很广，并不符合对"专家"的通常理解——在某一专门领域有精深研究并取得突出成果的学者，因此，只能算一个二流的杂家。

　　我的著述内容比较杂与自己的特殊经历有关。我是1967届高中毕业生（实际只读到高二，因1966年"文革"开始，学校就停课了），"文革"期间下乡当过农民，入伍当过战士，进厂当过工人，直到1977年末恢复高考后才于1978年春进入高校读书。对于后来从事教学和研究的高校教师来说，18到30岁的年龄段本来是积累学识夯实基础的关键阶段，我却只能在务农、当兵、打工的过程中积淀了还算丰富的社会阅历，这些阅历对于个人来说虽不能算是负资产，但对于一个高校教师的学术生涯来说肯定没有正面的价值。1982年春，我本科毕业时已经34岁，按当年的学校政策，超过30周岁的一律不留校当专业课教师（理由据说是年龄过大发展空间有限），我因为有比较丰富的阅历被留校当了一名辅导员（前面提到的那篇心理学论文就是当4年辅导员积累的材料经思考后写成的）。1985年，我所带的1981级本科生毕业，我才转行到教师岗位上来，那一年我已37岁，从助教干起。我本科毕业时考研还未成风气，因孩子刚刚三岁需要父亲照顾，我当时也没想过考研，等到转行当教师时已年近四十，考研深造的事也就不再提了。因此，直到退休，我的最高学历一直是"本科"，没有读硕、读博的经历，意味着我一辈子也没有机会得到学术名家在专业研究上的直接熏陶和治学方法上的系统指导，这样的教育背景要想成为"专家"也难。

我生来酷爱自由，自幼对从政了无兴趣，1985年结束辅导员工作时我坚决要求转行当教师，宁愿从最低的助教干起，也不愿留在行政岗位享受科级待遇，在当时是牺牲了相当大的短期利益的。恰好那时中文系缺少逻辑学教师，而我又有这方面的基础和兴趣，于是从1985年起我承担了中文系逻辑学课程的主要教学工作，一干就是半辈子，直到退休。

逻辑学是一门培养追求真理的精神、传授科学思维的方法的基础性学科，兼具人文性和工具性。学懂逻辑除了能提升自己的精神生活品质外，还能利用这个思维工具去研究其他学问、思考社会问题。历史上的逻辑学大家没有一个是单纯的逻辑学家，逻辑史上里程碑式的人物亚里士多德、培根、罗素自不必说，我国知名的逻辑学家章士钊、金岳霖等也都如此。当然，他们涉猎的领域广泛且成果卓著，可算是在学术领域纵横捭阖的大学问家，而不能以"杂"称之；但我这个非科班出身的逻辑学教书匠在非逻辑学科领域也写过不少杂七杂八的东西，就只能算一个"二流的杂家"了。

以上交代的是我的文章内容比较"杂"的两点原因——特殊的个人经历和逻辑学的学科性质。文学院编选"安徽师范大学文学院学术文库"，目的是"对过去的学术成果进行阶段性归纳汇集，向学界整体推介文学院的学术研究，展现学术影响力"，而不是为教师出版纪念性的个人文集，对学术有兴趣的读者也不会喜欢大拼盘式的所谓"学术读物"。因此，当文学院通知我选辑自己的学术论文集时，我给自己定下的原则是：只选逻辑学论文和跟逻辑有较近关系的论文，其他领域的论文即使自己很满意，也不收入本书。

本书选收34篇论文按内容分为四编，这里作一个简单的说明。

　　第一编"逻辑基础理论和逻辑教学研究"共8篇论文，其中逻辑基础理论研究的6篇（前4篇被人大复印报刊资料《逻辑》全文转载），逻辑教学研究论文2篇。本辑另将拙著《普通逻辑学》的"序言"和"后记"作为附录收入，该书"后记"中阐述了我在长期的逻辑学教学实践中对我国逻辑学教学内容和教学方法的思考过程和主要观点，对高校逻辑学教师可能有一点参考价值。

　　第二编"中国逻辑史和中国哲学研究"共8篇论文。其中第一篇《中国逻辑史的开创者是孔子而不是邓析》是我对中国逻辑史上一个重大问题长期思考的成果，这个课题的前期成果是先前发表过的5篇相关论文：《论孔子的逻辑思想及其在中国逻辑史上的地位》（载《社会科学战线》1994年第6期）、《〈论语〉逻辑思想浅析》（载《广东社会科学》1994年第6期，人大复印报刊资料《中国哲学史》1995年第2期全文转载）、《"邓析开创中国逻辑思想史"质疑》（载《江汉论坛》1994年第3期，人大复印报刊资料《逻辑》1995年第3期全文转载）、《孔子"正名"思想的提出及其对中国古代逻辑的影响》（载《学术论坛》1994年第5期）、《孔子与邓析孰先孰后》（载《江海学刊》1995年第2期），这5篇论文因内容与所选这篇长文多有重复，均未收入本书。本辑后面的7篇论文则从多个角度对儒家思想、《论语》文本和孔子贡献提出一些全新见解，严格说来这几篇不是逻辑学专业论文，而是儒学研究论文，但研究的缘起则与逻辑相关。我在研究"孔子在中国逻辑史上的地位"这一课题时，花很多时间研究了孔子其人和《论语》其书，结果发现儒学研究中一些重要问题值得重新探讨，于是有了这些还算拿得出手的成果，并曾一度在我国儒学界引起关注（其中有两篇长文被人大复印报刊资料《中国哲学》《伦理学》全文转载，有3篇论文的主要论点被《新华文摘》《光明日报》作为学术新论点介绍）。儒学属于中国古代哲学，而逻辑学与哲学本来就很难分家，因此，这几篇东西算是"跟逻辑有较近关系的论文"收入本书，应该不算走题吧。

　　第三编"逻辑与语言研究"共7篇论文。其中前几篇文章研究的是跟逻辑有直接关系的语言现象，最后一篇《论象声词与叹词的差异性》探讨的是汉语语法学中一个重要的理论问题，这篇文章不仅研究的方法是典型的逻辑分析，而且写作此文的目的也与逻辑直接相关，正如该文结尾所说："目的在于强调语言学理论研究应充分注意逻辑上的自洽，以避免出现理论体系内部的自相矛盾现象。"

第四编"逻辑应用研究"共 11 篇论文。这些论文反映了我对逻辑学如何广泛应用于社会生活各个方面的思考成果。其中最后两篇长文，最初发表于网络，曾被许多网站广泛转载，读者人数远远超出我的其他学术论文，两文首次见于公开出版物是在我的应用逻辑学专著《逻辑修养与科研能力》一书，是该书"社会热点问题研究和网络论文的价值"专题的主要例文。另外本辑还收入了拙著《逻辑修养与科研能力》的"序言"和"后记"作为附录，以使读者对逻辑应用研究的重要意义有所了解。

在本书即将付梓之际，我要向策划出版"安徽师范大学文学院学术文库"的文学院年轻一代的现领导表示深深的感谢，这套丛书的出版给了我们这些已经退休的教师一个回顾自己从教生涯、总结自己学术成果、重估自己人生价值的机会。我还要对为本书出版付出辛勤劳动的美女编辑刘佳小姐表示由衷的谢意。

杨树森

2015 年 8 月 5 日